U0156290

网络设备配置
项目教程（微课版）
（第2版）

主　编／杨　云　高　静　周建坤

副主编／刘敬贤　胡江伟　师钰清

清华大学出版社

北京

内 容 简 介

本书面向思科设备,以一个真实的企业网搭建项目贯穿全书,共分四篇。第一篇为教学项目准备,通过引入教学项目,引导学生了解课程目标,提高学生的学习兴趣;第二篇为教学项目实施,紧紧围绕引入的教学项目,按照一般网络项目实施的工作流程,从企业总部内网搭建,到企业内外网路由连通,再到企业网络安全控制,直至无线网络配置4大步,分成11个项目:登录与管理交换机;实现 VLAN 间通信;防止二层环路、内外网连接;添加静态路由;配置动态路由;接入广域网;控制子网间的访问;转换网络地址;建立安全隧道;无线局域网搭建,逐步讲述网络组建相关理论和操作技能;第三篇为综合教学项目,给出了教学项目的完整配置命令和解决方案;第四篇为综合实训,提供了3个与教学项目类似的网络搭建项目,以备课程设计时选用。

本书是微课版教材,以嵌入二维码的纸质教材为载体,嵌入视频、音频、主题讨论等数字资源,实现了线上线下有机结合,为翻转课堂和混合课堂改革奠定了基础。

本书适合作为高职高专院校计算机类专业网络设备配置与管理的"教、学、做"一体化教材,也适合作为计算机网络爱好者和有关技术人员参考用书。

图书在版编目(CIP)数据

网络设备配置项目教程:微课版/杨云,高静,周建坤主编. —2 版. —北京:清华大学出版社,2020.8
高职高专计算机任务驱动模式教材
ISBN 978-7-302-55594-0

Ⅰ.①网… Ⅱ.①杨… ②高… ③周… Ⅲ.①网络设备—配置—高等职业教育—教材 Ⅳ.①TN915.05

中国版本图书馆 CIP 数据核字(2020)第 089931 号

责任编辑:张龙卿
封面设计:范春燕
责任校对:刘 静
责任印制:丛怀宇

出版发行:清华大学出版社
　　　　网　　　址:http://www.tup.com.cn,http://www.wqbook.com
　　　　地　　　址:北京清华大学学研大厦 A 座　　　　　　邮　　编:100084
　　　　社 总 机:010-62770175　　　　　　　　　　　　　邮　　购:010-62786544
　　　　投稿与读者服务:010-62776969,c-service@tup.tsinghua.edu.cn
　　　　质量反馈:010-62772015,zhiliang@tup.tsinghua.edu.cn
　　　　课件下载:http://www.tup.com.cn,010-83470410
印 装 者:大厂回族自治县彩虹印刷有限公司
经　　销:全国新华书店
开　　本:185mm×260mm　　　印　　张:21.75　　　　字　　数:524 千字
版　　次:2015 年 1 月第 1 版　　2020 年 8 月第 2 版　　印　　次:2020 年 8 月第 1 次印刷
定　　价:59.00 元

产品编号:088704-01

前 言

1. 编写本书的初衷

"网络设备配置与管理"是计算机网络技术专业的核心课程之一,是考取网络管理员、网络工程师、网络安全工程师和 3G 网络认证等证书所必须重点学习的课程。本课程操作性、实用性强,是学生十分感兴趣的专业课,但网络设备的管理需要通过命令配置实现,而高职学生英语底子薄,记命令是他们最头疼的事情,这给本课程的学习带来了很大的障碍。目前高职院校急需一本能帮助学生高效掌握各设备配置命令,并能引导学生系统掌握企业网络搭建的思想和流程,逐步提高职业能力,实现职业技能与岗位需求的无缝连接的教材,这正是本教材的编写目的。

2. 教学参考学时

本书的参考学时为 96 学时。

3. 本书特点

(1) 真实企业网搭建项目贯穿教材始终,有助于提高学生的职业能力

本书以一个真实的企业网搭建项目为贯穿始终的情境载体,并沿项目实施流程顺序组织内容,将所有网络设备配置相关知识凝结为一个有机的整体,学生借助教材学习的过程即为实施项目的过程,这样做一方面可以持久地调动学生学习的积极性;另一方面可以帮助学生在掌握网络设备配置技能的同时,从实际应用角度理解各种网络设备的作用,了解一般网络项目的实施流程,并获得相应的职业经验。

(2) 校企"双元"合作开发"任务驱动、项目导向"工学结合教材

在"教学项目实施"篇,紧紧围绕引入的教学项目,按照一般网络项目实施的工作流程,从企业总部内网搭建,到企业内外网路由连通,再到企业网络安全控制,直至无线网络配置 4 大步,分成 11 个项目。为方便"教"与"学",大部分项目设计了项目导入、职业能力目标和要求、相关知识、项目设计与准备、项目实施、项目验收、项目小结、知识扩展、练习题、项目实训 10 个环节。

(3) 对应"学、练、做"逐步提升的环节设计真正解决了命令难记问题

本书坚持"工作过程系统化"职业教育理念下的"一事三成"原则,为每个项目学习任务设计了"相关知识"→"带着学"、"项目实施"→"引导练"、"项目实训"→"独立做"等学习环节,可以帮助学生从点到面、从易到难、从生到熟逐步掌握各配置命令,克服了命令难记这一学习障碍,符合"以学生为主体的工作导向式"教学模式特点,因此本书非常适合直接应用于"教、学、做"一体化课堂。

(4) 基于 Cisco 模拟软件的项目实施过程讲解,有助于拓展实训时空

为了方便学生课内外自主练习,解决网络设备数量和使用时间上的不足问题,本书以 Cisco 模拟软件——Packet Tracer 6.2.3 为操作软件蓝本,给出了用模拟软件完成各任务的详细配置步骤,为帮助学生熟记命令提供了保障。

(5) 全部章节的知识点微课和全套的项目实训慕课(扫描书中二维码)助力学生随时随地学习。

本书配备了丰富的知识点微课和技能点项目实训慕课。以嵌入二维码的纸质教材为载体,嵌入视频、音频、主题讨论等数字资源,将教材、课堂、教学资源、LEEPEE 教学法四者融合,实现了线上线下有机结合,为翻转课堂和混合课堂改革奠定了基础。

(6) 其他教学资源丰富

配备授课计划、课程标准、电子教案、电子课件、授课计划、实训项目任务书、实训项目指导书、项目实训实现、习题及答案、试卷等相关资源。

4. 其他

本书由杨云、高静、周建坤担任主编,刘敬贤、胡江伟、师钰清担任副主编。其中山东理工职业学院刘敬贤负责教材的规划布局和部分审稿工作,并编写第一篇;杨云负责内容设计与部分审稿工作,并编写第二篇的部分内容;山东理工职业学院高静编写第二篇的项目5～项目7和第三篇;山东理工职业学院周建坤编写第二篇的项目8～项目10和第四篇;山东理工职业学院胡江伟编写第二篇的项目3、项目4;山东理工职业学院师钰清编写第二篇的项目11和附录。特别感谢德州职业技术学院杨雪平、济宁职业技术学院李宪玲、山东鹏森信息科技有限公司杨秀玲、王世存、王春身等编写了部分内容并录制了部分教学微课。

编 者

2020 年 4 月

目　录

第三篇　综合教学项目

第四篇　综合实训

第一篇
教学项目准备

合抱之木,生于毫末;九层之台,起于累土;千里之行,始于足下。

——《老子》

项目 0
项目准备

0.1 教学项目导入

0.1.1 教学项目描述

    某知名外企 AAA 公司步入中国,在上海成立了总部。为满足公司经营及管理的需要,现在准备建立公司信息化网络。总部办公区设有市场部、财务部、人力资源部、信息技术部、总经理及董事会办公室等 5 个部门,各部门办公地点并不集中。为了业务的开展需要,又在浦东新区设立了一个分部。

    各部门信息点具体需求数目如表 0-1 所示,AAA 公司网络拓扑结构如图 0-1 所示。

表 0-1　各部门信息点具体需求数目

部　　门	信　息　点
市场部	100
财务部	40
人力资源部	17
总经理及董事会办公室	10
信息技术部	13
公司分部	30

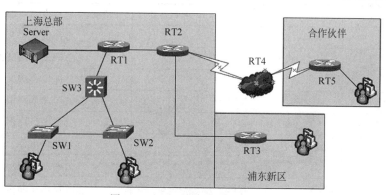

图 0-1　AAA 公司网络拓扑结构

0.1.2 教学项目要求

    请根据上面的公司网络拓扑结构及下面的具体要求搭建网络,并将所有设备上的最终配置结果保存到各自启动配置中。具体要求如下。

1. 网络物理连接

网络物理连接需要的设备及接口情况见表 0-2。

表 0-2 网络物理连接需要的设备及接口情况

源设备名称	设备接口	目标设备名称	设备接口
SW1	F0/1	SW3	F0/1
SW1	F0/3	SW2	F0/3
SW2	F0/2	SW3	F0/2
SW2	F0/3	SW1	F0/3
SW3	F0/1	SW1	F0/1
SW3	F0/2	SW2	F0/2
SW3	F0/3	RT1	F0/0
RT1	F1/0	RT2	F0/0
RT1	F0/1	Server	
RT2	S1/0	RT4	S1/0
RT2	F0/1	RT3	F0/1
RT3	F0/0	PC4	
RT4	S1/1	RT5	S1/1
RT5	F0/0	PC5	

2. 网络设备配置

(1) 网络设备基本配置

根据表 0-3 为网络设备配置主机名。

表 0-3 网络设备配置主机名

设备名称	配置主机名(Sysname 名)	说　明
SW1	SW1	总部接入层交换机
SW2	SW2	总部接入层交换机
SW3	SW3	总部核心层交换机
RT1	RT1	公司总部路由器
RT2	RT2	公司出口路由器
RT3	RT3	分部路由器
RT4	RT4	公网路由器
RT5	RT5	合作伙伴路由器

(2) VLAN 配置

为了做到各部门二层隔离,需要在交换机上进行 VLAN 划分与端口分配。根据表 0-4 完成 VLAN 配置和端口分配。

表 0-4 VLAN 配置和端口分配

VLAN 编号	VLAN 名称	说　　明	端 口 映 射
VLAN 10	Marketing	市场部	SW1 与 SW2 上的 F0/5～F0/10
VLAN 20	Finance	财务部	SW1 与 SW2 上的 F0/11～F0/13
VLAN 30	HR	人力资源部	SW1 与 SW2 上的 F0/14～F0/16
VLAN 40	CEO	总经理及董事会办公室	SW1 与 SW2 上的 F0/17～F0/19
VLAN 50	IT	信息技术部	SW1 与 SW2 上的 F0/20～F0/22
VLAN 1	manage	交换机管理 VLAN	--

（3）网络可靠性实现

在交换机上配置 RSTP 防止二层环路。

（4）IP 地址的规划与配置

由于公网地址紧张，所以只能在公司的总部和分部使用私网地址。计划使用 10.0.0.0/23 地址段。IP 地址的规划与配置见表 0-5。

表 0-5 IP 地址的规划与配置

区　　域	IP 地 址 段	网　　关
市场部	10.0.0.0/25	10.0.0.126
财务部	10.0.0.128/26	10.0.0.190
人力资源部	10.0.0.192/27	10.0.0.222
总经理及董事会办公室	10.0.0.224/28	10.0.0.238
信息技术部	10.0.0.240/28	10.0.0.254
公司分部	10.0.1.0/27	10.0.1.30
合作伙伴	10.0.2.0/27	10.0.2.30
交换机管理 VLAN	192.168.100.0/29	—

设备的 IP 地址如表 0-6 所示。

表 0-6 设备的 IP 地址

设　　备	IP 地址
RT4—RT5	202.0.1.0/29
RT2—RT4	202.0.0.0/30

其余设备间互连地址使用 172.16.0.0/24 网段，并使用 30 位掩码，如表 0-7 所示。

表 0-7 其余设备间互连地址

设　　备	IP 地址
SW3—RT1	172.16.0.0/30
RT1—Server0	172.16.10.0/30
RT1—RT2	172.16.1.0/30
RT2—RT3	172.16.2.0/30

（5）路由配置

公司总部配置为 OSPF 的骨干区域。公司分部使用静态路由,将公司分部的静态路由引入 OSPF 中。

（6）广域网链路配置

RT2 与 RT4 使用广域网串口线连接,使用 PPP 协议的 CHAP 验证;为 RT4 和 RT5 之间添加 PPP 协议的 PAP 验证。

3. 网络安全配置

（1）控制子网间的访问

在总部路由器 RT1 上配置扩展的 ACL 以禁止分部访问公司总部的财务部;在分部路由器 RT3 上配置标准的 ACL 以禁止公司总部的市场部访问分部。

（2）转换网络间的地址

在接入路由器 RT2 上配置 PAT,使总部、分部所有主机(服务器除外)能通过申请到的一组公网地址(202.0.0.0/29)中的地址池 202.0.0.2/29～202.0.0.4/29 访问 Internet,并在 RT2 上配置静态 NAT,使用公网地址 202.0.0.5/29 将公司总部的 WWW、FTP 服务器 Server0 发布到 Internet,允许公网用户访问;在合作伙伴路由器 RT5 上配置 PAT,以使用其申请到的唯一公网地址(202.0.1.2/30)接入 Internet。

（3）建立安全隧道

为了传输机要信息,分部与总部总经理及董事会办公室之间采用安全隧道的方式通信。在总部路由器 RT1 上及分部路由器 RT3 上配置 IPSec VPN,使用 ESP 加 3DES 加密并使用 ESP 结合 SHA 做 HASH 计算,以隧道模式封装,设置密钥加密方式为 3DES,并使用预共享的密码进行身份验证。

（4）设备安全访问设置

为网络设备开启远程登录(Telnet)功能,按照表 0-8 为网络设备配置相应密码,并且只允许信息技术部的工作人员可以通过 Telnet 访问设备。

表 0-8　设备安全访问设置

设备名称(主机名)	远程登录密码
RT1	000000(明文)
RT3	000000(明文)
SW3	000000(明文)
SW2	000000(明文)
SW1	000000(明文)

4. 无线网络配置

合作伙伴计算机设备分散,其中的计算机数目也在逐步增加。在这种情况下,全部用有线网连接终端设施,从布线到使用都会极不方便;有的房间是大开间布局,地面和墙壁已经施工完毕,若进行网络应用改造,埋设缆线工作量巨大,而且位置无法十分固定,导致信息点的放置也不能确定,这样构建一个无线局域网络就会很方便。若整个 WLAN 完全暴露在一个没有安全设置的环境下,是非常危险的。因此需要在无线接入点或无线路由器上进行安全设置。

（1）本项目的网络架构为 WLAN 和有线局域网混合的非独立 WLAN。

（2）在无线路由器上进行安全设置。

① SSID 为 rjxy。

② 无线路由器 Wireless Router0 设置 WPA-PSK 密钥验证，密钥为 87654321。

0.2 教学项目分析

网络规划设计
实例讲解

本项目是一个有关企业网搭建的网络工程项目。作为一个完整的网络工程项目，从网络系统集成技术角度看，一般工作流程为：网络的规划与设计→网络综合布线→交换机与路由器配置→服务器配置→网络安全配置→无线路由配置→网络故障的分析与排除→网络的测试与验收 8 个步骤。

因本项目中指定了具体的网络规划，未涉及综合布线与服务器配置问题，从而也不再涉及网络验收问题，只保留了网络设备配置相关部分。按工作过程先后顺序，为方便读者学习，将本企业网搭建项目设计成如下 11 个独立的项目：

项目 1 登录与管理交换机

项目 2 实现 VLAN 间通信

项目 3 防止二层环路

项目 4 内外网连接

项目 5 添加静态路由

项目 6 配置动态路由

项目 7 接入广域网

项目 8 控制子网间的访问

项目 9 转换网络地址

项目 10 建立安全隧道

项目 11 无线局域网搭建

第一篇用于教学项目的准备。第二篇中 11 个独立的项目是教学项目的主体。第三篇是一个综合教学项目，是对第二篇知识和技能的提升。第四篇是综合实训。通过这样的设计，读者可以由浅入深、由简单到复杂、由易到难地掌握网络设备的基本配置技能，积累一定的项目经验。

第二篇
教学项目实施

不积跬步,无以至千里;不积小流,无以成江海。

——荀子《劝学》

项目 1
登录与管理交换机

1.1 项目导入

从第一篇中可知,搭建 AAA 公司的网络,需要 3 台交换机、5 台路由器(其中一台本书中表示为 Internet),这些网络设备仅仅接通电源连接好网络线路是无法满足企业要求的,需要根据业务要求进行相关参数的配置,参数配置的第一步就是登录到交换机,本项目的任务就是选择合适的管理方式,登录并管理交换机。

1.2 职业能力目标和要求

- 能够识别交换机的类型,了解相应的工作原理及特点。
- 能够根据实际需要选择相应类型的交换机进行组网。
- 掌握交换机的常用管理方式;能够根据业务需要选择合适的方式登录并管理交换机。
- 掌握交换机的常用配置命令。
- 掌握 Cisco 模拟软件 Packet Tracer 6.2.3 的使用方法。

1.3 相关知识

1.3.1 认识交换机

以太网是局域网的成功典范,交换机是构建以太网的最重要的设备。

1. 以太网的发展

以太网从诞生到现在经历了从共享式以太网到交换式以太网的飞跃。

1) 共享式以太网

共享式以太网(即使用集线器或共用一条总线的以太网)采用了载波检测多路侦听(Carries Sense Multiple Access with Collision Detection,CSMA/CD)机制来进行传输控制,基于广播的方式来发送数据。共享式以太网的典型代表是使用 10Base-2、10Base-5 的总线型网络和以集线器为核心的 10Base-T 星形网络。在使用集线器的以太网中,集线器将很多以太网设备(如计算机)集中到一台中心设备上,这些设备都连接到集线器中的同

交换机工作原理

一物理总线结构中。

集线器也就是常说的 HUB,处于 OSI 的物理层,是一种共享的网络设备。在局域网中,数据都是以"帧"的形式传输的,而集线器不能识别帧,不知道一个端口收到的帧应该转发到哪个端口,所以只好把帧发送到除源端口以外的所有端口。这就造成了只要网络上有一台主机在发送帧,网络上所有其他的主机都只能处于接收状态,无法发送数据,其结果是所有端口共享同一冲突域、广播域和带宽。当网络中有两个或多个站点同时进行数据传输时,将会产生冲突,如 1-1 所示。

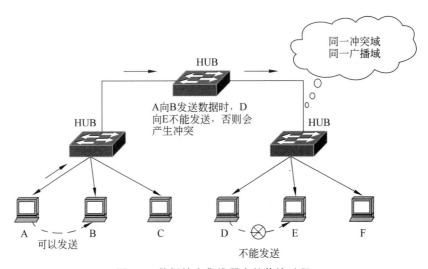

图 1-1　数据帧在集线器中的传输过程

2) 交换式以太网

交换式以太网是指以数据链路层的帧为数据交换单位,以以太网交换机为基础构成的网络。交换式以太网允许多对节点同时通信,每个节点可以独占传输通道和带宽。它从根本上解决了共享以太网所带来的问题。

(1) 交换机的内部结构

交换机可以"学习"MAC 地址,并把其存放在内部地址表中,通过在数据帧的始发者和目标接收者之间建立临时的交换路径,使数据帧直接由源地址到达目的地址。交换机拥有一条很高带宽的背部总线和内部交换矩阵。交换机的所有端口都挂接在这条背部总线上。

控制电路收到数据包以后,处理端口会查找内存中的 MAC 地址(网卡的硬件地址)对照表以确定目的 MAC 的网卡(NIC)挂接在哪个端口上,通过内部交换矩阵直接将数据包迅速传送到目的节点,而不是所有节点。目的 MAC 若不存在才广播到所有的端口。可以明显地看出,这种方法一方面效率高,不会浪费网络资源,只是对目的地址发送数据,一般来说不易产生网络堵塞;另一个方面数据传输安全,因为它不是对所有节点都同时发送,发送数据时其他节点很难侦听到所发送的信息。这也是交换机为什么会很快取代集线器的重要原因之一。

交换机是一种存储转发设备。以太网交换机采用存储转发(Store-Forward)技术或直通(Cut-Through)技术来实现信息帧的转发,也称为交换式集线器。交换机和网桥的不同在于:交换机端口数较多,数据传输效率高,转发延迟很小,吞吐量大,丢失率低,网络整体性能增强,远远超过了普通网桥连接网络时的转发性能。一般用于互连相同类型的局域网,如以太网与以太网的互联。

使用交换机也可以把网络"分段",通过对照 MAC 地址表,交换机只允许必要的网络流量通过交换机。通过交换机的过滤和转发,可以有效隔离广播风暴,减少误包和错包的出现,避免共享冲突。交换机在同一时刻可进行多个端口对之间的数据传输,每一端口都可视为独立的网段,连接在其上的网络设备独自享有全部的带宽,无须同其他设备竞争使用。当节点 A 向节点 D 发送数据时,节点 B 可同时向节点 C 发送数据,而且这两个传输都享有网络的全部带宽,都有着自己的虚拟连接。假使这里使用的是 10Mbps 的以太网交换机,那么该交换机这时的总流通量为:2×10Mbps=20Mbps。而使用 10Mbps 的共享式 HUB 时,一个 HUB 的总流通量也不会超出 10Mbps。

(2)交换机的工作原理

以太网交换机(以下简称交换机)是工作在 OSI 参考模型数据链路层的设备,外表和集线器相似。它通过判断数据帧的目的 MAC 地址,从而将帧从合适的端口发送出去。以太网交换机实现数据帧的单点转发是通过 MAC 地址的学习和维护更新机制来实现的。以太网交换机的主要功能包括 MAC 地址学习、帧的转发和过滤,以及避免回路。

交换机的 MAC 地址学习过程如下(假定主机 A 向主机 B 发送数据)。

① 当交换机加电启动初始化时,MAC 地址表是空的,如图 1-2 所示。

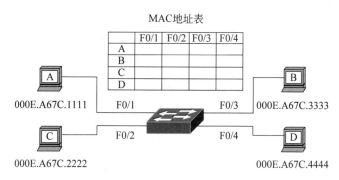

图 1-2 交换机初始化时 MAC 地址

② 当主机 A 发送、交换机接受帧时,交换机根据收到数据帧中的源 MAC 地址,建立主机 A 的 MAC 地址与交换机端口 F0/1 的映射,并将其写入 MAC 地址表中,如图 1-3 所示。

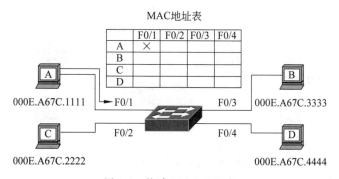

图 1-3 构建 MAC 地址表

③ 由于目的主机 B 的 MAC 地址未知,所以交换机把数据帧泛洪(采用广播帧和组播帧形式向所有的端口转发)到所有的端口,如图 1-4 所示。

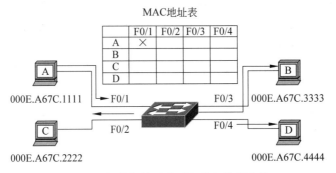

图 1-4　把数据帧泛洪到交换机的所有端

④ 主机 B 向主机 A 发出响应,所以交换机也知道了 B 的 MAC 地址。同样交换机会建立主机 B 的 MAC 地址与交换机端口 F0/3 的映射,并将其写入 MAC 地址表,如图 1-5 所示。

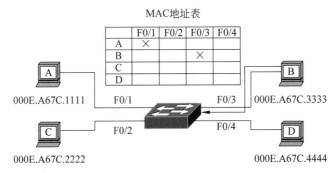

图 1-5　响应泛洪消息

⑤ 需要指出的是,当主机 B 的响应数据帧进入交换机时,由于交换机已知主机 A 所连接的端口,所以交换机并不对响应数据帧进行泛洪,而是直接把数据帧传递到接口 F0/1,如图 1-6 所示。

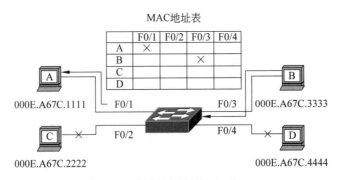

图 1-6　传送数据帧到已知端口

（3）交换机的工作特点

① 交换机的冲突域仅局限于交换机的一个端口上。比如，一个站点向网络发送数据，交换机将通过对帧的识别，只将帧单点转发到目的地址对应的端口。

② 交换机的所有端口同属于一个广播域。当 MAC 地址表中没有目标地址时，交换机将发送帧广播至所有端口，所以当网络规模太大时，也容易产生广播风暴，如图 1-7 所示。

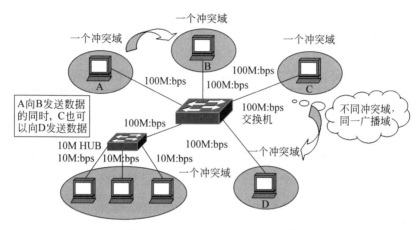

图 1-7　交换机的冲突域和广播域

2. 交换机分类

根据不同的分类标准，交换机可以分为多种类型。主要有以下 8 个分类标准。

（1）从广义角度分

从广义上来看，交换机分为两种：广域网交换机和局域网交换机。广域网交换机主要应用于电信领域，提供通信用的基础平台。而局域网交换机则应用于局域网络，用于连接终端设备，如 PC 及网络打印机等。

（2）按传输介质和传输速度分

从传输介质和传输速度上可分为以太网交换机、快速以太网交换机、千兆以太网交换机、FDDI 交换机、ATM 交换机和令牌环交换机等。

（3）按规模应用分

从规模应用上又可分为企业级交换机、部门级交换机和工作组交换机等。各厂商划分的尺度并不是完全一致的，一般来讲，企业级交换机都是机架式，部门级交换机可以是机架式（插槽数较少），也可以是固定配置式，而工作组级交换机为固定配置式（功能较为简单）。另外，从应用的规模来看，作为骨干交换机时，支持 500 个信息点以上大型企业应用的交换机为企业级交换机，支持 300 个信息点以下中型企业的交换机为部门级交换机，而支持 100 个信息点以内的交换机为工作组级交换机。

（4）按网络构成方式分

按照现在复杂的网络构成方式，网络交换机被划分为接入层交换机、汇聚层交换机和核心层交换机。其中，核心层交换机全部采用机箱式模块化设计，已经基本上都设计了与之相配备的 1000Base-T 模块。接入层支持 1000Base-T 的以太网交换机基本上是固定端口式交换机，以 10/100Mbps 端口为主，并且以固定端口或扩展槽方式提供 1000Base-T 的上联端口。汇聚层1000Base-T交换机同时存在机箱式和固定端口式两种设计,可以提供多个1000Base-T端口,一般也可以提供1000Base-X等其他形式的端口。接入层和汇聚层交换机共同构成完整的中小型局域网解决方案。

(5) 按架构特点分

根据架构特点,人们还将局域网交换机分为机架式、带扩展槽固定配置式、不带扩展槽固定配置式三种产品。机架式交换机是一种插槽式的交换机,这种交换机扩展性较好,可支持不同的网络类型,如以太网、快速以太网、千兆以太网、ATM、令牌环及FDDI等,但价格较贵。不少高端交换机都采用机架式结构。带扩展槽固定配置式交换机是一种有固定端口并带少量扩展槽的交换机,这种交换机在支持固定端口类型网络的基础上,还可以通过扩展其他网络类型模块来支持其他类型网络,这类交换机的价格居中。不带扩展槽固定配置式交换机仅支持一种类型的网络(一般是以太网),可应用于小型企业或办公室环境下的局域网,价格最便宜,应用也最广泛。

(6) 按所属网络层次分

按照OSI的7层网络模型,交换机又可以分为第2层交换机、第3层交换机、第4层交换机等,一直到第7层交换机。基于MAC地址工作的第2层交换机最为普遍,用于网络接入层和汇聚层。基于IP地址和协议进行交换的第3层交换机普遍应用于网络的核心层,也少量应用于汇聚层。部分第3层交换机也同时具有第四层交换功能,可以根据数据帧的协议端口信息进行目标端口判断。第4层以上的交换机称为内容型交换机,主要用于互联网数据中心。

(7) 按可否管理分

按照交换机的可管理性,又可把交换机分为可管理型交换机和不可管理型交换机,它们的区别在于对SNMP、RMON等网管协议的支持。可管理型交换机便于网络监控、流量分析,但成本也相对较高。大中型网络在汇聚层应该选择可管理型交换机,在接入层视应用需要而定,核心层交换机则全部是可管理型交换机。

(8) 按可否堆叠分

按照交换机是否可堆叠,交换机又可分为可堆叠型交换机和不可堆叠型交换机两种。设计堆叠技术的一个主要目的就是为了增加端口密度。

3. 交换机内存体系结构

交换机相当于一台特殊的计算机,同样有CPU、存储介质和操作系统,只不过这些都与PC有些差别而已。交换机也由硬件和软件两部分组成,软件部分主要是IOS操作系统,硬件主要包含CPU、端口和存储介质。交换机的端口主要有以太网端口(Ethernet Port)、快速以太网端口(Fast Ethernet Port)、千兆以太网端口(Gigabit Ethernet Port)和控制台端口(Console Port)。存储介质主要有ROM(只读存储设备)、FLASH(闪存)、NVRAM(非易失性存储器)和DRAM(动态随机存储器)。

其中,ROM相当于PC的BIOS,交换机加电启动时,将首先运行ROM中的程序,以实现对交换机硬件的自检并引导启动IOS。该存储器中的程序在系统掉电时不会丢失。

FLASH是一种可擦写、可编程的ROM,FLASH包含完整的IOS系统及微代码。FLASH相当于PC的硬盘,但速度要快得多,可通过写入新版本的IOS来实现对交换机的升级。FLASH中的程序在掉电时不会丢失。

NVRAM 用于存储交换机的启动配置文件,该存储器中的内容在系统掉电时也不会丢失。

DRAM 是一种可读写存储器,相当于 PC 的内存,存储交换机的当前配置文件,其内容在系统掉电时将完全丢失。

交换机加电后,即开始了启动过程,首先运行 ROM 中的自检程序,对系统进行自检,然后引导运行 FLASH 中的 IOS,并在 NVRAM 中寻找交换机的配置,最后将其装入 DRAM 中运行。

1.3.2　交换机的几种管理模式

交换机一般情况下都可以支持多种方式进行管理,用户可以选择最合适的方式管理交换机,以下是交换机支持的 5 种管理模式。

- 利用终端通过 Console 口进行本地管理。
- 通过 Telnet 方式进行本地或远程方式管理。
- 启用 Web 配置方式,通过浏览器进行图形化界面的管理。
- 预先编辑好配置文件,通过 TFTP 方式进行网络管理。
- 利用异步口连接 Modem 进行远程管理。

下面介绍两种常用的管理模式。

1. 超级终端管理模式

对于第一次安装的交换机来说,只能通过控制台 Console 端口进行初始配置。具体设备连接与配置情况如下。

(1) 设备连接

设备连接情况如图 1-8 所示。将如图 1-9 所示配置线的 RJ-45 接头的一端连接到交换机的控制台端口,另一端(通常为 DB-9 或 DB-25)连接计算机的串行接口 COM1,即完成了设备连接。

图 1-8　设备连接

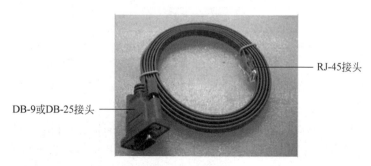

图 1-9　配置线

（2）设备配置

正确连接好线缆之后,进行如下操作(这里使用 Windows 自带的超级终端软件,也可以自己下载一些过程登录软件,如 CRT 软件)。

① 依次选择"开始"→"程序"→"附件"→"通信"→"超级终端"选项,在"连接描述"对话框中输入连接的名称,如 SW1,如图 1-10 所示。

② 单击"确定"按钮,弹出"连接到"对话框,如图 1-11 所示。在"连接时使用:"下拉列表框中选择 COM1 连接接口,然后单击"确定"按钮。

图 1-10　建立连接

图 1-11　选择连接端口

③ 在弹出的"COM1 属性"对话框中单击"还原为默认值"按钮(见图 1-12)。

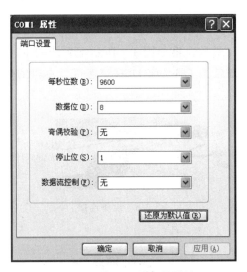
图 1-12　设置 COM1 的属性

④ 设置好后,单击"确定"按钮,此时就开始连接登录交换机了,对于新购或首次配置的交换机,没有设置登录密码,因此不用输入登录密码就可连接成功,从而进入交换机的命令行状态,当出现"Would you like enter the initial configuration dialog? ［yes/no］"时,输入 no,按 Enter 键,出现如图 1-13 所示的对话框,此时就可通过命令在这个界面操作了。

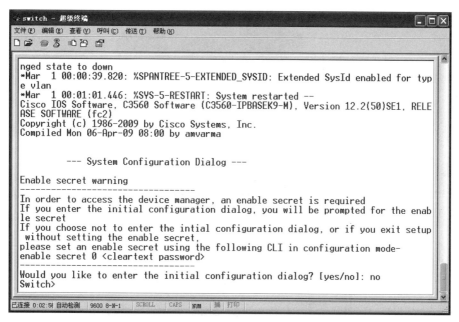

图 1-13　连接成功后的显示

说 明　　若超级终端窗口上没有出现命令提示符"Switch＞"，应确认是否存在以下几个问题。

- 计算机的 COM 口和超级终端所设定的口是一致的。
- 使用的连接线最好是设备自带的连接线，以免线序有错。
- 连接参数是：每秒位数值为 9600、数据位值为 8、停止位值为 1，其他值为无。
- 确定交换机没有故障，最好找个别的交换机再试。

2. Telnet 管理模式

在首次通过控制台端口完成对交换机的配置，并设置交换机的管理 IP 地址（该管理模式配置要求交换机必须配置 IP 地址，并且计算机和交换机的以太网接口的 IP 地址必须在同一网段）和登录密码后，就可以通过 Telnet 会话来连接登录交换机，从而实现交换机的远程配置。这种管理模式的设备连接和配置情况如下。

（1）设备连接

按照图 1-14 所示连接网络。

（2）设备配置

① 设置交换机的管理 IP 地址（假设为 192.168.1.10）和远程登录密码（假设为 S1）。

② 设置主机的 IP 地址（假设为 192.168.1.8），如图 1-15 所示。

③ 远程登录。选择"开始"→"运行"命令并在"运行"对话框输入 cmd 命令（进入 Windows 的 MS-DOS 方式），在打开的命令窗口中输入 telnet 192.168.1.10，再输入登录密码，检验成功后，即可登录到交换机，出现交换机的命令行提示符"Switch＞"，如图 1-16 所示。

图 1-14   设备连接

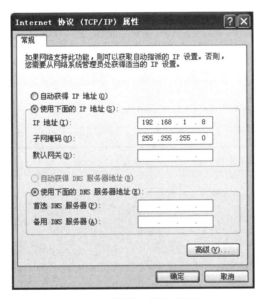

图 1-15   设置主机 IP 地址

图 1-16   在 DOS 命令下执行 telnet 命令

1.3.3   交换机的常用配置命令

1. 交换机的配置

Cisco IOS 提供了用户 EXEC 模式和特权 EXEC 模式两种基本的命令执行级别,同时还提供了全局配置、接口配置、Line 配置和 VLAN 配置等多种级别的配置模式,以允许用户对交换机的资源进行配置和管理。

（1）用户模式

当用户通过交换机的控制台端口或 Telnet 会话连接并登录到交换机时,此时所处的命令执行模式就是用户模式。在该模式下,只能执行有限的一组命令,这些命令通常用于查看显示系统信息、改变终端设置和执行一些最基本的测试命令,如 ping、traceroute 等。

```
Switch>                    //用户模式的命令状态行提示符
```

初次登录交换机时,会看到"Press RETURN to get started!"提示字样,意思是按 Enter 键可以登录交换机。按 Enter 键后出现"Switch>"提示符,表明已经进入交换机用户视图模式。

（2）特权模式

在用户模式下执行 enable 命令,将进入特权模式。在该模式下,用户能够执行 IOS 提供的所有命令。

```
Switch> enable          //进入特权模式的命令
Switch#                  //特权模式的命令状态行提示符
```

要离开特权模式并返回用户模式,可执行 exit 或 disable 命令。

```
Switch#exit              //退出当前模式,返回上一级模式的命令
Switch>
```

（3）全局配置模式

在特权模式下,执行 configure terminal 命令,即可进入全局配置模式。在该模式下只要输入一条有效的配置命令并按 Enter 键,内存中正在运行的配置就会立即改变并生效。在该模式下的配置命令的作用域是全局性的,是对整个交换机起作用。

```
Switch#configure terminal            //进入全局配置模式命令
Switch(config)#                       //全局配置模式提示符
```

（4）Line 配置模式

在全局配置模式下,执行 line vty 或 line console 命令,将进入 Line 配置模式。该模式主要用于对虚拟终端(VTY,远程登录用)和控制台端口设置用户级登录密码。

Line 配置远程登录用户要执行以下命令:

```
Switch(config)#line vty 0 4
//进入线路配置模式,同时配置 0~4 个虚拟终端(交换机最多可支持 16 个虚拟终端,取值为 0~15)
Switch(config-line)#password password1
//配置远程登录密码(Password1 为远程登录设置的密码。设置了密码的虚拟终端就允许登录,没
  有设置密码则不能登录)
Switch(config-line)#login
//开启远程登录认证功能(为安全起见,交换机的远程登录认证功能默认是开启的,此句可省略。若
  要关闭登录认证功能,可使用 no login 命令)
```

从 Line 配置模式返回全局配置模式,执行 exit 命令;若要直接返回特权模式,可执行 end 命令或按 Ctrl+Z 组合键(后面讲到的全局配置模式下的其他子模式的返回也有同样的特点,后面不再赘述)。

2．交换机的基本配置命令

交换机的基本配置命令有很多，常用的有以下几种类型。

（1）设置主机名

设置交换机名称，也就是设置出现在交换机 CLI 提示符中的名字。一般以地理位置或行政划分来为交换机命名。当需要 Telnet 登录到若干台交换机以维护一个大型网络时，通过交换机名称提示符提示当前配置交换机的位置是很有必要的。

```
Switch(config)#hostname hostname1
//配置交换机的主机名命令(该命令在全局配置模式下执行,其中 hostname1 代表主机名,在使用时
    将用真实主机名称代替。默认情况下,交换机的主机名默认为 Switch)
```

例如，若要将交换机的主机名设置为 SW1，则配置命令为：

```
Switch(config)#hostname Sw1          //配置交换机的主机名为 SW1
SW1(config)#                         //此时交换机的主机名已重命名为 SW1
```

（2）配置管理 IP 地址

在二层交换机中，IP 地址仅用于远程登录管理交换机，对于交换机的正常运行不是必需的。若没有配置管理 IP 地址，则交换机只能采用控制端口进行本地配置和管理。

在交换式局域网中，为减小广播风暴，可以把一个局域网划分成几个逻辑子网进行管理，每一个逻辑子网叫作一个 VLAN。默认情况下，交换机的所有端口均属于 VLAN 1，VLAN 1 是交换机自动创建和管理的。除了 VLAN 1 外，用户根据需要还可以创建其他 VLAN。每个 VLAN 只有一个活动的管理地址，因此，对二层交换机设置管理地址之前，首先应选择合适的 VLAN 虚拟接口，然后再利用 ip address 配置命令设置管理 IP 地址。

```
Switch(config)#interface vlan vlan-id
//选择将作为管理交换机的 VLAN 虚接口(vlan-id 代表要选择设置的 VLAN 号)
Switch(config-if)#ip address address netmask
//为 VLAN 虚接口配置 IP 地址(address 为要设置的管理 IP 地址,netmask 为子网掩码)
Switch(config-if)#no shutdown
//开启接口(为安全起见,VLAN 虚接口默认是关闭的,必须开启后才可以使用)
```

（3）设置交换机的加密使能口令

交换机的加密使能口令也叫交换机的特权用户口令，当用户在普通用户模式而想要进入特权用户模式时，需要此口令。此口令会以 MD5 的形式加密，因此，当用户查看配置文件时，无法看到明文形式的口令。其配置命令为：

```
Switch(config)#enable secret ciscoswitch
//设置交换机的加密使能口令命令(secret 表明口令以密码形式存放,若使用 password 则密码以
    明文形式存放,ciscoswitch 为加密使能口令)
```

例如，将交换机 SW1 的加密使能口令设置为 S3，则配置命令为：

```
SW1(config)#enable secret S3
```

（4）查看交换机信息

可以使用 show 命令来查看交换机的信息。show 命令动词后面所加的参数不同，所查

看的信息也不同。

```
Switch#show version                          //查看交换机硬件及软件的信息
Switch#show running-config                   //显示当前正在运行的配置信息
Switch#show startup-config                   //显示保存在 NVRAM 中的启动配置
Switch#show interface type mod_num/port_num  //查看端口工作状态和配置参数信息
Switch#show mac-address-table                //查看 MAC 地址表
```

（5）测试目的端的可达性

```
Switch#ping IP address    //测试目的端的可达性命令（需要在特权模式下运行，IP address
                            表示目的端的 IP 地址）
```

（6）交换机配置的保存和查看

① 保存配置文件

```
Switch#write    //将交换机的当前配置文件保存在 NVRAM 中，以便下次启动时生效。命令发出
                  后，系统显示"Building configuration..."，表示正在保存配置，等出现 OK
                  后，表示保存完毕。也可以使用 copy run start 命令
```

② 查看配置文件

```
Switch#dir flash    //查看 flash 中的文件目录
```

（7）重新启动交换机

```
Switch#reload    //重新启动交换机命令，命令发出后，系统进入重新启动过程，这个过程会显示
                   交换机的硬件基本信息，例如，内存大小、CPU 等，最后出现一串"#"和 OK，表
                   明重启完成（如图 1-17 所示）
```

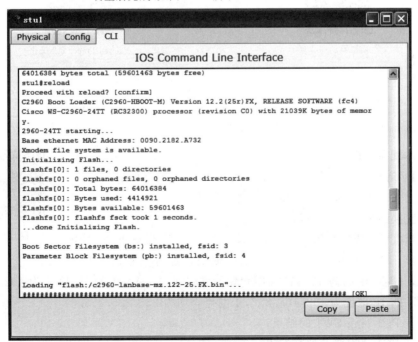

图 1-17 显示重启交换机配置信息

3. 使用交换机帮助命令

交换机的配置命令比较多,在配置交换机的过程中,应当学会灵活地使用帮助系统,这样可以起到事半功倍的效果。交换机的配置帮助命令有一定的规律和特点,总结如下。

(1) 支持命令简写与补全

所有命令在不发生混淆的前提下都可以简写成前面的几个字符,只要简写后还能唯一地标识出是该命令即可,并支持按 Tab 键补全命令。例如,enable 命令可以简写成 en,并且在 en 后面按 Tab 键,则可补全为 enable。

(2) 支持"?"求助

在每种操作模式下直接输入"?",可以显示该模式下的所有命令;输入"命令+空格+?",可以显示命令参数并对其解释说明。如想了解 show 命令,可以使用"show ?";输入某个字符+"?",可以显示以该字符开头的命令。

(3) 命令历史缓存

按 Ctrl+P 组合键或者按↑键,可以显示上一条命令;按 Ctrl+N 组合键或者按↓键,可以显示下一条命令。

4. Cisco 模拟软件——Packet Tracer 6.2

由于网络硬件设备存在数量和使用时间上的局限性,为了方便学习者练习,Cisco 公司开发了一款非常好用的模拟软件——Packet Tracer,模拟器中网络设备的配置方法与真实设备基本一致。本教材选用目前普遍使用的 Packet Tracer 6.2 版本,教材中所有项目的任务实施均以模拟软件操作为例给出解决方案。Packet Tracer 6.2 的安装方法如下。

模拟器的安装

Packet Tracer 6.2 汉化

双击 Packet Tracer 6.2 安装软件,单击欢迎界面中的 Next 按钮,单击"I accept the aggrenment"单选按钮(接受许可协议),再连续三次单击 Next 按钮(使用推荐安装选项即可),单击 Install(安装)按钮,安装完成后软件自行打开,窗口如图 1-18 所示。

5. 基本配置实例

【例1】 通过 Packet Tracer 6.2 搭建网络,并完成下面的要求。

模拟器的使用方法

- 通过 PC0 的超级终端功能登录到交换机。
- 将交换机重命名为 SW1。
- 适当配置 SW1 和 PC1,为 PC1 远程登录 SW1 做好准备(具体要求:SW1 的 0~4 这 5 个虚拟终端用户远程登录时需要验证,其验证密码为 123;特权用户密码为 456;VLAN 1 的 IP 地址为 192.168.3.1,PC1 的 IP 地址为 192.168.3.2,子网掩码均为 255.255.255.0)。
- 查看 PC1 ping SW1 的结果。
- 通过 PC1 远程登录到交换机。

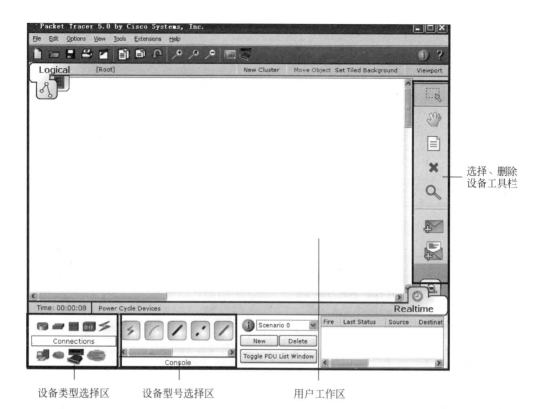

图 1-18　Packet Tracer 6.2 的界面

- 查看 SW1 上的 MAC 地址表。
- 查看 SW1 的当前配置,并将其保存成启动配置。

1) 搭建网络

在 Packet Tracer 6.2 用户工作区中,通过添加并连接设备,搭建图 1-19 拓扑所示网络。

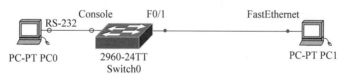

图 1-19　基本配置实例拓扑

(1) 添加交换机

在"设备类型选择区"中单击 ▰ 选择交换机,在"设备型号选择区"中找到想要的设备型号 ▨(这里选择 2960 型交换机,当窗口较小时可能要通过滚动条完成),将 ▨ 拖动至用户工作区中合适的位置即可,如图 1-20 所示。

(2) 添加 PC(与添加交换机类似,图略)

在"设备类型选择区"左下角单击 ▰ 选择计算机,在"设备型号选择区"中找到想要的设备型号 ▨(第一种:PC),将 ▨ 拖动到交换机附近松开鼠标即可。

(3) 修改设备标识(即修改设备外在标签。以修改交换机名称为例,此步可以省略)

单击交换机下面的标识名(此处为 Switch0),修改交换机标识名(此处改为 SW1)。

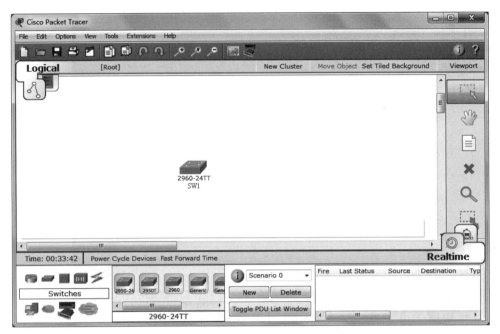

图 1-20　拖动选择好的交换机到用户工作区

(4) 用配置线连接设备

单击"设备类型选择区"中的连接线图标 ，单击"设备型号选择区"中的配置线(图 1-21 中第 2 个),将鼠标光标移到用户工作区(此时鼠标指针变成连接线头的样子),在 SW1 上单击,在弹出的接口列表中单击 Console(见图 1-22),将鼠标指针移动到 PC1 上,单击鼠标,在弹出的接口列表中单击 RS-232(见图 1-23),连线完成的效果如图 1-24 所示。

图 1-21　设备连线　　　　　　　　图 1-22　交换机接口选择列表

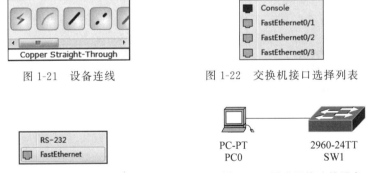

图 1-23　PC 接口选择列表　　　　　图 1-24　用配置线连接设备

若某个设备不再需要,可以先单击"选择、删除设备工具栏"中的删除按钮 ，再到用户工作区中单击想要删除的设备即可。

2) 使用超级终端登录交换机

单击计算机 PC0,单击选择 Desktop 选项卡,单击 Terminal 上的图标(见图 1-25),对

COM1 的属性进行相应的配置(见图 1-26,这里直接使用默认值即可),单击 OK 按钮,进入 Terminal 窗口,并出现提示:"Press RETURN to get started!",按 Enter 键后,超级终端窗口出现交换机提示符"Switch>",说明计算机已经连接到交换机,可以开始配置交换机了,如图 1-27 所示。

图 1-25　进入配置窗口

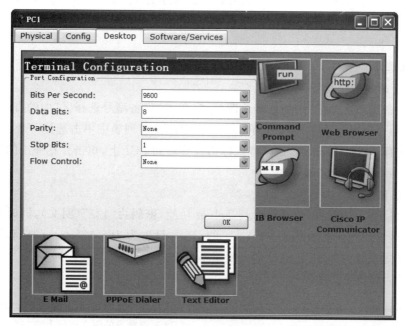

图 1-26　设置 COM1 的属性

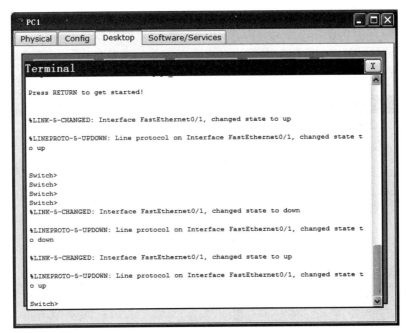

图 1-27   超级终端窗口

3）将交换机重命名为 SW1

Switch>enable	//进入特权命令状态命令(以后简写为 en)
Switch#configure terminal	//进入全局配置状态命令(以后简写为 conf t)
Switch(config)#hostnameSW1	//将交换机重命名为 SW1(此处的重命名为交换机配置文件中的重命名,不同于外在标签的修改,两者最好一致)
SW1(config)#	

4）配置远程登录

（1）用直通线连接设备

单击"设备类型选择区"中的连接线图标 ,单击"设备型号选择区"中的直通线(图 1-21 设备连线中第 3 个图标),在 SW1 上单击→在弹出的接口列表中单击选择一个 FastEthernet 接口(这里选择 FastEthernet0/1)。将鼠标指针移动到 PC1 上,单击并在弹出的接口列表中单击 FastEthernet,完成连线。

（2）交换机配置

对交换机 SW1 的配置,包括开启其 Telnet 功能,密码为"123"(明文),同时为其配置管理 IP 地址(这里用交换机的默认 VLAN 1 的 IP,并设置为 192.168.3.1/24)和进入特权模式的密码(这里设置为"456"),这 3 部分配置不分先后。

① 配置远程登录的密码

SW1(config)#line vty 0 4	//进入线路配置模式,同时为 5 个虚拟终端配置
SW1(config-line)#password 123	//配置远程登录的明文密码为"123"
SW1(config-line)#login	//开启远程登录认证功能,默认开启,此命令可省略
SW1(config-line)#exit	//返回全局配置模式

② 配置交换机远程管理的 IP 地址并开启接口

```
SW1(config)#interface vlan 1          //进入交换机默认 VLAN 1 的接口视图
SW1(config-if)#ip address 192.168.3.1 255.255.255.0  //配置交换机远程管理的 IP 地址
SW1(config-if)#end                    //返回特权模式
SW1#show interface vlan 1
//显示 VLAN 1 虚接口状态(此时会看到"VLAN 1 is administratively down,line protocol is
  down",表示 VLAN 1 虚接口和协议目前都还没有启用)
SW1#conf t
SW1(config)#interface vlan 1
SW1(config-if)#no shutdown
//开启接口(此时交换机自动显示"%LINK-5-CHANGED: Interface VLAN 1, changed state to
  up"和"%LINEPROTO-5-UPDOWN: Line protocol on Interface VLAN 1, changed state to
  up",表示 VLAN 1 虚接口和协议已经开启,进入工作状态,这是接口开启后的系统自动回馈信息)
SW1(config-if)#end                    //返回特权模式
SW1#show interface vlan 1
//此时再显示 VLAN 1 虚接口状态,将会看到"VLAN 1 is up, line protocol is up",表示 VLAN 1
  虚接口和协议已经开启,进入工作状态
```

③ 配置进入特权模式的密码

```
SW1(config)#enable secret 456          //配置交换机进入特权模式的密文密码为"456"
```

(3) PC1 配置

对 PC1 来说,只要配置好 IP 地址即可(PC1 的 IP 应该与交换机 SW1 的管理 IP 在同一个网段,这里使用 192.168.3.2/24)。

关闭 Terminal 窗口,单击 IP Configuration 图标(图 1-25 中左上角第一个图标),在弹出的 IP Configuration 对话框中输入 PC1 的 IP 地址和子网掩码,如图 1-28 所示。

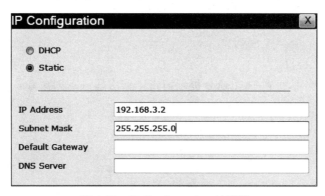

图 1-28　IP Configuration 对话框

(4) 测试连通性

① 进入 PC1 命令提示窗口

单击图 1-28 中的"关闭"按钮,返回图 1-25 的窗口,单击 Command Prompt 图标(图中第一行的第 4 个),进入命令提示窗口,如图 1-29 所示。

图 1-29　命令提示窗口

② 测试连通性

PC>Ping 192.168.3.1 　　//测试 PC1 能否 ping 通 SW1,测试信息如图 1-30 所示

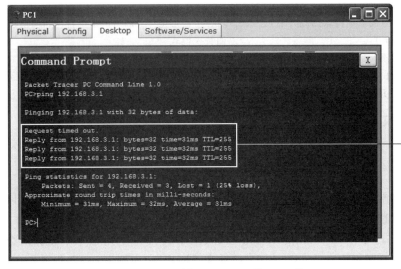

返回信息"Reply from 192.168.3.1: bytes=32 time=31ms TTL=255" 表示可以 ping 通

图 1-30　PC1 能 Ping 通 SW1

结论:PC1 可以 ping 通 SW1。

(5) 远程登录交换机

要想实现远程登录,可在 PC1 命令提示窗口中依次输入下列命令:

```
PC>telnet 192.168.3.1          //远程登录交换机
password:123                   //输入远程登录密码,登录成功后可进入用户模式
Switch>                        //进入用户模式
Switch>enable                  //进入特权模式命令
password:456                   //输入特权模式密码
SW1#                           //登录成功,进入特权模式
```

5) 查看配置信息

(1) 查看当前配置

```
SW1# show run
```

当前配置的状态如图 1-31 所示。

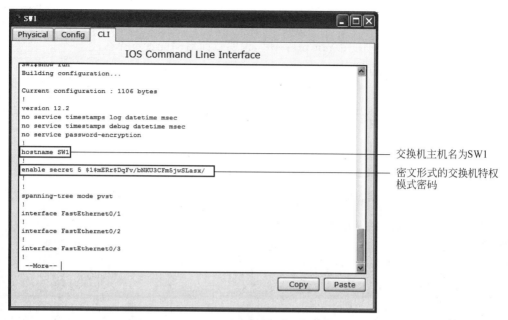

图 1-31　交换机的当前配置信息(1)

按 Space 键,可以得到下一屏的结果,如图 1-32 所示。若想终止查看过程,可按 Ctrl+C (或 Ctrl+Z)组合键。

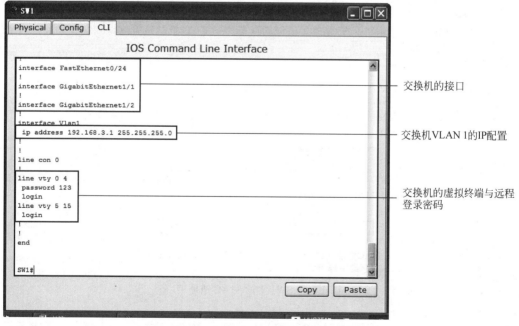

图 1-32　交换机的当前配置信息(2)

（2）查看启动配置

SW1#show startup-config

此时显示"startup-config is not present"，说明目前启动配置不存在。

6）保存当前配置为启动配置

SW1#write

7）再次查看配置信息

SW1#show run   //显示结果与上次相同
SW1#sh startup-config   //此时显示结果与当前配置相同

（1）模拟器中可直接在交换机上进行配置操作

除了使用超级终端和远程登录方式管理交换机外，模拟器上还支持直接在交换机上进行各种配置操作。但在真实设备中因交换机本身没有显示设备，所以无法直接对交换机进行管理，只能通过 PC，借助第三方管理软件（如超级终端、CRT 等）实现 PC 与交换机的连接。模拟器上直接在交换机上操作的方法是：单击交换机 SW1，再单击选择 CLI（命令行方式）选项卡，在弹出的交换机配置窗口中输入配置命令即可。

（2）设备的保护

为了设备的安全，交换机和路由器几分钟不操作，都会出现"Switch con0 is now available, Press RETURN to get started."提示字样，意思是开关 con0 现在是可利用的，按 Enter 键打开。此时按 Enter 键，会出现"Switch＞"提示符，输入 enable 命令，则会出现"password:"提示符，这样可以防止未授权人员对设备的非法操作。

8）查看 SW1 上的 MAC 地址表

SW1#show mac-address-table   //SW1 上的 MAC 地址信息如图 1-33 所示

图 1-33　SW1 上的 MAC 地址表

此时切换到 Cisco Packet Tracer 窗口，将鼠标光标指向 PC1，在出现的提示信息中可以看到 PC1 的 MAC 地址（见图 1-34）与图 1-33 中标识的 MAC 地址相同，说明图 1-33 所看到的 MAC 地址记录即为 PC1 的记录。

```
Link    IP Address            IPv6 Address                        MAC Address
Up      192.168.3.2/24        <not set>                           0001.4250.8363

Gateway:192.168.3.1
DNS Server: <not set>
Line Number: <not set>

Physical Location:Intercity,Home City,Corporate Office,Main Wiring Closet
```

图 1-34　将鼠标光标指向 PC1 时看到的提示信息

验证问题

（1）在交换机配置中配置远程登录密码时，若去掉 login 命令，将会出现什么结果？若关闭远程登录认证功能（no login）结果会如何？

退出远程登录用 exit 命令。

（2）若将 SW1 的 VLAN 1 接口关闭，再通过 PC1 进行 ping 和远程登录测试，结果会如何？

1.4　项目设计与准备

1. 项目设计

采取通过终端连接交换机 Console 口的方式进行本地管理，进行初始化的配置，为了方便以后维护管理交换机，在交换机上启用远程登录的功能，同时考虑到安全问题，为远程登录设置登录密码；为了实现远程登录功能，需要为每台交换机配置一个管理 IP，并将所有的管理地址设置到同一个网络段 192.168.100.0/29，并划分到 VLAN 1（交换机默认 VLAN）中。

1）搭建网络

根据图 1-35（在模拟软件 Cisco Packet Tracer 中的拓扑图）所示的 AAA 公司总部内网拓扑结构及表 1-1 中的具体要求，通过添加设备搭建目标网络。

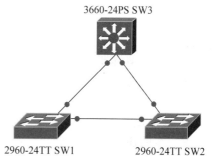

图 1-35　AAA 公司总部内网拓扑结构

表 1-1　总部内网各设备物理连接情况

源设备名称	设备接口	目标设备名称	设备接口
SW1	F0/1	SW3	F0/1
SW1	F0/3	SW2	F0/3
SW2	F0/2	SW3	F0/2

2）网络设备基本配置

（1）各设备配置主机名称如表 1-2 所示。

表 1-2　各交换机的命名及说明

设备名称	配置主机名(Sysname 名)	管理 IP	VLAN	说　　　明
SW1	SW1	192.168.100.1/29	1	总部接入层交换机
SW2	SW2	192.168.100.2/29	1	总部接入层交换机
SW3	SW3	192.168.100.3/29	1	总部核心层交换机

(2) SW1、SW2、SW3 要开启远程登录(Telnet)功能,远程登录密码为"000000"。

(3) 本项目任务完成后,所有设备配置结果应当保存到启动配置中。

2. 项目准备

(1) 方案一:真实设备操作(以组为单位,小组成员协作,共同完成实训)。

Cisco 交换机、配置线、台式机或笔记本电脑。

(2) 方案二:在模拟软件中操作(以组为单位,成员相互帮助,各自独立完成实训)。

每人一台安装有 Cisco Packet Tracer 6.2 的计算机。

1.5　项目实施

任务 1-1　登录与管理交换机 SW3

本项目的实施是在 Packet Tracer 6.2 模拟软件中操作的。若是在真实设备中操作,请参考本部分的拓扑图进行相应的物理连接后,再进行配置操作。

1. 搭建网络

在 Packet Tracer 6.2 用户工作区中,根据图 1-35 搭建网络。

具体步骤与例 1 类似,此处略。

2. 远程登录准备

这一步的任务是通过超级终端对交换机 SW3 进行初始配置,为远程登录做好准备。

1) 为 SW3 添加配置用计算机并连线

按图 1-36 所示为 SW3 添加配置用计算机(此处为 PC0),并按图中所示接口和线型连线(具体步骤与例 1 相同,此处略)。

远程登录管理
内网交换机

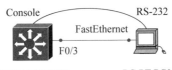

图 1-36　拓扑结构

2）PC0 配置

配置 PC0 的 IP 是为远程登录做好准备，其 IP 应该与交换机 SW3 的管理 IP 在同一个网段，这里使用"192.168.100.6/29"。

双击计算机 PC0，单击选择 Desktop 选项卡，单击 IP Configuration 图标，在弹出的对话框中输入 PC0 的 IP 地址和掩码（请将 PC0 的 IP 地址和掩码填写到下方），如图 1-37 所示。

IP Address	192.168.100.6
Subnet Mask	255.255.255.248

图 1-37　IP 地址配置

3）使用超级终端登录交换机

单击 PC0 Desktop 选项卡上 Terminal 图标，对 COM1 的属性进行相应的配置（这里使用默认值），单击 OK 按钮，进入超级终端窗口，按 Enter 键，超级终端窗口出现交换机提示符"Switch＞"，说明计算机已经连接到交换机，可以开始配置交换机了。

4）配置交换机

对交换机 SW3 的配置，包括开启其 Telnet 功能，密码为 000000（明文），同时为其配置管理 IP 地址（这里使用默认 VLAN 1，并将其虚地址 IP 设置为"192.168.100.3/29"）和进入特权模式的密码（这里设置为"123456"，为实现远程登录做好准备）。

① 为设备 SW3（默认名为 Switch）命名为 SW3，配置进入特权模式的密码

```
Switch>enable                        //进入特权模式
Switch#configure terminal            //进入全局配置模式
Switch(config)#hostname SW3          //为设备 SW3 命名为 SW3
SW3(config)#
SW3(config)#enable secret 123456     //配置交换机进入特权模式的密码为"123456"
```

② 配置远程登录的密码

```
SW3(config)#line vty 0 4             //进入线路配置模式,同时配置 0~4 个虚拟终端用户
SW3(config-line)#password 000000     //配置远程登录的密码为"000000"
SW3(config-line)#login               //打开登录认证功能
SW3(config-line)#exit                //返回全局配置模式
```

③ 配置交换机远程管理的 IP 地址

```
SW3(config)#interface vlan 1         //进入交换机默认 VLAN 1 的接口视图
SW3(config-if)#ip address 192.168.100.3  255.255.255.248
//配置交换机远程管理的 IP 地址,这里使用 192.168.100.3/29
SW3(config-if)#end                   //返回特权命令模式
```

④ 查看 VLAN 虚接口状态

```
SW3#show int vlan 1
```
//查看 SW3 的 VLAN 虚接口状态(此时"VLAN 1 is administratively down, line protocol is
　down"表示 VLAN 1 虚接口和协议处于关闭状态)

⑤ 测试连通性

在 PC0 上单击 Command Prompt 图标,进入命令提示窗口。

Ping 192.168.100.3   //测试 PC0 与 SW3 的连通性(此时 PC0 不可以 ping 通 SW3)

⑥ 开启 VLAN 虚接口

SW3#conf t
SW3(config)#int vlan 1
SW3(config-if)#no shutdown   //开启 VLAN 虚接口
SW3(config-if)#end   //返回特权模式

⑦ 再次查看 VLAN 虚接口状态并测试连通性

SW3#show int vlan 1   //查看 VLAN 虚接口状态(此时"VLAN 1 is up, line protocol
                          is up"表示 VLAN 1 虚接口和协议处于开启状态)
SW3#ping 192.168.100.6   //测试 PC0 与 SW3 的连通性(此时 PC0 可以 ping 通 SW3)

3. 远程登录交换机

要想实现远程登录,可在 PC0 命令提示窗口中依次输入下列命令:

PC>telnet 192.168.100.3   //远程登录交换机
password:0000000   //输入远程登录密码,登录成功后可进入用户模式
SW3>   //进入用户模式
SW3>enable   //进入特权模式命令
password:123456   //输入特权模式密码,登录成功后可进入用户模式
SW3#   //进入特权模式

4. 保存配置

SW3(config)#exit
SW3#write   //将当前配置保存成启动配置

5. 查看配置信息

1) 查看 SW3 配置信息

单击交换机 SW3,单击选择 CLI 选项卡,弹出交换机配置窗口,输入下面的命令:

SW3#show running-config   //显示交换机当前运行的配置参数命令

2) 继续查看配置信息

按 Space 键,可以得到下一屏的结果。

3) 终止查看配置信息

若想终止查看过程,可按 Ctrl+Z 组合键。

6. 查看 MAC 地址表

SW3#show mac address-table   //查看 MAC 地址表命令(此时可以看到 1 条 MAC 地址信息)
                Mac Address Table

```
VLAN    Mac Address       Type        Ports
----    ----------        --------    -----

1       000d.bd2b.be9d    DYNAMIC     Fa0/1
```

任务 1-2　登录与管理交换机 SW1、SW2

SW1、SW2 的配置和 SW3 的配置相似,这里仅仅给出相应的配置命令,其他的步骤省略。

1. SW1 相关配置

(1) 为设备 SW1(默认名为 Switch)命名为 SW1,配置进入特权模式的密码

```
Switch>enable                    //进入特权模式
Switch#configure terminal        //进入全局配置模式
Switch(config)#hostname SW1      //为设备 SW1 命名为 SW1
SW1(config)#
SW1(config)#enable secret 123456 //配置交换机进入特权模式的密码为"123456"
```

(2) 配置远程登录的密码

```
SW1(config)#line vty 0 4          //进入线路配置模式,同时配置 0~4 个虚拟终端用户
SW1(config-line)#password 000000  //配置远程登录的密码为"000000"
SW1(config-line)#login            //打开登录认证功能
SW1(config-line)#exit             //返回全局配置模式
```

(3) 配置交换机远程管理的 IP 地址

```
SW1(config)#interface vlan 1      //进入交换机默认 VLAN 1 的接口视图
SW1(config-if)#ip address 192.168.100.1 255.255.255.248
//配置交换机远程管理的 IP 地址,这里使用 192.168.100.1/29
SW1(config-if)#end                //返回特权命令模式
```

(4) 查看 VLAN 虚接口状态

```
SW1#show int vlan 1               //查看 SW1 的 VLAN 虚接口状态
```

(5) 测试连通性

PC0 上单击 Command Prompt 图标,进入命令提示窗口,输入下面命令:

```
Ping 192.168.100.1      //测试 PC0 与 SW1 的连通性(此时 PC0 不可以 ping 通 SW1)
```

(6) 开启 VLAN 虚接口

```
SW1#conf t
SW1(config)#int vlan 1
SW1(config-if)#no shutdown        //开启 VLAN 虚接口
SW1(config-if)#end                //返回特权模式
```

(7) 再次查看 VLAN 虚接口状态并测试连通性

```
SW1#show int vlan 1          //查看 VLAN 虚接口状态(此时"VLAN 1 is up, line protocol is
                               up"表示 VLAN 1 虚接口和协议处于开启状态)
SW1#ping 192.168.100.6       //测试 PC0 与 SW1 的连通性(此时 PC0 可以 ping 通 SW1)
```

2. SW2 相关配置

(1) 为设备 SW2(默认名为 Switch)命名为 SW2,配置进入特权模式的密码

```
Switch>enable                //进入特权模式
Switch #configure terminal   //进入全局配置模式
Switch(config)#hostname SW2  //为设备 SW2 命名为 SW2
SW2(config)#
SW2(config)#enable secret 123456   //配置交换机进入特权模式的密码为"123456"
```

(2) 配置远程登录的密码

```
SW2(config)#line vty 0 4       //进入线路配置模式,同时配置 0~4 个虚拟终端用户
SW2(config-line)#password 000000  //配置远程登录的密码为"000000"
SW2(config-line)#login         //打开登录认证功能
SW2(config-line)#exit          //返回全局配置模式
```

(3) 配置交换机远程管理的 IP 地址

```
SW2(config)#interface vlan 1   //进入交换机默认 VLAN 1 的接口视图
SW2(config-if)#ip address 192.168.100.2 255.255.255.248
                               //配置交换机远程管理的 IP 地址,这里使用 192.168.100.2/29
SW2(config-if)#end             //返回特权命令模式
```

(4) 查看 VLAN 虚接口状态

```
SW2#show int vlan 1            //查看 SW2 的 VLAN 虚接口状态
```

(5) 测试连通性

PC0 上单击 Command Prompt 图标,进入命令提示窗口。

```
Ping 192.168.100.2            //测试 PC0 与 SW2 的连通性(此时 PC0 不可以 ping 通 SW2)
```

(6) 开启 VLAN 虚接口

```
SW2#conf t
SW2(config)#int vlan 1
SW2(config-if)#no shutdown    //开启 VLAN 虚接口
SW2(config-if)#end            //返回特权模式
```

(7) 再次查看 VLAN 虚接口状态并测试连通性

```
SW2#show int vlan 1           //查看 VLAN 虚接口状态
SW2#ping 192.168.100.6        //测试 PC0 与 SW2 的连通性(此时 PC0 可以 ping 通 SW2)
```

1.6 项目验收

1.6.1 测试准备

本项目的网络拓扑结构如图 1-38 所示。

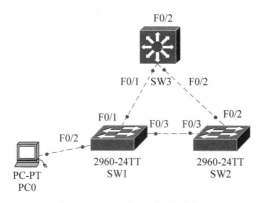

图 1-38　项目 1 的拓扑结构

说 明　将 PC0 通过网线连接到 SW1 的 F0/2 口。

1.6.2　测试连通性

从 PC0 上分别 ping SW1、SW2、SW3,发现均可 ping 通,其测试情况如图 1-39～图 1-41 所示。

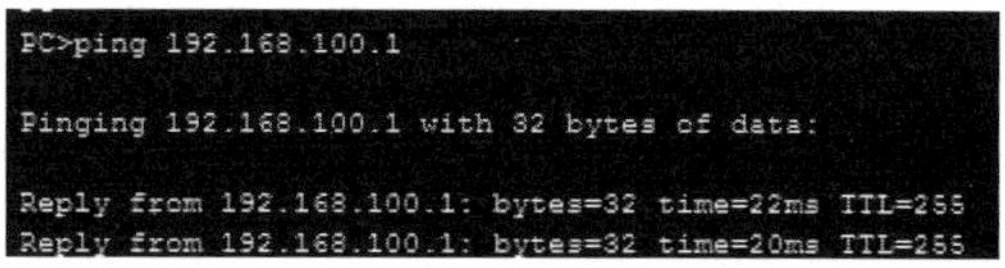

```
PC>ping 192.168.100.1

Pinging 192.168.100.1 with 32 bytes of data:

Reply from 192.168.100.1: bytes=32 time=22ms TTL=255
Reply from 192.168.100.1: bytes=32 time=20ms TTL=255
```

图 1-39　从 PC0 测试 SW1 的连通性

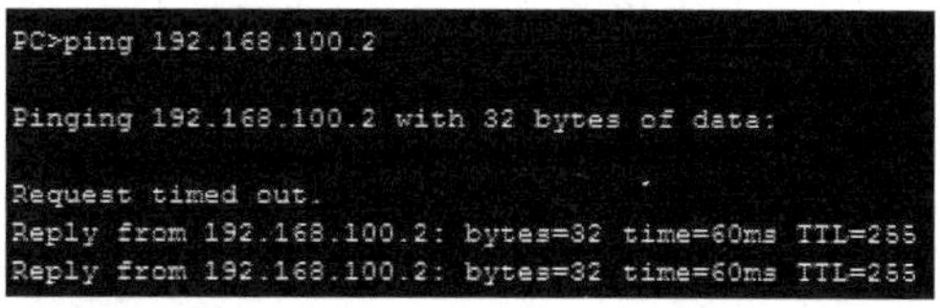

```
PC>ping 192.168.100.2

Pinging 192.168.100.2 with 32 bytes of data:

Request timed out.
Reply from 192.168.100.2: bytes=32 time=60ms TTL=255
Reply from 192.168.100.2: bytes=32 time=60ms TTL=255
```

图 1-40　从 PC0 测试 SW2 的连通性

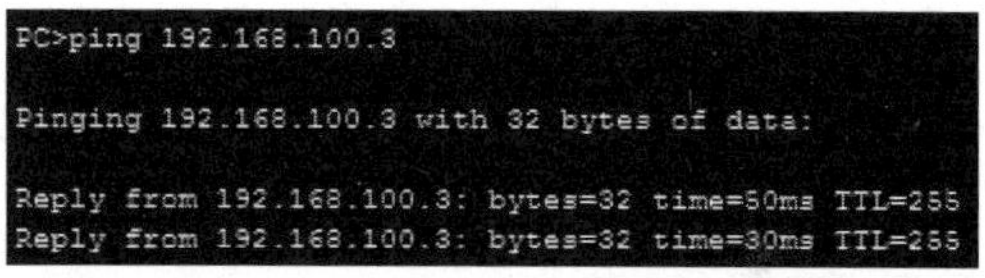

```
PC>ping 192.168.100.3

Pinging 192.168.100.3 with 32 bytes of data:

Reply from 192.168.100.3: bytes=32 time=50ms TTL=255
Reply from 192.168.100.3: bytes=32 time=30ms TTL=255
```

图 1-41　从 PC0 测试 SW3 的连通性

1.6.3　测试远程登录管理功能

通过 PC0 远程登录 SW1、SW2、SW3,发现均可进行通过正确的密码远程登录,并可以通过特权用户口令进入特权视图模式,其测试情况如图 1-42～图 1-44 所示。

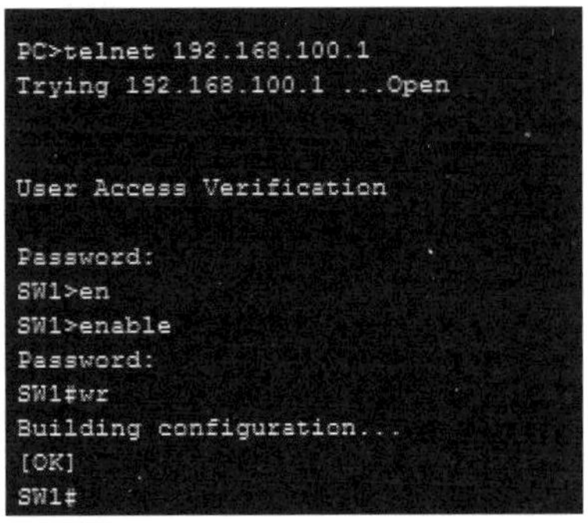

图 1-42　从 PC0 测试 SW1 的远程登录

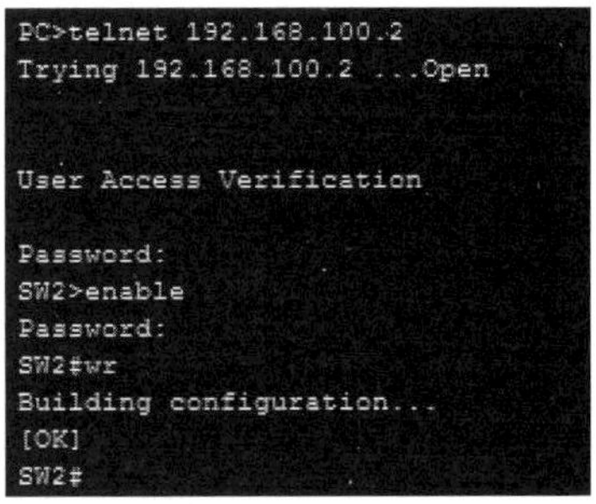

图 1-43　从 PC0 测试 SW2 的远程登录

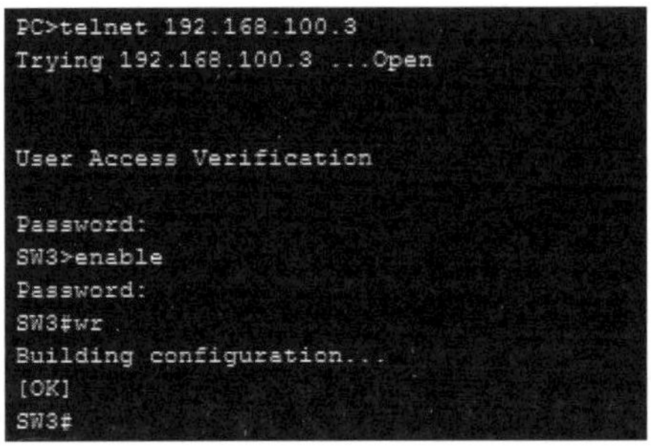

图 1-44　从 PC0 测试 SW3 的远程登录

1.7　项目小结

本项目主要介绍了交换机的基本知识和基本操作技能。交换机是交换式以太网的核心设备,它通过矩阵交换通道的方式传输数据。通过本项目的学习,重点理解交换机的工作原理,熟记交换机的工作特点,熟练掌握交换机的一些常用配置和远程登录相关配置命令。

操作中应特别注意各命令输入的状态,否则很容易出错;VLAN 虚接口配置 IP 后,必须开启接口才可能实现远程登录。

在实际工程项目中对交换机的命名、配置远程登录管理具有很重要的意义。

1. 交换机的命名

通过对交换机的命名标识,特别是根据该交换机所处的位置或所要完成的功能等方面的命名,可以方便地进行交换机的管理,使管理人员能快速了解该交换机的功能信息,增加配置文件的可读性,防止配置混乱。

2. 交换机的配置远程登录管理

通过对交换机配置远程管理,可以使网络管理人员远程操作控制交换机,不必到现场,大幅减少了工作量,提高了效率。同时通过配置登录密码和特权用户密码很好地保证了安全性。

1.8　知识拓展

1.8.1　网络分层设计

根据 AAA 公司的建网需求,为实现网络系统建设目标,使骨干网络系统具有良好的扩展性和灵活的接入能力,并易于管理、易于维护,本项目实例在组网设计上采用二层结构化设计方案:接入层和核心层。该方案进行分层设计,不仅会因为采用模块化、自顶向下的方法细化而简化设计,而且经过分层设计后,每层设备的功能将变得清晰、明确,这有利于各层设备的选择和定位。

1. 接入层的设计

接入层位于整个网络拓扑结构的最底层,接入层交换机用于连接终端用户,端口密度一般较高,并且应配备高速上连端口。一般可采用二层交换机。Cisco 常用的二层交换机有 2918 系列、2928 系列、2960 系列等。

本实例中接入层交换机选择 Cisco Catalyst 2960-24TT 型号,此交换机拥有 24 个端口与 2 个固定端口,传输速率为 10/100/1000Mbps;接口类型为 10/100Base-T、10/100/1000Base-Tx;网管功能为 Web 浏览器、SNMP、CLI;背板带宽为 16Gbps;包转发率为 6.5Mbps;MAC 地址表大小为 8KB。该交换机针对公司的发展进行升级管理,对语音、数据、视频的安全访问的支持,是全新的独立设备,对千兆以太网的快速与链接提供支持。为初级企业与中型市场的 LAN 提供增强服务,是接入层交换机的理想选择。

2. 核心层的设计

一般大中型网络,在组网设计上采用三层结构化设计方案:接入层、汇聚层和核心层。但因本网络规模较小,只设计接入层和核心层。在采用三层设计方案中,汇聚层交换机用于汇聚接入层交换机的流量,并上连至核心层交换机;核心层交换机是整个网络的中心交换机,具有最高的交换性能,用于连接和汇聚各汇聚层交换机的流量;它们的配置基本相似。

核心层交换机一般采用高档的三层交换机,这类交换机具有很高的交换背板带宽、较多的高速以太网端口和光纤端口。思科常用的三层交换机有 3560 系列、3750 系列、4500 系列、6500 系列等。

本实例中核心层交换机选用 Cisco Catalyst 3560-24PS 型号以太网交换机,此交换机传输速率为 10/100/1000Mbps,接口类型为 10/100/1000 POE/1000FX/SX,网管功能为 SNMP、CLI、Web,背板带宽为 32Gbps,包转发率为 38.7Mbps,MAC 地址表大小为 12288KB。

1.8.2　配置二层交换机端口

1. 端口单双工配置

在配置交换机时,应注意端口的单双工模式的匹配,如果链路的一端设置的是全双工,而另一端是半双工,则会造成响应差和高出错率,丢包现象会很严重。通常可设置为自动协商或设置为相同的单双工模式。在了解对端设备类型的情况下,建议手动设置端口双工模式。

配置命令为：

```
Switch(config-if)#duplex [full/half/auto]
```

其中，[]表示里面的内容可选；duplex 表示"双工"工作状态；Full 代表全双工(full-duplex)；half 代表半双工(half=duplex)；auto 代表自动协商单双工模式。

例如，若要将交换机 sw1 上的 10 号端口设置为全双工通信模式，则配置命令为：

```
Sw1#config t
Sw1(config)#interface F0/10          //进入 F0/10 接口
Sw1(config-if)#duplex full
```

2. 端口速度

可以设定某端口根据对端设备速度自动调整本端口速度，也可以强制端口速度设为 10Mbps 或 100Mbps。在了解对端设备速度的情况下，建议手动设置端口速度。

配置命令为：

```
Switch(config-if)#speed 10/100/auto
```

1.8.3 交换机的交换方式

交换机通过以下三种方式进行交换。

1. 直通式

直通方式的以太网交换机可以理解为在各端口间是纵横交叉的线路矩阵电话交换机。它在输入端口检测到一个数据包时，检查该包的包头，获取包的目的地址，启动内部的动态查找表并转换成相应的输出端口，在输入与输出交叉处接通，把数据包直通到相应的端口，实现交换功能。由于不需要存储，延迟非常小、交换非常快，这是它的优点。它的缺点是，因为数据包内容并没有被以太网交换机保存下来，所以无法检查所传送的数据包是否有误，不能提供错误检测能力。由于没有缓存，不能将具有不同速率的输入/输出端口直接接通，而且容易丢包。

2. 存储转发

存储转发方式是计算机网络领域应用最为广泛的方式。它把输入端口的数据包先存储起来，然后进行 CRC(循环冗余码校验)检查，在对错误包处理后才取出数据包的目的地址，通过查找表转换成输出端口送出包。正因如此，存储转发方式在数据处理时延时大，这是它的不足。但是它可以对进入交换机的数据包进行错误检测，有效地改善网络性能。尤其重要的是，它可以支持不同速度的端口间的转换，保持高速端口与低速端口间的协同工作。

3. 碎片隔离

这是介于前两者之间的一种解决方案。它检查数据包的长度是否够 64 个字节，如果小于 64 字节，说明是假包，则丢弃该包；如果大于 64 字节，则发送该包。这种方式也不提供数据校验。它的数据处理速度比存储转发方式快，但比直通式慢。

1.9　练习题

一、填空题

1. 交换机的常用管理模式有＿＿＿＿＿种,分别为＿＿＿＿＿和＿＿＿＿＿,不需要事先为交换机设置管理 IP 的管理模式是＿＿＿＿＿。

2. 配置交换机时,超级终端的设置中,波特率为＿＿＿＿＿,奇偶校验为＿＿＿＿＿。

二、单项选择题

1. 一般连接交换机与主机的双绞线叫作(　　　)。

　　A. 交叉线　　　　B. 直连线　　　　C. 反转线　　　　D. 六类线

2. 下列说法正确的是(　　　)。

　　A. 一个 24 口交换机有 24 个广播域　　　B. 一个 24 口 HUB 有 24 个广播域

　　C. 一个 24 口交换机有 24 个冲突域　　　D. 一个 24 口 HUB 有 24 个冲突域

3. 已知对一个标准的 C 类网络 192.168.1.0/24 进行了子网划分,每个子网可以容纳 6 台主机,现有一个主机 IP 地址为 192.168.1.11.,请问下列地址中,哪一个主机地址与该主机地址在同一个网段(　　　)。

　　A. 19.2.168.1.6　　B. 192.168.1.9　　C. 192.168.1.7　　D. 192.168.1.15

4. 参见图 1-45,将 IP 地址 192.168.30.1 分配给接入层交换机的目的是(　　　)。

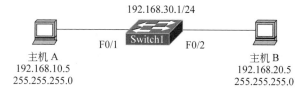

图 1-45　接入层交换机拓扑

　　A. 为与此交换机相连的主机指定默认网关

　　B. 允许同一 LAN 内的主机互相连接

　　C. 允许远程管理此交换机

　　D. 允许 VLAN 间通信

5. 当管理员用 telnet 命令连接到交换机时的提示信息为"Password requied,but none set",则出现该提示的原因是(　　　)。

　　A. 远程登录密码未设置

　　B. 网管机与交换机的管理地址不在同一个网段

　　C. 远程登录密码未作加密处理

　　D. 硬件问题

三、多项选择题

1. 让主机获得 IP 地址的方法有(　　　)。

　　A. 搭建局域网 DHCP 服务器　　　　B. 手动指定

　　C. 通过 ADSL 拨号上网分配　　　　D. 所有选项均对

2. 数据在网络中的通信方式包括(　　　)。

  A. 组播   B. 广播   C. 单播   D. 泛播

3. 在一个网络中,一台主机的 IP 地址为 192.168.10.76,子网掩码为 255.255.255.224,在这个网段中,可以分配给主机的地址为(　　　)。

  A. 192.168.10.64   B. 192.168.10.65

  C. 192.168.10.94   D. 192.168.10.95

4. 主机接入局域网,负责把主机接入网络中的设备有(　　　)。

  A. HUB   B. 交换机   C. 防火墙   D. Modem

5. 以太网交换机常见的交换方式有(　　　)。

  A. 存储转发   B. 直通方式   C. IVL   D. SVL

6. 下列关于网桥和交换机的说法正确的是(　　　)。

  A. 交换机最初是基于软件的,网桥是基于硬件的

  B. 交换机和网桥都转发广播

  C. 交换机和网桥都是基于二层地址转发的

  D. 交换机比网桥的端口数量多

7. 若要远程配置一台交换机,下列配置必需的选项有(　　　)。

  A. 交换机的名字必须出现在网上邻居当中

  B. 交换机必须配置 IP 地址和默认网关

  C. 远程工作站必须能够访问交换机的管理 VLAN

  D. CDP(Cisco 发现协议)在交换机上必须是被允许的

8. 两个设备之间可以实现全双工操作的是(　　　)。

  A. 交换机到主机   B. 交换机到交换机

  C. HUB 到 HUB   D. 交换机到 HUB

9. 局域网的工作模式有(　　　)。

  A. 对等模式   B. 客户/服务器模式

  C. 文件服务器模式   D. 同步模式

10. 一台主机已经正确布线并配置有唯一的主机名和有效的 IP 地址,要使主机可以远程访问资源,还应配置的额外组件是(　　　)。

  A. 子网掩码 B. MAC 地址 C. 默认网关 D. 环路 IP 地址

11. 以下描述中正确的是(　　　)。

  A. 设置了交换机的管理地址后,就可以使用 Telnet 方式来登录连接交换机,并实现对交换机的管理与配置

  B. 首次配置交换机时,必须采用 Console 口登录配置

  C. 默认情况下,交换机的所有端口均属于 VLAN 1,设置管理地址,实际上就是设置 VLAN 1 接口的地址

  D. 交换机允许同时建立多个 Telnet 登录连接

四、简答题

1. 请简述交换机的工作原理。

2. 请列举出正确的配置。

（1）配置交换机的主机名。

（2）配置交换机远程登录的密码。

（3）配置交换机进入特权模式的密码。

（4）为交换机分配管理 IP 地址为 192.168.1.1/24。

（5）清除交换机的配置文件。

（6）查看交换机的主机名。

（7）查看交换机的管理 IP。

3. 某机构获得一 C 类 IP 地址为 202.96.107.0,该机构下属有 4 个分部,每个分部有不多于 50 台的机器,各自连成独立的子网。请为 4 个子网分配 IP 地址和子网掩码,要求最节约 IP 地址。（写出每个子网的 IP 地址范围,即起止地址）

1.10　项目实训

本项目实训的网络拓扑如图 1-46 所示。

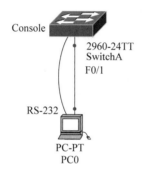

图 1-46　实训的网络拓扑　　　　　实训操作录屏

实训要求：根据上面网络拓扑结构搭建网络,完成下面的各项实训任务。

（1）按下面的地址对 PC0 设置。

* IP 地址：192.168.1.2。

* 子网掩码：255.255.255.0。

（2）配置交换机主机名（SwitchA）、加密使能密码（S1）、虚拟终端口令（S2）。

（3）配置交换机管理 IP 地址（192.168.1.1）、子网掩码（255.255.255.0）。

（4）查看 VLAN 1 虚接口的状态信息,并测试与 PC0 的连通性。

（5）启用 VLAN 1 虚接口,再查看 VLAN 1 虚接口的状态信息,并测试与 PC0 的连通性。

（6）通过 Telnet 方式登录到交换机并且保存配置文件。

（7）配置交换机端口 F0/1,端口速度为 100Mbps,端口为半双工方式。

（8）查看交换机版本信息。

（9）查看当前生效的配置信息。

（10）查看交换机的 MAC 地址表的内容。

2.1　项目导入

为满足任务要求,可以使用 LAN 和 VLAN 两种技术实现。考虑本项目内网规模较大,直接用 LAN 组建容易形成广播风暴。通常广播包用来进行 ARP 寻址等用途,许多设备都极易产生广播包。交换机虽然解决了冲突域的问题(每个交换机端口是一个冲突域),但是二层交换机能自动转发广播帧而无法划分广播域(广播是基于二层的,一层、二层设备无法划分广播域,只有三层设备如路由器才能划分广播域)。在直接用 LAN 组建的网络中,充斥着的众多广播包会消耗大量的带宽,从而降低网络效率,造成网络延迟,网络规模越大,延迟就越厉害,严重时甚至产生广播风暴,最终导致网络瘫痪。而使用 VLAN 技术能很好地解决广播风暴问题,同时还方便网络管理,灵活划分各广播域而不受物理位置的限制,并能提高网络安全性。

需要说明的是:配置 VLAN 后虽然解决了内部网络广播风暴的问题,但 VLAN 间的通信需要通过配置三层交换机来实现。

2.2　职业能力目标和要求

- 能够根据业务需求规划 VLAN,并进行相应的设置。
- 能够配置 VTP,实现 VLAN 的自动管理。
- 掌握三层交换机的工作原理。
- 能够根据业务需要配置三层交换机实现不同 VLAN 间的主机通信。

2.3　相关知识

2.3.1　VLAN 类型及原理

1. VLAN 概念

虽然交换机的所有端口已不再处于同一冲突域,但它们仍处于同一广播域中,因此当网络规模不断增大时,广播风暴的产生仍然无法避免。为了解决这个问题,虚拟局域网技术应运而生。

虚拟局域网通常为 VLAN,是指在一个物理网络上划分出来的逻辑网络。一个虚拟局域网就是一个网段,通过在交换机上划分 VLAN,可以将一个大的局域网划分成若干个网段,每个网段内所有主机间的通信和广播仅限于该 VLAN,广播帧不会被转发到其他网段,即一个 VLAN 就是一个广播域(见图 2-1)。VLAN 间是不能进行直接通信的,这就实现了对广播域的分割和隔离。VLAN 的划分不受网络端口的实际物理位置的限制,可以覆盖多个网络设备。

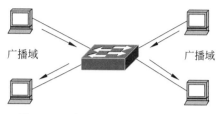

图 2-1　一个 VLAN 只有一个广播域

通过在局域网中划分 VLAN,可以起到以下方面的作用。

(1) 控制网络广播风暴,增加广播域的数量,减少广播域的大小。一个 VLAN 就是一个子网,每个子网均有自己的广播域,通过划分 VLAN,可以减小广播域的范围,抑制广播风暴的产生,减小广播帧对网络带宽的占用,提高网络的传输速度和效率。

(2) 便于对网络进行管理和控制。VLAN 是对端口的逻辑分组,不受任何物理连接的限制,同一 VLAN 中的用户,可以连接在不同的交换机上,并且可以位于不同的物理位置。

(3) 增加网络的安全性。由于默认情况下,VLAN 间是相互隔离的,不能直接通信,对于保密性要求较高的部门,比如财务处,可将其划分在一个 VLAN 中,这样,其他 VLAN 中的用户将不能访问该 VLAN 中的主机,从而起到了隔离作用,并提高了 VLAN 中用户的安全性。

2. VLAN 类型

划分 VLAN 所依据的标准是多种多样的,可以按端口、MAC 地址等的不同划分不同类型的 VLAN,目前多采用前两种形式。

1) 按端口划分的 VLAN

将 VLAN 交换机上的物理端口和 VLAN 交换机内部的 PVC(永久虚电路)端口分成若干组,每个组构成一个虚拟网,相当于一个独立的 VLAN 交换机。这种按网络端口来划分 VLAN 网络成员的配置过程简单明了,因此,它是最常用的一种方式。其主要缺点在于不允许用户移动,一旦用户移动到一个新的位置,网络管理员必须配置新的 VLAN。

2) 按 MAC 地址划分的 VLAN

VLAN 工作基于工作站的 MAC 地址,VLAN 交换机跟踪属于 VLAN MAC 的地址,从某种意义上说,这是一种基于用户的网络划分手段,因为 MAC 在工作站的网卡(NIC)上。这种方式的 VLAN 允许网络用户从一个物理位置移动到另一个物理位置时,自动保留其所属 VLAN 的成员身份,但这种方式要求网络管理员将每个用户都一一划分在某个 VLAN 中,在一个大规模的 VLAN 中有些困难。

3. VLAN 技术原理

1) IEEE 802.1q 协议

(1) IEEE 802.1q 协议简介

IEEE 802.1q 协议为标识带有 VLAN 成员信息的以太帧建立了一种标准方法,主要用来解决如何将大型网络划分为多个小网络,从而广播和组播流量就不会占据更多带宽的问题。支持 IEEE 802.1q 的交换端口可被配置来传输标签帧或无标签帧。一个包含 VLAN 信息的标签字段可以插入以太帧中。如果端口与支持 IEEE 802.1q 的设备(如另一个交换机)相连,那么这些标签帧可以在交换机之间传送 VLAN 成员信息,这样 VLAN 就可以跨越多台交换机。但是,对于与不支持 IEEE 802.1q 设备(如很多 PC、打印机和旧式交换机)相连的端口,必须确保它们只用于传输无标签帧,否则这些设备会因为读不懂标签(由于标签字段的插入,标签帧大小超过了标准以太帧,使这些设备不能识别)而丢弃该帧。

(2) IEEE 802.1q 标签帧格式(见图 2-2)

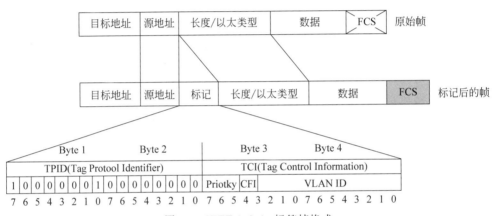

图 2-2   IEEE 802.1q 标签帧格式

TPID:标记协议标识字段,占 2 字节,值为 0x8100 时,则表明帧包含 802.1q 标记。

TCI:标签控制信息字段,包括帧优先级(Priority)、规范格式指示器(CFI)和 VLAN 号(VLAN ID)。其中 Priority 占 3 位,用于指定帧的优先级;CFI 占 1 位,常用于指出是否为令牌环帧;VLAN ID(VID)是对 VLAN 识别的字段,该字段为 12 位,支持 $4096(2^{12})$ 个 VLAN 的识别。

2) 交换机的端口

对于使用 IOS 的交换机,交换机的端口(port)通常也称为接口(interface)。交换机的端口按用途分为访问连接(Access Link)端口和主干链路(Trunk Link)端口两种。访问连接端口通常用于连接交换机与计算机,以提供网络接入服务。该种端口只属于某一个 VLAN,并且仅向该 VLAN 发送或接受无标签数据帧。主干链路端口属于所有 VLAN 共有,承载所有 VLAN 在交换机间的通信流量,只能传输带标签数据帧。通常用于连接交换机与交换机、交换机与路由器。

3) VLAN 交换机数据的传输过程

当 VLAN 交换机从工作站接收到数据后,会对数据的部分内容进行检查,并与一个 VLAN 配置数据库(该数据库含有静态配置的或者动态学习而得到的 MAC 地址等信息)中的内容进行比较后,确定数据去向。如果数据要发往一个 VLAN 设备,一个 VLAN 标识就被加到这个数据上,根据 VLAN 标识和目的地址,VLAN 交换机就可以将该数据转发到同一 VLAN 上适当的目的地;如果数据发往非 VLAN 设备,则 VLAN 交换机发送不带 VLAN 标识的数据。

图 2-3 所示是一个跨交换机 VLAN 的数据传输过程。其中,VLAN 1 中的 PC1 向 PC2 发送信息的详细过程如下。

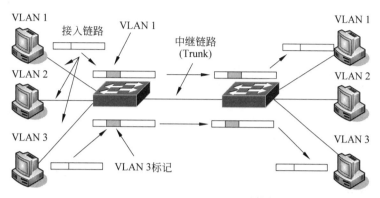

图 2-3　跨交换机 VLAN 的数据传输过程

（1）PC1 构造一个目标地址为 PC2 的普通以太网数据帧,并发送到交换机 SW1。

（2）SW1 查 MAC 地址表发现 PC2 不在 MAC 地址表中,于是将信息广播至 SW1 的所有端口(因 Trunk 口只能接收带标签的数据帧,所以 SW1 先为数据帧加上标签后,才将其发送至 Trunk 口)。

（3）SW1 的 Trunk 口进一步将信息传送到 SW2 的 Trunk 口。

（4）SW2 的 Trunk 口收到数据包后,检查 MAC 地址表并找到了与数据包 MAC 地址相匹配的记录。

（5）因 PC2 只能接受普通以太网数据帧,SW2 先将数据帧中的标签去掉,然后再按 MAC 地址表将数据包发送到与 PC2 相连的端口,最后传送到 PC2。

2.3.2　VLAN 配置

1. 创建 VLAN

方法一:创建 VLAN 的配置命令在全局配置模式下运行,其用法为:

```
switch(config)#vlan vlan-id
switch(config-vlan)#name vlan-name
```

其中,vlan-id 代表要创建的 VLAN 的序号,取值范围为 1~4094;vlan-name 代表该 VLAN 的名字,为可选项。默认情况下,交换机会自动创建和管理 VLAN 1,所有交换机端口默认均属于 VLAN 1,用户不能删除 VLAN 1。

方法二:创建 VLAN 的配置命令在 VLAN 数据库模式下运行,其用法为:

```
Switch#vlan database                      //进入 VLAN 数据库模式
Switch(vlan)#vlan vlan-id name vlan-name  //创建 VLAN 的同时命名
```

2. 划分 VLAN 端口

要将一个(组)端口设置为某个 VLAN 的成员,首先应选择该(组)端口,然后将接口加入 VLAN。

1)选择接口

(1)选择单个接口

在全局配置模式下,执行 interface 命令,即可选择接口(端口)进入接口配置模式(在该模式下,可对选定的接口进行配置,并且只能执行配置交换机接口的命令)。该命令行提示符为:

```
Switch(config)#interface type mod_num/port_num
Switch(config-if)#
```

其中,type 代表端口类型,通常有 Ethernet(以太网端口,通信速度为 10Mbps)、FastEthernet(快速以太网端口,100Mbps)、GigabitEthernet(吉比特以太网端口,1000Mbps)和 TenGigabitEthernet(万兆以太网端口),这些端口类型通常可以简写为 e、fa、gi 和 tengi;mod_num/port_num 代表端口所在的模块和在该模块中的编号。

例如,选择交换机的 0 号模块的第 3 个快速以太网端口:

```
Switch(config)#interface fastethernet 0/3(fastethernet 0/3 也可简写成 F0/3)
Switch(config-if)#
```

(2)选择多个接口

若选择多个端口,对于 Cisco 2950、Cisco 2960 和 Cisco 3560 交换机,支持使用 range 关键字来指定端口范围,并对这些端口进行统一的配置。同时选择多个交换机端口的配置命令为:

```
Switch(config)#interface range type mode/startport-endport
Switch(config-if-range)#
```

其中,Startport 代表要选择的起始端口号;endport 代表结尾的端口号,用于代表起始范围的连字符"-"的两端。

例如,若要选择交换机 SW1 的第 2~10 的快速以太网端口,则配置命令为:

```
sw1#conf t
sw1(config)#interface range F0/2-10
sw1(config-if-range)#
```

2)将接口加入 VLAN

```
Switch(config-if(-range))#switchport mode access
//将端口(组)设置成 access 模式(二层交换机端口默认是 access 模式,此句可以省略)
Switch(config-if)#switchport access vlan vlan-id
//将端口(组)加入 VLAN(vlan-id 代表 VLAN 的序号,表示将端口划入哪一个 VLAN)
```

3)将接口设置为 trunk 模式

```
Switch(config-if)#switchport mode trunk        //将端口设置成 trunk 模式
```

3. 显示 VLAN 信息

若要显示 VLAN 信息,可在特权模式下使用如下命令:

```
Switch#show vlan
```

4. VLAN 配置实例

【例 1】 现有 1 台 Cisco Catalyst 2960-24TT 交换机,2 台 PC。PC1(192.168.1.1)和 PC2(192.168.1.24)连接在同一台交换机上,但是处在不同的 VLAN 中。测试 2 台计算机的连通性,并加以显示和验证,同时说明其中的道理。网络拓扑如图 2-4 所示。

图 2-4 例 1 网络拓扑

1) 基本配置

按照实验拓扑将 2 台 PC 连接到没有划分 VLAN 的交换机的相应端口上,并且确保 2 台 PC 互相 ping 是可以连通的。

(1) 配置 PC 的 IP 地址和子网掩码

单交换机 VLAN 原理

- PC1 的 IP 地址为 192.168.1.1,子网掩码为 255.255.255.0。
- PC2 的 IP 地址为 192.168.1.24,子网掩码为 255.255.255.0。

(2) 测试 2 台计算机的连通性

```
PC1 ping PC2:
PC>ping 192.168.1.24              //测试 PC1 能否 ping 通 PC2
```

结论:PC1 可以 ping 通 PC2。同样,PC2 也可以 ping 通 PC1。因目前 PC1 与 PC2 的 IP 同在一个网段,且 2 台机器又同在 VLAN 1 中。

2) 创建 VLAN

在交换机上创建 VLAN 10 和 VLAN 20。

```
Switch>enable                    //进入特权模式
Switch#conf t                    //进入全局配置模式
Switch(config)#vlan 10           //创建一个 VLAN 10,并且进入 VLAN 配置模式
Switch(config-vlan)#exit         //返回全局配置模式
Switch(config)#vlan 20
Switch(config-vlan)#end
```

3) 查看当前 VLAN 配置信息

```
Switch#show vlan                 //显示交换机当前 VLAN 的配置情况(结果见图 2-5)
```

4) 将端口分配给指定的 VLAN

为 F0/1 和 F0/24 设置指定的端口模式,并分配到指定的 VLAN 中。

```
Switch#configure terminal
```

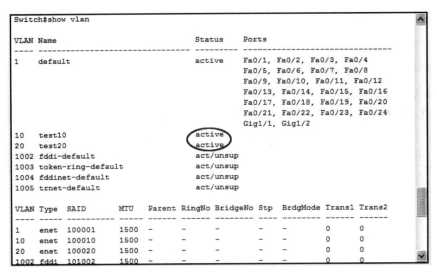

图 2-5　加入端口前的 VLAN 配置情况

```
Switch(config)#interface F0/1              //选定 F0/1 端口
Switch(config-if)#switchport mode access   //设置端口模式为 access
Switch(config-if)#switchport access vlan 10  //将端口加入 VLAN 10
Switch(config-if)#exit
Switch(config)#interface F0/24
Switch(config-if)#switchport mode access
Switch(config-if)#switch access vlan 20
Switch(config-if)#end
```

5）查看当前 VLAN 配置信息

```
Switch#show vlan              //查看加入端口后交换机中 VLAN 的配置情况(结果见图 2-6)
```

6）测试连通性

测试 2 台计算机是否能相互 ping 通。

```
PC>ping 192.168.1.24         //测试 PC1 能否 ping 通 PC2(结果见图 2-7)
```

结论：PC1 不可以 ping 通 PC2。

分析：起初 2 台 PC 连接到没有划分 VLAN 的交换机的相应端口上，两端口默认均属于 VLAN 1，VLAN 1 内的主机彼此间是可以自由通信；最后将 2 台 PC 分配到不同的 VLAN 中，不同 VLAN 中的主机是不能直接通信的。

【例 2】　现有 2 台 Cisco Catalyst 2960-24TT 交换机，3 台 PC。PC1(192.168.1.1)和 PC2(192.168.1.2)连接到同一台交换机机上，但是处在不同的 VLAN 中，PC3 (192.168.1.3)连接到另一台的交换机上。要求 PC1 能与 PC3 互相通信，PC2 不能与 PC3 互相通信，并加以显示和验证，同时说明其中的道理。网络拓扑如图 2-8 所示。

（1）基本配置

按照拓扑图连接计算机和交换机，并为各 PC 配置 IP 地址。

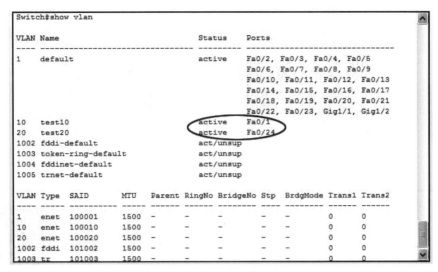

图 2-6　加入端口后的 VLAN 配置情况

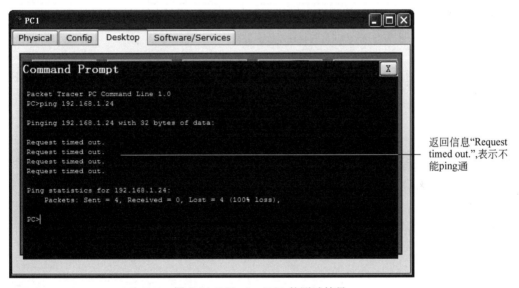

返回信息"Request timed out.",表示不能ping通

图 2-7　PC1 ping PC2 的测试结果

① 配置 PC 的 IP 地址和子网掩码

- PC1 的 IP 地址为 192.168.1.1,子网掩码为 255.255.255.0。
- PC2 的 IP 地址为 192.168.1.2,子网掩码为 255.255.255.0。
- PC3 的 IP 地址为 192.168.1.3,子网掩码为 255.255.255.0。

② 测试计算机的连通性

```
PC3 ping PC1:
PC>ping 192.168.1.1                //测试 PC3 能否 ping 通 PC1
```

结论:PC3 可以 ping 通 PC1。

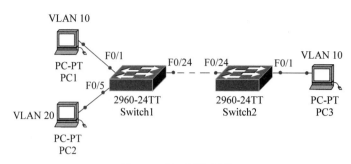

图 2-8 例 2 网络拓扑

原因:PC3 与 PC1 目前 IP 同在一网段,二者又在同一 VALN (VLAN 1)中。

```
PC3 ping PC2:
PC>ping 192.168.1.2          //测试 PC3 能否 ping 通 PC2
```

跨交换机 VLAN 原理

结论:PC3 可以 ping 通 PC2。

原因:PC3 与 PC2 目前 IP 同在一网段,二者又在同一 VALN(VLAN 1)中。

(2)Switch1 上的配置

① VLAN 配置

在 Switch1 上创建 VLAN 10 和 VLAN 20,并将端口 F0/1 加入 VLAN 10 中,端口 F0/5 加入 VLAN 20 中。

```
Switch>en
Switch#conf t
Switch(config)#hostname Switch1
Switch1(config)#vlan 10
Switch1(config-vlan)#exit
Switch1(config)#vlan 20
Switch1(config-vlan)#exit
Switch1(config)#int F0/1
Switch1(config-if)#switchport mode access        //端口默认是 access 模式,此句可略
Switch1(config-if)#switchport access vlan 10
Switch1(config-if)#exit
Switch1(config)#int F0/5
Switch1(config-if)#switchport access vlan 20
Switch1(config-if)#end
Switch1#configure terminal
Switch1(config)#interface fastethernet 0/24
Switch1(config-if)#switchport mode trunk
                         //将与 Switch2 相连的 F0/24 端口定义为 trunk 模式
Switch1(config-if)#end
```

- 若加入端口 F0/5 之前忘记创建 VLAN 20,此时系统会提示 VLAN 20 不存在,并自动创建出 VLAN 20,然后把端口加入其中。提示信息如下:

  %Access VLAN does not exist. Creating vlan 20

- 将一个端口由 access 模式转变为 trunk 模式时,端口会先关(down)掉再启动(up)起来。下面是 F0/24 口设置成 trunk 模式时的系统提示信息:

  %LINEPROTO-5-UPDOWN: Line protocol on Interface FastEthernet0/24, changed state to down

  %LINEPROTO-5-UPDOWN: Line protocol on Interface FastEthernet0/24, changed state to up

② 查看配置信息

- 查看 VLAN 配置情况

```
Switch1# show vlan          //查看 Switch1 的 VLAN 配置情况(结果见图 2-9)
```

```
Switch1#show vlan

VLAN Name                             Status    Ports
---- -------------------------------- --------- -------------------------------
1    default                          active    Fa0/2, Fa0/3, Fa0/4, Fa0/6
                                                Fa0/7, Fa0/8, Fa0/9, Fa0/10
                                                Fa0/11, Fa0/12, Fa0/13, Fa0/14
                                                Fa0/15, Fa0/16, Fa0/17, Fa0/18
                                                Fa0/19, Fa0/20, Fa0/21, Fa0/22
                                                Fa0/23, Fa0/24, Gig1/1, Gig1/2
10   test10                           active    Fa0/1
20   test20                           active    Fa0/5
1002 fddi-default                     act/unsup
1003 token-ring-default               act/unsup
1004 fddinet-default                  act/unsup
1005 trnet-default                    act/unsup

VLAN Type  SAID       MTU   Parent RingNo BridgeNo Stp  BrdgMode Trans1 Trans2
---- ----- ---------- ----- ------ ------ -------- ---- -------- ------ ------
1    enet  100001     1500  -      -      -        -    -        0      0
10   enet  100010     1500  -      -      -        -    -        0      0
20   enet  100020     1500  -      -      -        -    -        0      0
1002 fddi  101002     1500  -      -      -        -    -        0      0
```

图 2-9 Switch1 的 VLAN 配置情况

- 显示 Switch1 的 F0/24 端口的状态

```
Switch1# show interface F0/24 switchport          //结果见图 2-10
```

(3) Switch2 上的配置

在 Switch2 上创建 VLAN 10,将端口 F0/1 加入 VLAN 10 中,并将与 Switch1 相连的 F0/24 端口定义为 trunk 模式。

```
Switch>enable
Switch# conf t
Switch(config)# hostname Switch2
Switch2(config)# vlan 10
```

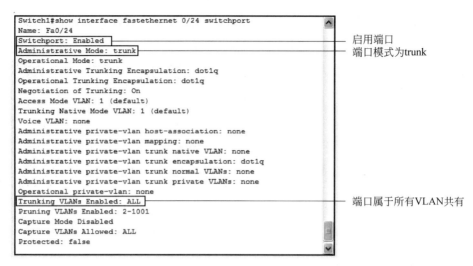

图 2-10　Switch1 的 F0/24 端口的状态

```
Switch2(config-vlan)#exit
Switch2(config)#interface F0/1
Switch2(config-if)#switchport access vlan 10
Switch2(config-if)#exit
Switch2(config)#interface F0/24
Switch2(config-if)#switchport mode trunk
```
//当对端已配置成 trunk 模式时,在端口处于自适应状态时,相连的端口也自动处于 trunk 模式,此处不用配置也可以;若配置,也不会出现端口关掉再启动的过程 `Switch2(config-if)#exit`

(4) 测试连通性

结论:PC1 与 PC3 可以相互 ping 通,PC2 不能与 PC3 互相通信。

原因:此时 PC1 与 PC3 分处在两台用 trunk 口相连的交换机上,且 2 台 PC 都处于 VLAN 10 中,IP 地址又在同一网段上,所以可以相互 ping 通;而 PC2 和 PC3 不在同一个 VLAN 中,所以不能相互通信。

5. VLAN 中继(VTP)

在当网络中交换机数量很多时,需要分别在每台交换机上创建很多重复的 VLAN。工作量很大、过程很烦琐,并且容易出错。我们常采用 VTP 来解决这个问题。

1) VTP 的概念

VTP(VLAN Trunking Protocol)是 VLAN 中继协议,也被称为虚拟局域网干道协议。它是一个 OSI 参考模型第二层的通信协议,是 Cisco 公司的私有协议,主要用于管理在同一个域的网络范围内 VLANs 的建立、删除和重命名。在一台 VTP Server 上配置一个新的 VLAN 时,该 VLAN 的配置信息将自动传播到本域内的其他所有交换机。这些交换机会自动地接收这些配置信息,使其 VLAN 的配置与 VTP Server 保持一致,从而减少在多台设备上配置同一个 VLAN 信息的工作量,而且保持了 VLAN 配置的统一性。

2) VTP 的 3 种工作模式

VTP 有如下 3 种工作模式。

（1）VTP Server

新交换机出厂时的默认配置是预配置为 VLAN 1，VTP 模式为服务器。一般情况下，一个 VTP 域内的整个网络只设一个 VTP Server。VTP Server 维护该 VTP 域中所有 VLAN 信息列表，VTP Server 可以建立、删除或修改 VLAN，发送并转发相关的通告信息，同步 VLAN 配置，会把配置保存在 NVRAM 中。

（2）VTP Client

VTP Client 虽然也维护所有 VLAN 信息列表，但其 VLAN 的配置信息是从 VTP Server 学到的，VTP Client 不能建立、删除或修改 VLAN，但可以转发通告，同步 VLAN 配置，不保存配置到 NVRAM 中。

（3）VTP Transparent

VTP Transparent 相当于是一项独立的交换机，它不参与 VTP 工作，不从 VTP Server 学习 VLAN 的配置信息，而只拥有本设备上自己维护的 VLAN 信息。VTP Transparent 可以建立、删除和修改本机上的 VLAN 信息，同时会转发通告并把配置保存到 NVRAM 中。

VTP 原理

3）VTP 的基本配置

VTP 的配置要在 VLAN 数据库模式下完成。要在交换机中激活启动 VTP，应先创建 VTP 管理域（一个域中域名只创建一次即可，一般在 VTP server 设置），然后再设置 VTP 的工作模式和密码，并且要做到所有交换机相连的接口都设置为 trunk。

（1）创建 VTP 管理域

```
Switch(vlan)#vtp domain domain_name
```

其中，domain_name 表示要创建的 VTP 管理域。注意该域名称是区分大小写的，VTP 域名不会隔断广播域，仅用于同步 VLAN 配置信息。

（2）设置 VTP 模式

```
Switch(vlan)#vtp[server|client|transparent]
```

（3）设置 VTP 密码

```
Switch(vlan)#vtp password password
```

其中，password 表示 VTP 真实密码。

注意　　VTP Client 上配置的密码必须要与 VTP Server 上配置的密码一致，否则无法加入 VTP 域中，从而无法继承到域中创建的 VLAN。

（4）查看 VTP 信息

```
Switch#show vtp status
```

2.3.3　认识三层交换机

1. 三层交换机概述

三层交换是相对于传统的交换概念而提出的。传统的交换技术是在 OSI 网络参考模型

网络设备配置项目教程(微课版)(第2版)

中的第二层(即数据链路层)进行操作的,而三层交换技术是在网络模型中的第三层实现了数据包的高速转发。简单地说,三层交换技术就是"二层交换技术+三层转发技术";三层交换机就是"二层交换机+基于硬件的路由器",但它是二者的有机结合,并不是简单地把路由器设备的硬件和软件简单地叠加在局域网交换机上。

2. 三层交换机的工作原理

三层交换的技术细节非常复杂,不可能一下子讲清楚,不过我们可以简单地将三层交换机理解为由一台路由器和一台二层交换机构成,如图 2-11 所示。

2 台处于不同子网的主机通信,必须要通过路由器进行路由。在图 2-57 中,主机 A 向主机 B 发送的第 1 个数据包必须要经过三层交换机中的路由处理器进行路由才能到达主机 B,但是当以后的数据包再发向主机 B 时,就不必再经过路由处理器处理了,因为三层交换机有"记忆"路由的功能。

三层交换机的路由记忆功能是由路由缓存来实现的。当一个数据包发往三层交换机

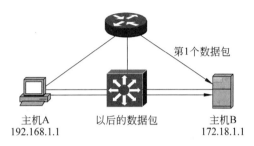

图 2-11　三层交换机的工作原理

时,三层交换机首先在它的缓存列表里进行检查,看看路由缓存里有没有记录,如果有记录就直接调取缓存的记录进行路由,而不再经过路由处理器进行处理,这样的数据包的路由速度就大大提高了。如果三层交换机在路由缓存中没有发现记录,再将数据包发往路由处理器进行处理,处理之后再转发数据包,并将路由信息写入路由缓存。

三层交换机的缓存机制与 CPU 的缓存机制非常相似。大家都有这样的印象,开机后第一次运行某个大型软件时会非常慢,但是当关闭这个软件之后再次运行这个软件,就会发现运行速度大大加快了,比如本来打开 Word 需要 5~6 秒,关闭后再打开 Word,就会发现只需要 1~2 秒就可以打开了。原因在于 CPU 内部有一级缓存和二级缓存,会暂时储存最近使用的数据,所以再次启动会比第一次启动快得多。

3. 三层交换机的路由

网络接口是路由设备为一个 IP 子网提供的网关接口,三层交换机的网络接口为表 2-1 所示的 3 种三层接口之一。所有的三层网络接口必须配置 IP 地址才能进行路径选择。

表 2-1　三层交换机的 3 种网络接口

类　　型	作　　用
路由端(Route Port)	一个物理端口,它把三层交换机的一个 2 层接口通过 no switchport 命令设为 3 层端口
虚拟交换接口(SVI)	一个通过全局配置命令 interface vlan vlan-id 创建的关联 VLAN 的网络接口
三层模式下的聚合链路(L3 Aggregate Port)	一个逻辑接口,先创建一个空的 L2 AP,然后通过 no switchport 命令转换成 L3 AP,将 Route Port 作为成员加入

4. 三层交换机与二层交换机及路由器的区别

1) 三层交换机与二层交换机的区别

(1) 主要功能不同。二层交换机和三层交换机都可以交换转发数据帧,但三层交换机

58

除了具有二层交换机的转发功能外,还有 IP 数据包路由功能。

(2) 使用的场所不同。二层交换机是工作在 OSI 参考模型第二层(数据链路层)的设备,而三层交换机是工作在 OSI 参考模型第三层(网络层)的设备。

(3) 处理数据的方式不同。二层交换机使用二层交换转发数据帧,而三层交换机的路由模块使用三层交换 IP 数据包。

2) 三层交换机与路由器的区别

(1) 结构不同。在结构上,三层交换机更接近于二层交换机,只是针对三层路由进行了专门设计。之所以称为"三层交换机"而不称为"交换路由器",原因就在于此。

三层交换机工作原理

(2) 性能不同。在交换性能上,路由器比三层交换机的交换性能要弱很多。

2.3.4 三层交换机 VLAN 的配置与管理

1. 三层交换机的 VLAN 概述

在三层交换机中,VLAN 的原理与二层交换机中是相同的。但有一点要注意的是,如果一个端口所连接的主机想要和它不在同一个 VLAN 的主机通信时,则必须通过一个三层设备(路由器或者三层交换机)才能实现。三层交换机可以通过 SVI 接口(Switch Virtual Interfaces,交换机虚拟接口)或者三层物理接口来进行 VLAN 间的 IP 路由。

2. 三层交换机通过 SVI 接口实现 VLAN 间的路由

三层交换机通过 SVI 接口实现 VLAN 间的路由的步骤如下。

(1) 创建 VLAN

```
Switch(config)#vlan [vlan id]                    //vlan id 的取值范围为 1~4094
```

(2) 选择端口,并将端口划分到 VLAN 里

```
Switch(config)#interface type mod_num/port_num                //选择一个端口
Switch(config)#interface range type mode_num/startport-endport  //选择一组端口
switch(config-if)#switchport access vlan [vlan id]
```

(3) 进入 VLAN 虚接口,并为其配置 IP 地址

```
switch(config)#interface vlan vlan-id
switch(config-if)#ip address address netmask
```

(4) 开启三层交换机的路由功能

```
switch(config)#ip routing
```

(5) 验证

```
switch#show running-config        //查看当前正在运行的配置
switch#show ip route              //查看路由表
```

3. 三层交换机通过三层物理接口实现 VLAN 间的路由

三层交换机通过三层物理接口实现 VLAN 间路由的步骤基本同上,但第 3 步应修改为:将端口转换为三层接口,并为其配置 IP 地址。

```
switch(config-if)#no switchport
switch(config-if)#ip address address netmask
```

4. 三层交换机配置实例

【例3】 现有 1 台 Cisco Catalyst 3560-24PS 交换机,2 台 PC。PC1(192.168.10.10)和
PC2(192.168.20.20)连接在同一台交换机上,但是处在不同的 VLAN 中。要求,实现 2 台
主机间的通信,并加以显示和验证。网络拓扑如图 2-12 所示。

方法一:通过 SVI 接口实现 VLAN 间的
路由。

(1) 连接到交换机

按照网络拓扑将 2 台 PC 连接到交换机的
相应端口上。

(2) 创建 VLAN

在 SW1 上创建 VLAN 10 和 VLAN 20,
将端口 F0/1 规划到 VLAN 10 中,将端口 F0/
2 规划到 VLAN 20。

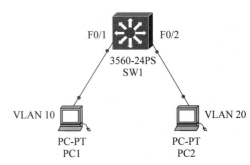

图 2-12　例 3 的网络拓扑

```
Switch>enable
Switch#config t
Switch(config)#hostname SW1
SW1(config)#vlan 10
SW1(config-vlan)#name test10
SW1(config-vlan)#exit
SW1(config)#vlan 20
SW1(config-vlan)#name test20
SW1(config-vlan)#exit
SW1(config)#interface F0/1
SW1(config-if)#switchport access vlan 10
SW1(config-if)#exit
SW1(config)#interface F0/2
SW1(config-if)#switchport access vlan 20
SW1(config-if)#exit
```

(3) 启用 SW1 的三层虚拟交换接口

```
SW1(config)#interface vlan 10
SW1(config-if)#ip address 192.168.10.1 255.255.255.0
SW1(config-if)#no shutdown
SW1(config-if)#exit
SW1(config)#interface vlan 20
SW1(config-if)#ip address 192.168.20.1 255.255.255.0
SW1(config-if)#no shutdown
SW1(config-if)#exit
```

(4) 启用 SW1 的路由功能

```
SW1(config)#ip routing
```

```
SW1(config)#end
SW1#
```

（5）验证

① 在 PC 上设置相应的 IP 地址，将网关设置成虚拟交换端口的 IP 地址，并测试 PC 间的连通性，如图 2-13～图 2-15 所示。

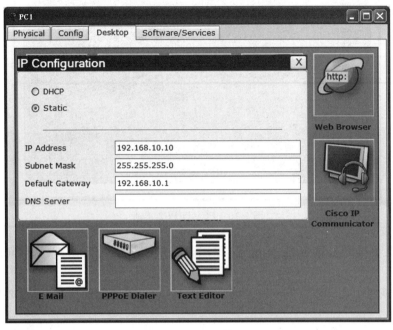

图 2-13　PC1 的基本配置

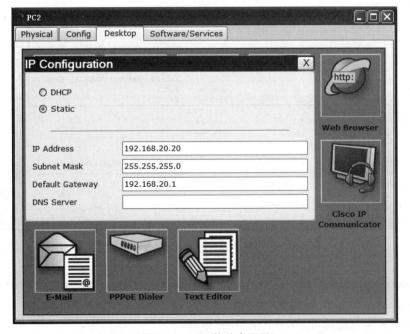

图 2-14　PC2 的基本配置

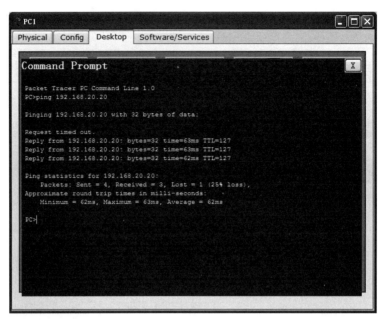

图 2-15　PC1 与 PC2 连通

结论：PC1 与 PC2 相互能 ping 通，原因是三层交换机为不同 VLAN 间通信提供了路由。

② 在交换机上用 show vlan 和 show running-config 查看配置信息，如图 2-16 和图 2-17 所示。

```
Switch#show vlan

VLAN Name                             Status    Ports
---- -------------------------------- --------- -------------------------------
1    default                          active    Fa0/3, Fa0/4, Fa0/5, Fa0/6
                                                Fa0/7, Fa0/8, Fa0/9, Fa0/10
                                                Fa0/11, Fa0/12, Fa0/13, Fa0/14
                                                Fa0/15, Fa0/16, Fa0/17, Fa0/18
                                                Fa0/19, Fa0/20, Fa0/21, Fa0/22
                                                Fa0/23, Fa0/24, Gig0/1, Gig0/2
10   test10                           active    Fa0/1
20   test20                           active    Fa0/2
1002 fddi-default                     act/unsup
1003 token-ring-default               act/unsup
1004 fddinet-default                  act/unsup
1005 trnet-default                    act/unsup

VLAN Type  SAID       MTU   Parent RingNo BridgeNo Stp  BrdgMode Trans1 Trans2
---- ----- ---------- ----- ------ ------ -------- ---- -------- ------ ------
1    enet  100001     1500  -      -      -        -    -        0      0
10   enet  100010     1500  -      -      -        -    -        0      0
20   enet  100020     1500  -      -      -        -    -        0      0
1002 fddi  101002     1500  -      -      -        -    -        0      0
1003 tr    101003     1500  -      -      -        -    -        0      0
```

图 2-16　显示交换机中的当前 VLAN 配置情况

方法二：通过三层物理接口实现 VLAN 间的路由。

操作步骤基本同方法一，但第 3 步修改如下。

将端口转换为三层接口，并为其配置 IP 地址。

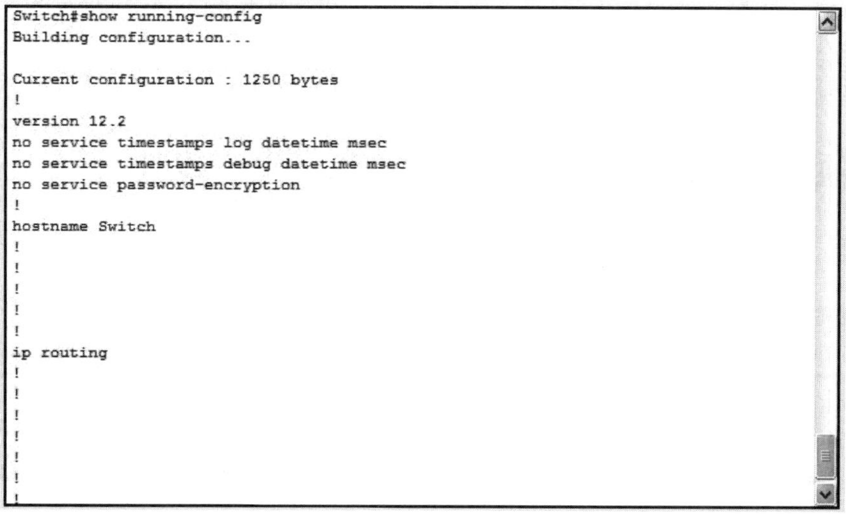

```
Switch#show running-config
Building configuration...

Current configuration : 1250 bytes
!
version 12.2
no service timestamps log datetime msec
no service timestamps debug datetime msec
no service password-encryption
!
hostname Switch
!
!
!
!

ip routing
!
!
!
!
!
```

图 2-17　显示交换机当前正在运行的配置

```
SW1(config)#interface F0/1
SW1(config-if)#no switchport
SW1(config-if)#ip address 192.168.10.1 255.255.255.0
SW1(config)#interface F0/2
SW1(config-if)#no switchport
SW1(config-if)#ip address 192.168.20.1 255.255.255.0
```

2.4　项目设计与准备

1. 项目设计

(1) 根据公司总部各部门的信息点数选择合适的设备,建立基本的物理网络连接。

(2) 规划并分配各部门的网段、网关。

(3) 根据业务要求划分 VLAN,并启用 VTP。

(4) 配置三层交换机 SW3,实现 VLAN 间的通信。

具体实施步骤设计如下。

本项目先尝试通过二层交换机级联,直接用 LAN 完成各部门子网组建,并分析这样建网的缺点,再使用 VLAN 技术组建内部子网,通过启用三层交换机的路由功能实现 VLAN 间通信。本任务的工作流程:用二层交换机级联搭建各部门子网→测试部门内部及部门之间的连通性→在各交换机上创建相应 VLAN→将接口加入 VLAN→测试部门内部及部门之间的连通性→启用交换机 SW3 的路由功能→定义 VLAN 虚接口地址→添加 PC 网关→测试部门内部及部门之间的连通性。

2. 项目准备

(1) 方案一:真实设备操作(以组为单位,小组成员协作,共同完成实训)。

• Cisco 交换机、配置线、台式机或笔记本电脑。

• 项目 1 的配置结果。

(2)方案二:在模拟软件中操作(以组为单位,成员相互帮助,各自独立完成实训)。

- 每人1台装有 Cisco Packet Tracer 6.2 的计算机。
- 项目1的配置结果。

2.5 项目实施

任务 2-1 用 LAN 技术组建网络

1. 组建内部网络

1) 子网物理规划

根据各部门包含信息点的情况,可以考虑通过下接低档次交换机、HUB 或者直接连接到二层交换机上的几种方式,实现各部门计算机的接入。各部门主要选用设备情况规划如表 2-2 所示(各部门的信息点太分散,可以考虑通过其他部门的设备或者直接连接到二层交换机上接入网络)。

配置交换机 VLAN 实现不同部门间隔离

表 2-2 设备情况规划表

部　　门	信息点	选用设备	数　量
市场部	100	24 口交换机	5
财务部	40	24 口交换机	2
人力资源部	17	5 口 HUB	4
总经理及董事会办公室	10	5 口 HUB	2
信息技术部	13	5 口 HUB	3
公司分部	30	24 口交换机	2

2) 补全内网拓扑

根据当前规划可将内网拓扑结构进一步描绘出来。但考虑信息点个数太多,所用网络设备太多,这里只向下连接几个具有代表性的设备,如图 2-18 所示。

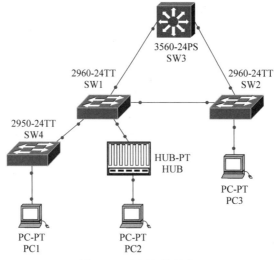

图 2-18　内网拓扑结构

其中,SW4 表示市场部的一个下接 24 口低档次二层交换机;HUB 表示信息技术部的一个 5 口集线器;PC1 表示市场部的 1 台计算机;PC2 和 PC3 表示信息技术部的 2 台计算机。

3）子网物理连接

各设备物理连接情况如表 2-3 所示。

表 2-3　各设备物理连接

源设备名称	设备接口	目标设备名称	设备接口
SW4	F0/1	SW1	F0/5
SW4	F0/2	PC1	
HUB	P0	SW1	F0/22
HUB	P1	PC2	
SW2	F0/22	PC3	

4）子网地址规划

各子网 IP 地址段、子网掩码与主机地址范围详细规划如表 2-4 所示。

表 2-4　子网地址规划

区　　　域	IP 地址段	子网掩码	主机地址范围
市场部	10.0.0.0/25	255.255.255.128	10.0.0.1～126
财务部	10.0.0.128/26	255.255.255.192	10.0.0.129～190
人力资源部	10.0.0.192/27	255.255.255.224	10.0.0.193～222
总经理及董事会办公室	10.0.0.224/28	255.255.255.240	10.0.0.225～238
信息技术部	10.0.0.240/28	255.255.255.240	10.0.0.241～254

5）子网设备 IP 使用

根据以上信息连接设备,并配置三台 PC 的 IP 和掩码。各 PC 的配置如下。

• PC1 的 IP 为 10.0.0.1,掩码为 255.255.255.128。

• PC2 的 IP 为 10.0.0.241,掩码为 255.255.255.240。

• PC3 的 IP 为 10.0.0.242,掩码为 255.255.255.240。

2. 连通性测试与分析

PC1 ping PC2 和 PC3 都不通(反之亦然),原因是它们虽然连接在物理上相互连通的局域网中,但它们并不在同一个网段上;而 PC2 与 PC3 既连接在物理上相互连通的局域网中,又处在同一个逻辑网段上,所以它们能相互 ping 通。

由此可见,仅通过二层交换机级联就可实现在局域网中划分出不同网段的功能。但这样做的结果使所有信息点均处于同一个广播域中,当网络规模不断增大时,广播风暴产生的概率会迅速增加。在 Packet Tracert 软件的模拟模式下,可以清楚地观察到,PC2 与 PC3 首次通信时,PC2 发送给 PC3 的 ARP 寻址包(广播包)可以到达交换机的所有端口,无论这些端口所连设备的 IP 地址是不是在同一网段上。

任务 2-2 利用 VLAN 技术组建网络

1. 在各交换机上创建相应 VLAN

AAA 公司总部内网中有 3 台交换机,可以在每个交换机上分别创建 5 个 VLAN,也可以使用 VTP 进行 VLAN 中继,减少工作重复,这里采用后一种情况。各 VLAN 配置与端口分配情况如表 2-5 所示。

表 2-5 VLAN 配置与端口分配表

VLAN 编号	VLAN 名称	说 明	端 口 映 射
VLAN 10	Marketing	市场部	SW1 与 SW2 上的 F0/5~F0/10
VLAN 20	Finance	财务部	SW1 与 SW2 上的 F0/11~F0/13
VLAN 30	HR	人力资源部	SW1 与 SW2 上的 F0/14~F0/16
VLAN 40	CEO	总经理及董事会办公室	SW1 与 SW2 上的 F0/17~F0/19
VLAN 50	IT	信息技术部	SW1 与 SW2 上的 F0/20~F0/22

1) SW3 配置

(1) 配置 VTP server

```
SW3#vlan database
SW3(vlan)#
SW3(vlan)#vtp domain AAA          //创建域名为 AAA 的 VTP 管理域
SW3(vlan)#vtp server              //设置 VTP 的工作模式为"Server 模式"
SW3(vlan)#vtp password 123        //VTP server 上配置的域密码
SW3(vlan)#exit
```

(2) 创建各 VLAN

```
SW3(config)#vlan 10               //在交换机 SW3 上创建 VLAN 10
SW3(config-vlan)#name Marketing   //将 VLAN 10 命名为 Marking
SW3(config)#vlan 20               //在交换机 SW3 上创建 VLAN 20
SW3(config-vlan)#name Finance     //将 VLAN 20 命名为 Finance
SW3(config)#vlan 30               //在交换机 SW3 上创建 VLAN 30
SW3(config-vlan)#name HR          //将 VLAN 30 命名为 HR
SW3(config)#vlan 40               //在交换机 SW3 上创建 VLAN 40
SW3(config-vlan)#name CEO         //将 VLAN 40 命名为 CEO
SW3(config)#vlan 50               //在交换机 SW3 上创建 VLAN 50
SW3(config-vlan)#name IT          //将 VLAN 40 命名为 IT
SW3(config-vlan)#exit
```

(3) 设置端口模式为 trunk

```
SW3(config)#int range F0/1-2      //进入 F0/1、F0/2 端口配置模式
SW3(config-if-range)#switch mode access
```
//Cisco 三层交换机端口默认是 auto(自动)模式,这种模式不可以直接转换为 trunk 模式。要想将其转换为 trunk 模式,必须先将其设置为 access
```
SW3(config-if-range)#switchport mode trunk   //设置端口模式为 trunk
```

2）SW1 配置

（1）配置 VTP Client

```
SW1#vlan database
SW1(vlan)#vtp client              //设置 SW1 为 Client,并自动加入 AAA 域中
SW1(vlan)#vtp password 123        //VTP Client 必须与 VTP Server 配置一样的密码
SW1(vlan)#exit
SW1#show vtp status               //查看 VTP 的状态信息
```

显示结果如图 2-19 所示。

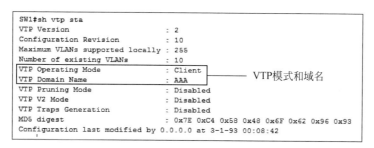

图 2-19　显示 VTP Client 配置

（2）设置 trunk 链路（此步可省略,因为端口模式是自适应模式,当对端的端口已设置为 trunk 后,会自动转换为 trunk 模式）

```
SW1#conf t
SW1(config)#int F0/1
SW1(config-if)#switchport mode trunk      //设置端口模式为 trunk
SW1(config)#int F0/3
SW1(config-if)#switchport mode trunk      //设置端口模式为 trunk
SW1(config-if)#exit
SW1(config)#exit
SW1#
```

（3）查看 VLAN 继承结果

```
SW1#show vlan brief                       //查看 VLAN 继承结果
```

显示结果如图 2-20 所示。

3）SW2 配置

（1）配置 VTP Client

```
SW2#vlan database
SW2(vlan)#vtp client              //设置 SW2 为 Client,并自动加入 AAA 域中
SW2(vlan)#vtp password 123        //VTP Client 必须与 VTP Server 配置一样的密码
SW2(vlan)#exit
SW2#
```

（2）设置 trunk 链路（此步可省略,因为端口模式是自适应模式,当对端的端口已设置为 trunk 后,将自动转换为 trunk 模式）

```
SW2#conf t
```

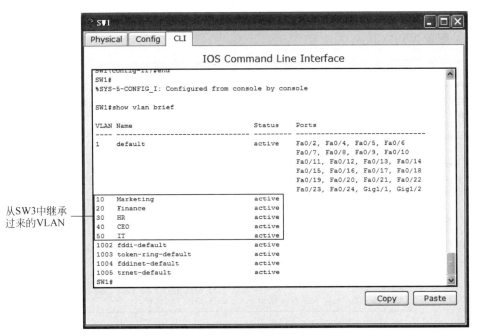

图 2-20　显示 VLAN 继承结果

```
SW2(config)#int range F0/2-3
SW2(config-if-range)#switchport mode trunk        //设置端口模式为 trunk
SW2(config-if-range)#exit
SW2(config)#exit
SW2#
```

2. 将接口加入 VLAN

(1) 将交换机 SW1 上的 F0/5~F0/10 作为 access 口加入 VLAN 10,F0/11~F0/13 作为 access 口加入 VLAN 20,F0/14~F0/16 作为 access 口加入 VLAN 30;F0/17~F0/19 作为 access 口加入 VLAN 40;F0/20~F0/22 作为 access 口加入 VLAN 50(以 VLAN 10 以及 VLAN 50 为例)。

```
SW1#conf t
SW1(config)#interface range F0/5-10
SW1(config-if-range)#switchport mode access       //设置端口模式为 access
SW1(config-if-range)#switchport access vlan 10    //将端口加入 VLAN 10
SW1(config)#interface range F0/20-22
SW1(config-if-range)#switchport mode access       //设置端口模式为 access
SW1(config-if-range)#switchport access vlan 50    //将端口加入 VLAN 50
SW1(config-if-range)#end
SW1#
```

(2) 将交换机 SW2 上的 F0/5~F0/10 作为 access 口加入 VLAN 10,F0/11~F0/13 作为 access 口加入 VLAN 20,F0/14~F0/16 作为 access 口加入 VLAN 30;F0/17~F0/19 作为 access 口加入 VLAN 40;F0/20~F0/22 作为 access 口加入 VLAN 50。

方法与 SW1 完全相同。

3. 通信验证

PC1 ping PC2 和 PC3 都不通（反之亦然），原因是 PC1 与 PC2、PC3 属于不同 VLAN 的主机，在没有三层设备的支持下是无法通信的。PC2 与 PC3 相互 ping 通，原因是 PC2、PC3 处于同一个 VLAN（即 VLAN 50）中，同一个 VLAN 中的主机可以相互通信。

任务 2-3　配置三层交换机实现 VLAN 间通信

1. 启用三层交换机路由功能

```
SW3(config)#ip routing          //启用交换机 SW3 的路由功能
```

2. 定义 VLAN 虚接口地址

参照表 2-6，在 SW3 上为每个 VLAN 定义自己的虚拟接口地址（以 VLAN 10 和 VLAN 50 为例）。

表 2-6　IP 地址规划与配置

区　　域	IP 地址段	网　　关
市场部	10.0.0.0/25	10.0.0.126
财务部	10.0.0.128/26	10.0.0.190
人力资源部	10.0.0.192/27	10.0.0.222
总经理及董事会办公室	10.0.0.224/28	10.0.0.238
信息技术部	10.0.0.240/28	10.0.0.254

```
SW3(config)#int vlan 10
SW3(config-if)#ip add 10.0.0.126 255.255.255.128 //设置虚拟交换接口 VLAN 10 的 IP 地址
SW3(config-if)#no shutdown          //启用虚拟接口
SW3(config-if)#exit
SW3(config)#int vlan50
SW3(config-if)#ip add 10.0.0.254 255.255.255.240 //设置虚拟交换接口 VLAN 50 的 IP 地址
SW3(config-if)#no shut          //启用虚拟接口
SW3(config-if)#exit
```

3. 添加 PC 网关

为各个 PC 添加网关（以 PC1 为例，如图 2-21 所示）

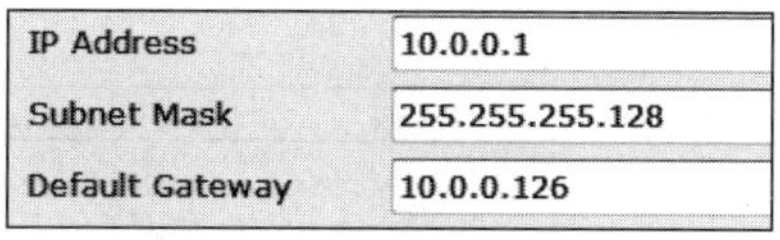

图 2-21　为 PC1 添加网关

4. 通信验证

结论：PC1 与 PC2、PC3 都可以相互 ping 通。

原因：PC1 和 PC2、PC3 虽然在两个不同的网段，但是由于 SW3 是三层交换机且启用了三层路由功能，所以通过 SW3 路由功能实现了不同网段主机的互访。

2.6 项目验收

2.6.1 内网搭建验收

1. VLAN创建及端口划分情况

(1) 在SW1上查看(见图2-22)

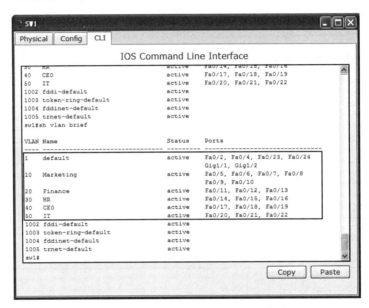

图2-22 查看SW1上VLAN配置情况

(2) 在SW2上查看(见图2-23)

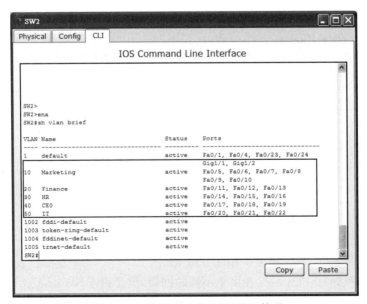

图2-23 查看SW2上VLAN配置情况

（3）在 SW3 上查看（见图 2-24）

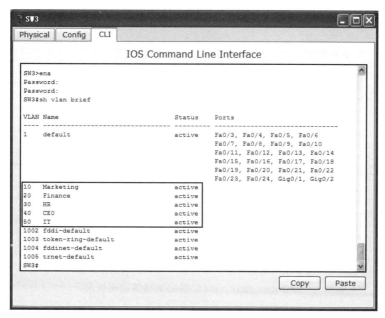

图 2-24　查看 SW3 上 VLAN 配置情况

结论：各交换机已经成功创建 VLAN，并按要求将相关接口划入了相应的 VLAN。

2. 相同 VLAN 的主机相互通信验证

这里选用信息技术部的主机 PC2、PC3 代表相同网段的主机。

（1）从 PC2 上 ping PC3（见图 2-25）

```
PC>ping 10.0.0.242

Pinging 10.0.0.242 with 32 bytes of data:

Reply from 10.0.0.242: bytes=32 time=180ms TTL=128
Reply from 10.0.0.242: bytes=32 time=100ms TTL=128
Reply from 10.0.0.242: bytes=32 time=91ms TTL=128
Reply from 10.0.0.242: bytes=32 time=100ms TTL=128

Ping statistics for 10.0.0.242:
    Packets: Sent = 4, Received = 4, Lost = 0 (0% loss),
Approximate round trip times in milli-seconds:
    Minimum = 91ms, Maximum = 180ms, Average = 117ms
```

图 2-25　测试从 PC2 到 PC3 的连通性

（2）从 PC2 上 ping PC1（在 SW3 未启用路由转发之前，见图 2-26）

```
PC>ping 10.0.0.1

Pinging 10.0.0.1 with 32 bytes of data:

Request timed out.
Request timed out.
Request timed out.
Request timed out.

Ping statistics for 10.0.0.1:
    Packets: Sent = 4, Received = 0, Lost = 4 (100% loss),
```

图 2-26　测试从 PC2 到 PC1 的连通性

结论：相同 VLAN 内的主机之间可以相互通信，不同 VLAN 的主机相互隔离。

2.6.2　子网间通信实现验证

1. 查看 SW3 的三层路由功能（见图 2-27）

```
SW3#show run
Building configuration...

Current configuration : 1494 bytes
!
version 12.2
no service timestamps log datetime msec
no service timestamps debug datetime msec
no service password-encryption
!
hostname SW3
!
!
!
enable secret 5 $1$mERr$H7PDx17VYMqaD3id4jJVK/
!
!
!
ip routing
```

图 2-27　查看 SW3 三层路由功能启用情况

2. 从 PC2 ping PC1（见图 2-28）

```
PC>ping 10.0.0.1

Pinging 10.0.0.1 with 32 bytes of data:

Reply from 10.0.0.1: bytes=32 time=80ms TTL=127
Reply from 10.0.0.1: bytes=32 time=100ms TTL=127
Reply from 10.0.0.1: bytes=32 time=90ms TTL=127
Reply from 10.0.0.1: bytes=32 time=80ms TTL=127

Ping statistics for 10.0.0.1:
    Packets: Sent = 4, Received = 4, Lost = 0 (0% loss),
Approximate round trip times in milli-seconds:
    Minimum = 80ms, Maximum = 100ms, Average = 87ms
```

图 2-28　启用三层后测试 PC2 到 PC1 的连通性

结论：启用三层交换机的三层路由功能后，子网间通信可以实现。

2.7　项目小结

本项目主要介绍了 VLAN 的基本理论和相关操作，以及三层交换机的工作原理和相关配置。

通过在交换机上划分 VLAN，可以将一个大的局域网划分成若干个网段，每个网段内所有主机间的通信和广播仅限于该 VLAN 内，广播帧不会被转发到其他网段。VLAN 间是不能进行直接通信的，这就实现了对广播域的分割和隔离。通过对本项目的学习，要求了解 VLAN 产生的原因，理解 VLAN 的功能和工作原理，熟练掌握通过 VTP 创建和继承 VLAN 方法，以及向 VLAN 中添加接口的方法，能完成连通性测试并能明白其中的道理，操作中注意 VTP Server 和 VTP Client 两端密码要一致。

一个端口所连接的主机想要和它不在同一个 VLAN 的主机通信时，则必须通过一个三层设备(路由器或者三层交换机)。三层交换机可以通过虚拟交换接口来进行 VLAN 之间的 IP 路由。通过本项目的学习,要求理解三层交换机的工作原理,了解三层交换机与二层交换机和路由器的区别,熟练掌握三层交换机实现路由通信的关键操作,即:开启路由功能、为各 VLAN 添加虚接口 IP(或将接口转换为 3 层接口,并为其配置 IP),并为各 PC 添加网关。操作中一定不要忘记为 PC 添加网关。

2.8　知识拓展

2.8.1　删除 VLAN

删除 VLAN 时,必须确认这个 VLAN 的任何端口都处于不活动状态。然后使用如下命令:

```
Switch(vlan)#no vlan vlan-id
```

其中,vlan-id 是要删除的 VLAN 的序号。

例如,现已创建了 VLAN 10 并且将接口 F0/1 加入其中。下面要删除 VLAN 10,则配置命令为:

```
Switch>enable
Switch#configure terminal
Switch(config)#no vlan 10            //删除 VLAN 10
```

删除 VLAN 10 后,再执行 switch#show vlan 命令就看不到 VLAN 10 的信息了,如图 2-29 所示。但是,如果执行 switch#show run 命令,却发现 VLAN 10 还在那里,并且端口 F0/1 还在被删除的 VLAN 10 中,如图 2-30 所示。

```
Switch#sh vlan

VLAN Name                             Status    Ports
---- -------------------------------- --------- -------------------------------
1    default                          active    Fa0/2, Fa0/3, Fa0/4, Fa0/5
                                                Fa0/6, Fa0/7, Fa0/8, Fa0/9
                                                Fa0/10, Fa0/11, Fa0/12, Fa0/13
                                                Fa0/14, Fa0/15, Fa0/16, Fa0/17
                                                Fa0/18, Fa0/19, Fa0/20, Fa0/21
                                                Fa0/22, Fa0/23, Fa0/24, Gig0/1
                                                Gig0/2
1002 fddi-default                     act/unsup
1003 token-ring-default               act/unsup
1004 fddinet-default                  act/unsup
1005 trnet-default                    act/unsup

VLAN Type  SAID       MTU   Parent RingNo BridgeNo Stp  BrdgMode Trans1 Trans2
---- ----- ---------- ----- ------ ------ -------- ---- -------- ------ ------
1    enet  100001     1500  -      -      -        -    -        0      0
1002 fddi  101002     1500  -      -      -        -    -        0      0
1003 tr    101003     1500  -      -      -        -    -        0      0
1004 fdnet 101004     1500  -      -      -        ieee -        0      0
1005 trnet 101005     1500  -      -      -        ibm  -        0      0

Remote SPAN VLANs
-------------------------------------------------------------------------------


Primary Secondary Type              Ports
------- --------- ----------------- -----------------------------------------
```

图 2-29　删除 VLAN10 后的信息(1)

```
Switch#show run
Building configuration...

Current configuration : 1135 bytes
!
version 12.2
no service timestamps log datetime msec
no service timestamps debug datetime msec
no service password-encryption
!
hostname Switch
!
!
spanning-tree mode pvst
!
interface FastEthernet0/1
 switchport access vlan 10
 switchport mode access
!
interface FastEthernet0/2
!
interface FastEthernet0/3
```

图 2-30　删除 VLAN 10 后的信息(2)

那么,如何才能将 VLAN 10 彻底删除呢? 可以先删除接口 F0/1,再删除 VLAN 10。
具体配置命令如下:

```
Switch#config t
Switch(config)#interface F0/1
Switch(config-if)#no switchport access vlan 10        //删除接口
Switch(config-if)#exit
Switch(config)#no vlan 10
Switch(config)#end
```

执行完上述命令,再执行 switch#show run 命令,则 VLAN 10 被彻底删除了,如图 2-31
所示。

```
Switch#show run
Building configuration...

Current configuration : 1108 bytes
!
version 12.2
no service timestamps log datetime msec
no service timestamps debug datetime msec
no service password-encryption
!
hostname Switch
!
!
spanning-tree mode pvst
!
interface FastEthernet0/1
 switchport mode access
!
interface FastEthernet0/2
!
interface FastEthernet0/3
!
interface FastEthernet0/4
```

图 2-31　彻底删除 VLAN 10 后的信息

2.8.2 端口聚合

交换机允许将多个端口聚合成一个逻辑端口或者称为 EtherChannel。通过端口聚合，可大大提高端口间的通信速度。当用 2 个 100Mbps 的端口聚合时，所形成的逻辑端口的通信速度为 200Mbps；若用 4 个，则为 400Mbps。当 EtherChannel 内的某条链路出现故障时，该链路的流量将自动转移到其余链路上。

端口聚合可采用手工方式进行配置，也可使用动态协议来聚合。PAGP 是 Cisco 专有的聚合协议，LACP 则是一种标准的协议。

使用端口聚合后，通过使用一种散列算法使数据帧分布到一条 EtherChannel 的各个端口上。该算法使用源 IP 地址、目的 IP 地址、源和目的 IP 地址相结合、源和目的 MAC 地址、TCP/UDP 端口号等方式在被聚合的端口上分布流量，从而实现端口的负载均衡。

参与聚合的端口必须具有相同的属性，如相同的速度、单双工模式、trunk 模式、trunk 封装方式等。

配置命令为：

```
switch(config-if)#Channel-groupnumber mode [on|auto|desirable[non-silent]]
```

其中，On 表示使用 EtherChannel，但不发送 PAGP 分组；auto 表示交换机被动形成一个 EtherChannel，不发送 PagP 分组，为默认值；desirable 表示交换机自动形成一个 EtherChannel，并发送 PAGP 分组；non-silent 表示在激活 EtherChannel 之前先进行 PAGP 协商。

对于 Cisco Catalyst 2900 或 3500XL 交换机来说是不支持 PAGP 的，此时要建立端口聚合，应使用 on 方式，不进行协商。

设置时，需要在链路两端的交换机上均进行相应配置。例如，把交换机 Switch 的 F0/1 以及 F0/2 口进行端口聚合，命令如下。

```
Switch(config)#interface F0/1            //进入 F0/1 口
Switch(config-if)#channel-group 1 mode on   //进行端口绑定,把 F0/1 口加入组 1 中
Switch(config-if)#exit
Switch(config)#interface F0/2            //进入 F0/2 口
Switch(config-if)#channel-group 1 mode on   //进行端口绑定,把 F0/2 口加入组 1 中
Switch(config-if)#exit
```

设置端口负载算法为可选配置。设置端口负载均衡算法配置命令为：

```
Switch#Port-channel load-balance method
```

其中，method 的可选值及含义如下。

- src-ip：源 IP 地址。
- dst-ip：目的 IP 地址。
- src-dst-ip：源和目的 IP 地址。
- src-mac：源 MAC 地址。
- src-dst-mac：源和目的 MAC 地址。
- src-port：源端口号。

- dst-port：目的端口号。
- src-dst-port：源和目的端口号。

若要根据源和目的 IP 地址在被聚合的端口上分布流量进行负载均衡控制,则配置命令为：

```
Switch#port-channel load-balance src-dst-ip
```

2.9 练习题

一、填空题

1. VLAN 间的通信要借助_____的设备。

2. 交换机的 VTP 模式可以分为三种：_____、_____和客户机模式。

3. 三层交换机是指：二层交换技术＋_____。

二、单项选择题

1. 参见图 2-32,Switch1 和 Switch2 通过一条中继链路互相连接,且该链路已经通过测试并可正常工作,则 VTP 无法将 VLAN 从一台交换机传播到另一台交换机的原因是(　　)。

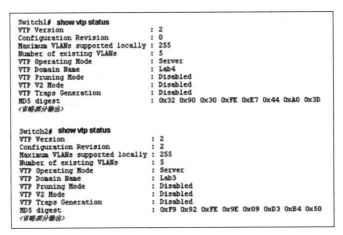

图 2-32　测试中继链路

    A. 2 台交换机的版本号不同　　　　　　B. 2 台交换机都处于服务器模式

    C. 2 台交换机的 VTP 域名不同　　　　　D. VTP 修剪模式处于禁用状态

2. 应该在(　　)下创建 VLAN。

    A. 用户模式　　　　　　　　　　　　　B. 特权模式

    C. 全局配置模式　　　　　　　　　　　D. 接口配置模式

3. Cisco Catalyst 交换机(　　)在 VLAN 干道上传送的帧来维护 VLAN 信息。

    A. 通过 VLAN ID 过滤帧　　　　　　　B. 通过 ISL 帧头中的 VLAN ID

    C. 通过 ISL 帧头中的 trunk ID　　　　　D. 通过 trunk ID 过滤帧

4. 在局域网中使用交换机的好处是(　　)。

    A. 它可以增加广播域的数量　　　　　　B. 它可以减少广播域的数量

C. 它可以增加冲突域的数量　　　　D. 它可以减少冲突域的数量

5. 以下对 Cisco IOS 的描述,不正确的是(　　　)。

A. IOS 命令不区分大小写,而且支持命令简写

B. 在 IOS 命令行,按 Tab 键可补全命令

C. 对交换机的配置,可采用菜单方式,也可采用命令行或 Web 界面来配置

D. 只有三层交换机才允许用户对其进行配置

6. 参见图 2-33,关于交换机上网络流量的说法中正确的是(　　　)。

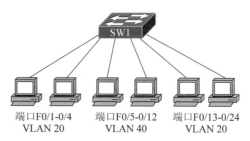

端口F0/1-0/4　　　端口F0/5-0/12　　　端口F0/13-0/24
VLAN 20　　　　　VLAN 40　　　　　　VLAN 20

图 2-33　交换机网络流量

A. 只要连接到交换机的 PC 属于相同的 IP 网络,它们就能彼此通信。

B. 如果连接到端口 F0/2 的 PC 与连接到端口 F0/22 的 PC 属于相同的 IP 网络,则它们可以彼此通信

C. 如果连接到端口 F0/11 的 PC 与连接到端口 F0/20 的 PC 属于相同的 IP 网络,则它们可以彼此通信

D. 无论连接到端口 F0/15 的 PC 与连接到端口 F0/24 的 PC 是否属于相同的 IP 网络,它们都能彼此通信

7. 要查看交换机端口加入 VLAN 的情况,可以通过(　　　)命令来查看。

A. show vlan　　　　　　　　　　B. show running-config

C. show vlan. dat　　　　　　　　D. show interface vlan

8. 网络管理员发现 SW2 上的 VLAN 配置更改未传播到 SW3。根据 show vtp status 命令的部分输出(见图 2-34)判断,造成此问题的原因可能是(　　　)。

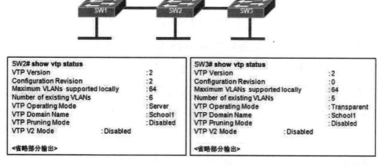

图 2-34　VLAN 配置更改

A. 禁用了 VTP V2 模式　　　　　B. SW3 配置成了透明模式

C. 现有 VLAN 的数量不匹配　　　D. 配置修订版号不匹配

9. 交换机(　　)知道将帧转发到哪个端口。

A. 用 MAC 地址表　　　　　　　B. 用 ARP 地址表

C. 读取源 ARP 地址　　　　　　D. 读取源 MAC 地址

三、多项选择题

1. 你需要添加一个新的 VLAN 到自己交换式网络中,名字是 ACCOUNTS,则必须要做的是(　　)。

A. VLAN 必须已经建立完成

B. VLAN 已经被命名

C. 一个 IP 地址必须被配置到 ACCOUNTS VLAN 上

D. 目标端口必须被添加到 VLAN 中

2. 一个 VLAN 的划分方法包括(　　)。

A. 根据端口划分　　　　　　　B. 根据路由设备划分

C. 根据 MAC 地址划分　　　　　D. 根据 IP 地址划分

3. 图 2-35 中的交换机通过中继互连,且配置为使用 VTP。向 Switch1 添加了一个新的 VLAN,将会发生的操作是(　　)。

图 2-35　交换机通过中继互连

A. Switch1 会将该 VLAN 添加到数据库,并会将该更新传递给 Switch2

B. Switch2 会将该 VLAN 添加到数据库,并将该更新传递给 Switch3

C. Switch3 会将该 VTP 更新传递给 Switch4

D. Switch4 会将该 VLAN 添加到数据库

4. 以下对 VTP 的描述,正确的是(　　)。

A. VTP 有三种工作模式,只有其中的 Server 模式才允许创建与删除 VLAN

B. 利用 VTP 可以从 trunk 链路中裁剪掉不必要的流量

C. 利用 VTP 可以同步同一 VTP 域中的 VLAN 配置

D. 可以在同一个 VTP 域中且工作模式为 Server 的任何一台交换机上创建 VLAN

5. 口令可用于限制对 Cisco IOS 所有或部分内容的访问。则可以用口令保护的模式和接口是(　　)。

A. VTY 接口　　　　　　　　　B. 控制台接口

C. 以太网接口　　　　　　　　D. 加密执行模式

E. 特权执行模式　　　　　　　F. 路由器配置模式

6. 下列有关实施 VLAN 的说法中,正确的是(　　)。

　　A. 冲突域的大小会减小

　　B. 网络中所需交换机的数量会减少

　　C. VLAN 会对主机进行逻辑分组,而不管它们的物理位置如何

　　D. 某一 VLAN 中的设备不会收到其他 VLAN 中的设备所发出的广播

7. 下列关于存储—转发的交换模式,说法正确的是(　　)。

　　A. 延迟时间与帧的长度无关

　　B. 延迟时间与帧的长度有关

　　C. 在转发之前交换机需要接收全部帧

　　D. 当交换机接收到帧头,然后检查目的地址并且立即开始转发

8. 主机上网必须具有的地址有(　　)。

　　A. IP 地址　　　　　　　　　　　　B. DNS 地址

　　C. 网关地址　　　　　　　　　　　D. 网络邻居 IP 地址

9. 在企业网络中实施 VLAN 的好处是(　　)。

　　A. 避免使用第三层设备

　　B. 提供广播域分段功能

　　C. 允许广播数据从一个本地网络传播到另一个本地网络

　　D. 允许对设备进行逻辑分组而不考虑物理位置

10. 可以移动文件的方法有(　　)。

　　A. 搭建 FTP 服务器　　　　　　　B. 网络共享文件夹

　　C. 用 U 盘复制　　　　　　　　　D. 搭建文件服务器

11. 现在的宽带上网技术主要有(　　)。

　　A. ADSL　　　　B. VDSL　　　　C. Cable Modem　　　　D. LAN

12. 以下对 VLAN 的描述,正确的是(　　)。

　　A. 利用 VLAN,可以有效隔离广播域

　　B. 要实现 VLAN 间的通信,必须使用外部的路由器为指定路由

　　C. 可以将交换机的端口静态地或动态地指派给某一个 VLAN

　　D. VLAN 中的成员可以相互通信,只有访问其他 VLAN 中的主机时,才需要网关

四、简答题

1. 什么是 VLAN?它的作用是什么?

2. 写出配置命令,把交换机的 1~2 号端口划入 VLAN 2,3~4 号端口划入 VLAN 3。

3. 交换机是如何学习 MAC 地址的?

4. VLAN 的划分方法有多少种?分别是什么?它们分别有什么优缺点?

5. 写出配置命令,把交换机 2 号端口设置为 100Mbps 速率,全双工模式,描述文字为 Link to office。

6. 集线器和交换机有什么区别?

7. 请简述以太网交换机的主要配置方法。

2.10 项目实训

2.10.1 实训一

现有 2 台 Cisco Catalyst 2960-24TT 交换机、3 台 PC。PC1(192.168.2.1)和 PC2(192.168.2.2)连接到同一交换机上,但是处在不同的 VLAN 中,PC3(192.168.2.3)连接到另一台交换机上。要求 PC1 不能与 PC2 互相通信,PC1 能与 PC3 通信,并加以显示和验证。网络拓扑如图 2-36 所示。

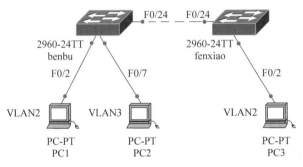

图 2-36 实训一 网络拓扑

实训要求:根据图 2-36 的拓扑结构搭建网络,完成下面的各项实训任务。

(1) 配置 2 台交换机的主机名分别为 benbu 和 fenxiao。

(2) 创建 VTP 管理域 cqddvtpdomain,并将交换机 benbu 设置为 VTP 服务器,将交换机 fenxiao 设置为 VTP Client 工作模式。

(3) 在名为 benbu 的交换机上创建 id 号为 2、3、4 的 3 个 VLAN,VLAN 的名称分别为 student、teacher 和 office。

实训操作
录屏(2-1)

(4) 查看 fenxiao 交换机上的 VLAN 信息。

(5) 将 benbu 交换机的 2~6 号端口和 fenxiao 交换机的 2~4 号端口划入 VLAN 2,将 benbu 交换机的 7~9 号端口和 fenxiao 交换机的 5~9 号端口划入 VLAN 3,将 benbu 交换机的 10~12 号端口和 fenxiao 交换机的 10~12 号端口划入 VLAN 4。

(6) 将交换机 benbu 的 F0/24 端口设置为 trunk 端口,将交换机 fenxiao 的 F0/24 端口设置为 trunk 端口。

(7) 查看 VTP 信息。

(8) 测试连通性。

2.10.2 实训二

现有 1 台 Cisco Catalyst 3560-24PS、1 台 Cisco Catalyst 2960-24TT;5 台 PC。PC1(192.168.10.11)、PC2(192.168.10.12)和 PC4(192.168.10.14)属于 VLAN 10;PC3(192.168.20.13)和 PC5(192.168.20.15)属于 VLAN 20。要求实现 VLAN 间主机的通信,并加以显示和验证。网络拓扑如图 2-37 所示。

实训要求:根据图 2-37 的拓扑结构搭建网络,完成下面的各项实训任务。

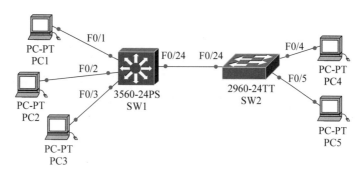

图 2-37　实训二　网络拓扑

（1）配置 2 台交换机的主机名分别为 SW1 和 SW2。

（2）在 SW1 上创建 VLAN 10 和 VLAN 20,将 F0/1 和 F0/2 规划到 VLAN 10,将 F0/3 规划到 VLAN 20。

（3）在 SW2 上创建 VLAN 10 和 VLAN 20,将 F0/4 规划到 VLAN 10,将 F0/5 规划到 VLAN 20。

实训操作
录屏（2）

（4）启用 SW1 的 3 层虚拟交换接口（虚拟交换接口 VLAN 10 IP 地址为 192.168.10.1;虚拟交换接口 VLAN 20 IP 地址为 192.168.20.1）。

（5）设置 trunk 链路,开启 SW1 的路由功能,实现跨交换机的 VLAN 间通信。

（6）测试 PC 间的连通性。

（7）查看交换机的配置信息。

3.1　项目导入

　　为确保网络连接可靠和稳定性,当一条通信信道遇到堵塞或者不畅通时,就启用别的链路,AAA 公司在搭建内部网络时启用了冗余链路即准备两条以上的链路,当主链路不通时,马上启用备份链路。这样虽然可以提高网络的可靠性和稳定性,但是网络中 SW1、SW2、SW3 形成路由环路。路由环路会形成广播风暴,造成交换机效率低下,大量有用数据包被丢弃,网络无法正常通信。

　　如何利用环路保障网络的可靠性和稳定性,同时又能避免由于环路的存在所造成的安全隐患? 我们可以在交换设备上启用生成树协议,以防止二层环路。

3.2　职业能力目标和要求

- 掌握生成树协议的类型及工作原理。
- 能够根据业务需求选择相应的生成树协议。
- 能够根据需要配置 STP、RSTP。

3.3　相关知识

3.3.1　生成树协议类型及原理

1. 交换网络中的环路问题

　　在交换网络环境中,为确保网络连接可靠和稳定性,常常需要网络提供冗余链路。而所谓"冗余链路"就是当一条通信信道遇到堵塞或者不畅通时,就启用别的链路。冗余就是准备 2 条以上的链路,当主链路不通时,马上启用备份链路,确保链路的畅通。冗余链路也叫备份链路、备份连接等。

冗余链路

　　如图 3-1 所示,当 PC 访问 Server 时,若 SW3→SW2 为主链路,SW3→SW1→SW2 就是一个冗余链路。当主链路(SW3→SW2)出故障时,冗余链路自动启用,从而提高网络的整体可靠性。

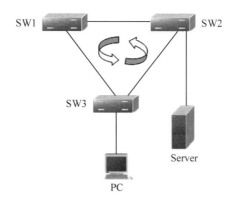

图 3-1　备份链路

使用冗余备份能为网络带来健全性、稳定性和可靠性等好处,但也可能导致网络中的环路问题。如图 3-1 中 SW1、SW2、SW3 三个交换机就构成了一个环路。环路问题是备份链路所面临的最为严重的问题,环路的存在将会导致广播风暴、多帧复制及 MAC 地址表的不稳定等问题。

（1）广播风暴

在一些较大型的网络中,当大量广播流（如 MAC 地址查询信息等）同时在网络中传播时,便会发生数据包的碰撞。网络试图缓解这些碰撞并重传更多的数据包,结果导致全网的可用带宽减少,并最终使得网络失去连接而瘫痪,这一过程被称为广播风暴。

（2）多帧复制

当网络中存在环路现象时,目的主机可能会收到某个数据帧的多个副本,此时会导致上层协议在处理这些数据帧时无从选择,产生迷惑,严重时还可能导致网络连接的中断。

（3）MAC 地址表的不稳定

当交换机连接不同网络时,将会出现通过不同端口接收到同一个广播帧的多个副本的情况。这一过程也会同时导致 MAC 地址表的多次刷新。这种持续的更新、刷新过程会严重耗用内存资源,影响该交换机的交换能力,同时降低整个网络的运行效率。严重时,将耗尽整个网络资源,并最终造成网络瘫痪。

2. 生成树协议的基本概念

为了解决冗余链路引起的问题,IEEE 通过了 IEEE 802.1d 协议,即生成树协议（Spanning-Tree Protocol,STP）。STP 协议在交换机（网桥）上运行一套复杂的算法,使冗余端口置于"阻塞状态",使得网络中的计算机在通信时,只有一条主链路生效。当主链路出现故

网桥 ID 与 BPDU 报文

障时,生成树协议将会重新计算出网络的最优链路,将处于"阻塞状态"的端口重新打开。生成树协议按照其产生时间的先后顺序分为 STP（生成树协议）、RSTP（快速生成树协议）、PVST（VLAN 生成树协议）和 MSTP（多实例生成树协议）。这里我们主要学习 STP 协议。

STP 协议中定义了根桥（Root Bridge）、根端口（Root Port）、指定端口（Designated Port）、路径开销（Path Cost）等概念,目的就在于通过构造一棵自然树的方法达到裁剪冗余环路的目的,同时实现链路备份和路径最优化。用于构造这棵树的算法称为生成树算法 STA（Spanning Tree Algorithm）。

要实现这些功能,网桥之间必须要进行一些信息的交流,这些信息交流单元就称为配置消息 BPDU(Bridge Protocol Data Unit)。STP BPDU 是一种二层报文,目的 MAC 是多播地址 01-80-C2-00-00-00,所有支持 STP 协议的网桥都会接收并处理收到的 BPDU 报文。该报文的数据区里携带了用于生成树计算的所有有用信息。

生成树协议 STP 的工作原理就是当网络中存在备份链路时,只允许主链路激活。如果主链路因故障而被断开,备用链路才会被激活。

3. 生成树协议 STP 的工作过程

生成树协议采用下面三个规则来使某个端口进入转发状态。

(1) 生成树协议选择一个根交换机,并使其所有端口都处于转发状态。

(2) 为每一个非根交换机选择一个到根交换机管理成本最低的端口作为根端口,并使其处于转发状态。

(3) 当一个网络中有多个交换机时,这些交换机会将其到根交换机的管理成本宣告出去,其中具有最低管理成本的交换机作为指定交换机,指定交换机中发送最低管理成本的端口为指定端口,该端口处于转发状态。其他所有端口都被置为阻塞状态。

4. 生成树协议的算法过程

生成树协议的算法过程可以归纳为以下三个步骤。

(1) 选择根网桥:在全网中选择一个根网桥。

比较网桥的 BID 值,值越小其优先级越高。ID 值是由交换机的优先级和 MAC 地址组成的。如果交换机的优先级相同,则比较其 MAC 地址,地址值最小的就被选举为根网桥。

端口角色
的确定

(2) 选择根端口:在每个非根交换机上选择根端口。

首先,比较根路径成本,根路径成本取决于链路的带宽,带宽越大,路径成本越低,则选该端口为根端口。其次,如果根路径成本相同,则要比较所在对端交换机 BID 值,值越小,则其优先级越高。最后,比较端口的 ID 值,该值分为两部分:端口优先级和端口编号,值小的被选为根端口。

端口开销与
最短路径

(3) 选择指定端口:在每条链路上选择一个指定端口,根网桥上所有端口都是指定端口。首先,比较根路径成本;其次,比较端口所在网桥的 ID 值;最后,比较端口的 ID 值。

5. 生成树协议的端口状态

每个交换机的端口都会经过一系列的状态。

(1) Disable(禁用):为了管理目的或者因为发生故障将端口关闭时的状态。

(2) Bloking(阻塞):在开始启用端口之后的状态。端口不能接收或者传输数据,不能把 MAC 地址加入它的地址表,只能接收 BPDU。如果检测到有一个桥接环,或者如果端口失去了根端口或者指定端口的状态,就会返回阻塞状态。

(3) Listening(监听):若一个端口可以成为一个根端口或者指定端口,则转入监听状态。该端口不能接收或者传输数据,也不能把 MAC 地址加入它的地址表,只能接收或发送 BPDU。

(4) Learning(学习):在 Forward Delay(转发时延)计时时间(默认为 15 秒)之后,端口进入学习状态。端口不能传输数据,但是可以发送和接收 BPDU。这时端口可以学习 MAC 地址,并将其加入地址表中。

(5) Forward(转发):在下一次 Forward Delay(转发时延)计时时间(默认为 15 秒)之后,端口进入转发状态。端口现在能够发送和接收数据、学习 MAC 地址,还能发送和接收 BPDU。

端口被选为指定端口或根端口后,需要从阻塞状态经监听和学习才能到转发状态,如图 3-2 所示,称为端口状态迁移。默认的转发时延时间是 15 秒。

```
┌────┐
│阻塞│
└────┘
   │
   ▼
┌────┐
│监听│
└────┘
   │  转发时延时间
   ▼
┌────┐
│学习│
└────┘
   │  转发时延时间
   ▼
┌────┐
│转发│
└────┘
```

图 3-2   端口状态迁移

3.3.2   配置 STP

1. 在 VLAN 上启用、禁用 STP

```
Switch(config)#[no] spanning-tree [vlan vlan-id]
```

在 VLAN 1 和任何新创建的 VLAN 上都默认启用了 STP。若选择使用 no 关键字,则在所有 VLAN 上禁用 STP。禁用 STP 后,就不能检测到桥接环并避免桥接环,因此应该启用 STP。

例如,在 VLAN 2 上启用 STP,配置命令为:

```
Switch(config)#spanning-tree vlan 2
```

2. 查看 STP 配置

(1) 显示生成树状态

STP 收敛

```
Switch#show spanning-tree
```

(2) 显示端口生成树协议的状态

```
Switch#show spanning-tree interface type mod_num/port_num
```

3.3.3   快速生成树协议简介

随着应用的深入和网络技术的发展,STP 的缺点在应用中也被暴露了出来,其缺陷主要表现在收敛速度上。当拓扑发生变化时,新的配置消息要经过一定的时延才能传播到整个网络,这个时延称为转发时延,协议默认值为 15 秒。在所有网桥收到这个变化的消息之前,若旧拓扑结构中处于转发的端口还没有发现自己应该在新的拓扑中停止转发,则可能存在临时环路。为了解决临时环路的问题,生成树使用了一种定时器策略,即在端口从阻塞状态到转发状态的中间加上一个只学习 MAC 地址但不参加转发的中间状态,两次状态切换的时间长度都是转发时延的长度,这样就可以保证在拓扑变化的时候不会产生临时环路。但是,这个看似良好的解决方案实际上带来的却是至少 2 倍转发时延的收敛时间。

为了解决 STP 协议的这个缺陷,IEEE 推出了 802.1w 标准,作为对 802.1d 标准的补充,在 802.1w 标准里定义了快速生成树协议(RSTP)。RSTP 协议在 STP 协议基础上做了以下 3 点重要改进,使得收敛速度快得多(最快为 1 秒以内)。

(1) 为根端口和指定端口设置了快速切换用的替换端口(Alternate Port)和备份端口(Backup Port)两种角色。在根端口或指定端口失效的情况下,替换端口或备份端口就会无时延地进入转发状态。

（2）在只连接了两个交换端口的点对点链路中，指定端口只需与下游网桥进行一次握手，就可以无时延地进入转发状态。如果连接了 3 个以上网桥的共享链路，下游网桥是不会响应上游指定端口发出的握手请求的，只能等待 2 倍转发时延的时间才能进入转发状态。

（3）直接与终端相连，而不是把其他网桥相连的端口定义为边缘端口（Edge Port）。边缘端口可以直接进入转发状态，不需要任何延时，这上由于网桥无法知道端口是否直接与终端相连。

3.3.4　设置生成树模式

```
Switch(config)#spanning-tree          //启用 STP
Switch(config)#spanning-tree mode rapid-pvst
```
//将交换机的生成树模式由默认的 pvst 改成 rapid-pvst。Cisco 模拟器中只有 pvst 和 rapid
  -pvst 两种模式，默认是 pvst 模式

3.4　项目设计与准备

1. 项目设计

在 SW1、SW2、SW3 上启用生成树协议，使 3 台交换机根据生成树算法自动阻塞环路，当线路出现故障时能自动将接口状态从阻塞（Bloking）调整为转发（Forwarding）状态。

2. 项目准备

（1）方案一：真实设备操作（以组为单位，小组成员协作，共同完成实训）。

* Cisco 交换机、配置线、台式机或笔记本电脑。
* 项目 2 的配置结果。

（2）方案二：在模拟软件中操作（以组为单位，成员相互帮助，各自独立完成实训）。

* 每人 1 台装有 Cisco Packet Tracer 6.2 的计算机。
* 项目 2 的配置结果。

3.5　项目实施

本项目若是在模拟软件 Cisco Packet Tracer 6.2 上实施，由于该模拟软件生成树协议只支持 pvst、rapid-pvst 两种协议，而默认情况下交换机上已自动启用了 pvst 协议，因此在模拟器中操作时，不用再专门启用。本项目现要求启用 rapid-pvst 协议，这是针对真实设备提出的。在真实设备上具体操作如下。

1. SW3 上的配置

```
SW3(config)#spanning-tree vlan1          //在 SW1 的 VLAN 1 上开启生成树协议
SW3(config)#spanning-tree vlan10         //在 SW1 的 VLAN 10 上开启生成树协议
SW3(config)#spanning-tree vlan20         //在 SW1 的 VLAN 20 上开启生成树协议
SW3(config)#spanning-tree vlan30         //在 SW1 的 VLAN 30 上开启生成树协议
SW3(config)#spanning-tree vlan40         //在 SW1 的 VLAN 40 上开启生成树协议
```

```
SW3(config)#spanning-tree vlan50        //在 SW1 的 VLAN 50 上开启生成树协议
SW3(config)#spanning-tree mode rapid-pvst //将交换机 SW1 的生成树式由默认的
                                          pvst 改成 rapid-pvst
```

2. SW1 与 SW2 上的配置

SW1 与 SW2 上的操作与 SW3 相同,此处略。

3.6 项目验收

3.6.1 查看生成树状态

下面以 SW1 为例进行说明。

(1)采用 pvst 协议(见图 3-3)。

```
SW1#  show spanning-tree su
┌─────────────────────────────┐
│Switch is in pvst mode       │
└─────────────────────────────┘
Root bridge for:
Extended system ID          is enabled
Portfast Default            is disabled
PortFast BPDU Guard Default  is disabled
PortFast BPDU Filter Default is disabled
Loopguard Default           is disabled
EtherChannel misconfig guard is disabled
UplinkFast                  is disabled
BackboneFast                is disabled
Configured Pathcost method used is short

Name        Blocking Listening Learning Forwarding STP Active
----------- -------- --------- -------- ---------- ----------
VLAN0001       1        0        0         4          5
VLAN0010       0        0        0         1          1
VLAN0020       0        0        0         1          1
VLAN0030       0        0        0         1          1
VLAN0040       0        0        0         1          1
VLAN0050       0        0        0         1          1

----------- -------- --------- -------- ---------- ----------
6 vlans        1        0        0         9          10

SW1#
```

图 3-3 查看 SW1 启用 pvst 的生成树状态

(2)更改为 rapid-pvst 协议后(见图 3-4)。

3.6.2 查看阻塞端口变化

当链路出现故障时,查看阻塞端口变化情况。

(1)当前 F0/3 生成树接口状态(见图 3-5)。

(2)关闭 F0/1 接口后,F0/3 接口生成树状态(见图 3-6)。

```
SW1(config)#int F0/1
SW1(config-if)#shutdown
```

```
SW1#show spanning-tree summary
Switch is in rapid-pvst mode
Root bridge for:
Extended system ID          is enabled
Portfast Default            is disabled
PortFast BPDU Guard Default  is disabled
Portfast BPDU Filter Default is disabled
Loopguard Default           is disabled
EtherChannel misconfig guard is disabled
UplinkFast                  is disabled
BackboneFast                is disabled
Configured Pathcost method used is short

Name            Blocking Listening Learning Forwarding STP Active
--------------- -------- --------- -------- ---------- ----------
VLAN0001            2        0        0         3          5
VLAN0010            5        0        0         0          5
VLAN0020            5        0        0         0          5
VLAN0030            5        0        0         0          5
VLAN0040            5        0        0         0          5
VLAN0050            5        0        0         0          5

--------------- -------- --------- -------- ---------- ----------
6 vlans            27        0        0         3         30

SW1#
```

图 3-4　查看 SW1 启用 rapid-pvst 的生成树状态

```
SW1#show spanning-tree interface f0/3
Vlan             Role Sts Cost       Prio.Nbr Type
---------------- ---- --- ---------- -------- --------------------
VLAN0001         Altn BLK 19         128.3    P2p
VLAN0010         Altn BLK 19         128.3    P2p
VLAN0020         Altn BLK 19         128.3    P2p
VLAN0030         Altn BLK 19         128.3    P2p
VLAN0040         Altn BLK 19         128.3    P2p
VLAN0050         Altn BLK 19         128.3    P2p
SW1#
```

图 3-5　查看 F0/3 生成树接口状态

```
SW1#show spanning-tree interface f0/3
Vlan             Role Sts Cost       Prio.Nbr Type
---------------- ---- --- ---------- -------- --------------------
VLAN0001         Root FWD 19         128.3    P2p
VLAN0010         Root FWD 19         128.3    P2p
VLAN0020         Root FWD 19         128.3    P2p
VLAN0030         Root FWD 19         128.3    P2p
VLAN0040         Root FWD 19         128.3    P2p
VLAN0050         Root FWD 19         128.3    P2p
SW1#
```

图 3-6　关闭 F0/1 接口后,查看 F0/3 接口生成树状态

3.7　项目小结

本项目主要讲述了生成树协议的原理和配置方法。生成树协议是在网络有环路时,通过一定的算法将交换机的某些端口进行阻塞,从而使网络形成一个无环路的树状结构。

通过本项目的学习,重点理解生成树协议的原理。而生成树协议的配置相对较简单。

3.8 知识拓展

在冗余设计的情况下,如何让流量按指定的链路转发?可以通过配置交换机优先级和端口优先级来解决这个问题。

3.8.1 配置交换机优先级

设置交换机的优先级关系到整个网络中到底哪个交换机为根交换机,同时也关系到整个网络的拓扑结构。建议管理员把核心交换机的优先级设得高些(数值小),这样有利于整个网络的稳定。

```
Switch(config)# spanning-tree vlan vlan-id priority number
```

该命令用于配置交换机优先级。若要设置一台交换机成为根交换机,应该给根交换机选择一个比所在 VLAN 上的其他所有交换机都低的优先级。

交换机优先级 number 的取值的范围是 0～61440,都为 0 或 4096 的倍数;默认值为 32768。

例如,将 VLAN 2 中交换机 SW1 的优先级设为 0,配置命令为:

```
SW1(config)# spanning-tree vlan 2 priority 0
```

若要设置一台交换机成为根交换机,除了上述通过修改优先级建立外,还可以在全局配置模式下直接建立根交换机。配置命令如下:

```
Switch(config)# spanning-tree vlan vlan-id root primary
```

例如,直接将 VLAN 2 中的交换机 SW1 设置为根交换机,配置命令为:

```
SW1(config)# spanning-tree vlan 2 root primary
```

3.8.2 配置端口优先级

修改端口优先级只影响根端口与替换端口,而指定端口与备份端口只由端口号顺序决定。当有两个端口都连在一个共享介质上,交换机会选择一个高优先级(数值小)的端口进入转发状态,低优先级(数值大)的端口进入阻塞状态。如果两个端口的优先级一样,就选端口号小的那个进入转发状态。设置端口优先级,具体命令为:

```
Switch(config-if)# spanning-tree vlan vlan-id port-priority number
```

交换机端口优先级 number 的取值范围是 0～255,为 0 或 16 的倍数,默认值为 128。

例如,将 VLAN 2 中交换机 SW2 的端口 F0/1 的优先级设为 32,配置命令为:

```
SW2(config-if)# spanning-tree vlan 2 port-priority 32
```

3.9　练习题

一、填空题

1. 环路的存在,会导致_____。

2. 交换机的桥 ID 由_____和_____组成。

3. 选举根桥时,具有_____的桥 ID 的交换机会成为根桥。

4. STP 收敛后_____和_____是处于转发状态的。

5. 在以太网生成树协议中,规定了 5 种交换机的端口状态:_____、_____、_____、_____和_____。

二、单项选择题

两台以太网交换机之间使用了 2 根五类双绞线相连,要解决其通信问题,避免产生环路问题,需要启用(　　)技术。

A. 源路由网桥　　　　B. 生成树　　　　C. MAC 子层网桥　　　　D. 介质转换网桥

三、多项选择题

1. STP 选择根桥的条件为(　　)。

　　A. 内存容量　　　B. 桥的优先级　　　C. 交换速度　　　D. 基本 MAC 地址

2. 允许交换机学习 MAC 地址的 STP 状态是(　　)。

　　A. 阻塞　　　　B. 侦听　　　　C. 学习　　　　D. 转发

3. 参见图 3-7。所有交换机都配置有默认的网桥优先级,如果所有链路都在相同的带宽下运行,将成为 STP 根端口的是(　　)。

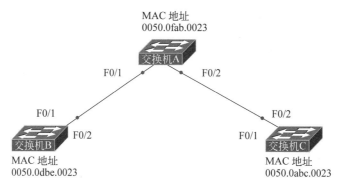

图 3-7　找出根端口

　　A. 交换机 A 的 F0/1 接口　　　　　　B. 交换机 A 的 F0/2 接口
　　C. 交换机 B 的 F0/1 接口　　　　　　D. 交换机 B 的 F0/2 接口

4. 当确定了根桥后,其他的交换机选出了(　　)内容之后,STP 才会使交换网络收敛。

　　A. VLAN ID　　　B. 根端口　　　　C. 全双工端口　　　D. 指定端口

5. 下列正确描述 IEEE STP 功能的说法是(　　)。

　　A. 它会立即将不处于丢弃状态的所有端口转换为转发状态

　　B. 它提供了一种在交换网络中禁用冗余链路的机制

C. 它有 3 种端口状态：丢弃、学习和转发

D. 它可确保交换网络中没有环路

四、简答题

1. 什么是交换网络中链路的备份技术？

2. 怎样确定根交换机？

3. 生成树的作用是什么？有哪几种生成树协议？

4. IEEE 802.3ad 协议的作用是什么？

5. 怎样打开(关闭)交换机的生成树协议？

3.10　项目实训

按图 3-8 所示搭建网络，并查看 F0/3 生成树的接口状态。

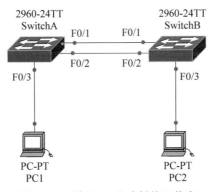

图 3-8　查看 F0/3 生成树接口状态

实训要求：

(1) 根据拓扑结构搭建网络。

(2) 按下面的描述配置 PC,并测试连通性。

• PC1：IP 为 192.168.1.1,子网掩码为 255.255.255.0。

• PC2：IP 为 192.168.1.2,子网掩码为 255.255.255.0。

实训操作录屏(3)

(3) 配置 2 台交换机的主机名分别为 SwitchA 和 SwitchB。

(4) 分别查看 2 台交换机的生成树状态。

(5) 改非根交换机的优先级为 4096,使其成为根交换机,观察此时交换机端口颜色的变化,并等稳定后再次查看 2 台交换机的生成树状态,测试 2 台 PC 的连通性。

(6) 修改当前非根交换机的非根端口的优先级为 32,观察此时交换机端口颜色的变化。再次查看本交换机的生成树状态,并查看修改端口的状态,测试 2 台 PC 的连通性。

(7) 删除当前根端口连线,观察当前非根交换机的非根端口的状态变化,并测试 2 台 PC 的连通性。

(8) 修改交换机的生成树类型为 rapid-pvst,再次重复上面的操作。

项目 4
内外网连接

4.1 项目导入

AAA公司总部各部门实现了数据交互,现在需要与几百千米之外的公司分部以及合作伙伴实现数据交互,如何解决这个问题?

首先需要用网络设备搭建一个物理网络,使公司总部与外部实现物理连接,然后再采用路由技术等实现数据交互。

4.2 职业能力目标和要求

- 掌握 IP 路由的概念。
- 掌握路由的来源。
- 理解路由器的工作原理。
- 了解路由器的分类。
- 掌握路由器的管理与基本配置。
- 掌握路由器的硬件连接。
- 掌握单臂路由的原理和应用。

4.3 相关知识

4.3.1 路由概述

1. IP 路由的概念

什么时候使用路由器

所谓"路由",是指将数据包从一个网络送到另一个网络的设备上的功能。它具体表现为路由器中路由表里的条目。路由的完成离不开两个最基本步骤:第一个步骤为选径,路由器根据到达数据包的目标地址和路由表的内容,进行路径选择;第二个步骤为包转发,根据选择的路径,将包从某个接口转发出去。路由表是路由器选择路径的基础,通过路由来获得路由表。

根据数据包目的地不同,路由可分为以下两种。

- 子网路由:目的地为子网。

- 主机路由：目的地为主机。

根据目的地与转发设备是否直接相连，路由可分为以下两种。

- 直连路由：目的地所在网络与转发设备直接相连。
- 间接路由：目的地所在网络与转发设备不直接相连。

2. 路由的来源

路由的来源主要有以下 3 种。

（1）直连（connected）路由

直连路由不需要配置，路由器配置好接口 IP 地址并且接口状态为"启动"时路由进程自动生成。它的特点是开销小，配置简单，无须人工维护，但只能发现本接口所属网段的路由。

（2）静态（static）路由

由管理员手动配置而生成的路由称为静态路由。当网络的拓扑结构或链路的状态发生变化时（包括发生故障），需要手动修改路由表中相关的静态路由信息。一般用在简单稳定拓扑结构的网络中。

（3）动态路由协议（routing protocol）发现的路由

当网络拓扑结构十分复杂时，手动配置静态路由工作量大而且容易出现错误，这时就可用动态路由协议（如 RIP、OSPF 等），让其自动发现和修改路由，避免人工维护。但动态路由协议开销大，配置复杂。

4.3.2　认识路由器

路由器工作在 OSI 模型中的第三层，即网络层。它利用网络层定义的"逻辑"上的网络地址（即 IP 地址）来区别不同的网络。路由器的一个作用是连通不同的网络，另一个作用是选择信息传送的线路并进行转发。选择通畅快捷的近路，能大大提高通信速度，减轻网络系统通信负荷，节约网络系统资源，提高网络系统畅通率，从而让网络系统发挥出更大的效益。

1. 路由器的工作原理

路由器的主要工作就是为经过路由器的每个数据帧寻找一条最佳传输路径，并将该数据有效地传送到目的站点。由此可见，选择最佳路径的策略即路由算法是路由器的关键所在。为了完成这项工作，在路由器中保存着各种传输路径的相关数据——路由表（route table），供路由选择时使用。路由表包含以下关键项：目的地址、子网掩码、输出接口、下一跳IP 地址。路由表可以是由系统管理员固定设置好的，也可以由系统动态修改，可以由路由器自动调整，也可以由主机控制。

路由器的
工作原理

（1）路由优先级

路由匹配顺序是由路由优先级决定的。用管理距离作为一种优先级度量，指明了发现路由方式的优先级，默认情况下，管理距离从高到低的顺序是：直连路由、静态路由、动态路由、默认路由。当存在两条路径到达相同的网络时，路由器将会选择管理距离较低的路径。

（2）路由匹配过程

路由器按照路由匹配优先级顺序，先用收到数据包的目标地址与第一条路由记录的子网掩码按位相与,相与后的结果再与该路由记录的目的地址相比较,若相同则匹配成功,匹配成功后,就按匹配好的路由转发数据包;若不同,则按路由表顺序向下继续比较。若始终没有找到匹配的路由,则丢弃数据包。

为了便于理解,我们以一个例子加以说明。如图 4-1 所示,这是一个简单的互联网络,图中给了路由器需要的路由选择表,这里最重要的是看这些路由选择表是如何把数据进行高效转发的。路由选择表的"网络"栏列出了路由器可达的网络地址,指向目标网络的下一跳地址在"下一跳"栏。

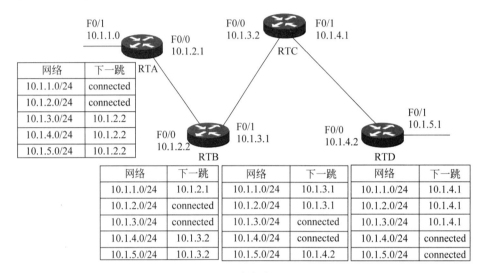

图 4-1　路由表(1)

路由器 RTA 收到一个源地址为 10.1.1.100,目标地址为 10.1.5.10 的报文,那么路由选择表查询的结果对于目的地址 10.1.5.0 的最优匹配是子网 10.1.5.0,报文可以从接口 F0/0 出站,经下一跳地址 10.1.2.2 去往目的地。接着报文被发给路由器 RTB,路由器 RTB 查找路由选择表后发现报文应该从接口 F0/0 出站,经下一跳 10.1.3.2 去往目的网络 10.1.5.0,此过程将一直持续到报文到达路由器 RTD。当路由器接口 F0/0 接到报文时,路由器 RTD 查找路由表,发现目的地是连接在 F0/1 上的一个直连网络,最终结束路由选择过程,把报文传递给主机 10.1.5.10。

上面说明的路由选择过程是假设路由器可以将下一跳地址同它的接口匹配起来。为了正确地进行报文交换,每个路由器都必须保持信息的一致性和准确性。图 4-1 中,若在路由器 RTB 的路由表中丢失了关于网络 10.1.1.0 表项。从 10.1.1.100～10.1.5.10 的报文将被传送,但是当 10.1.5.10 向 10.1.1.100 回复报文时,报文从路由器 RTD 到路由器 RTC,再到路由器 RTB。路由器 RTB 查找路由选择表后发现没有关于子网 10.1.1.0 的路由表项,因此,丢弃此报文,同时路由器 RTB 向主机 10.1.5.10 发送目标网络不可达的 ICMP 信息。

2. 路由器分类

路由产品按照不同的标准可以划分成多种类型。

（1）按功能划分

路由器按功能分为核心层（骨干级）路由器、分发层（企业级）路由器和访问层（接入级）路由器。

核心层路由器是实现企业级网络互连的关键设备，它数据吞吐量较大，非常重要。对核心层路由器的基本性能要求是高速度和高可靠性。为了获得高可靠性，网络系统普遍采用诸如热备份、双电源、双数据通信等传统冗余技术，从而使得路由器的可靠性一般不成问题。

路由的分类

分发层路由器连接许多终端系统，连接对象较多，但系统相对简单，且数据流量较小，对这类路由器的要求是以尽量便宜的方法实现尽可能多的端点互连，同时还要求能够支持不同的服务质量。

访问层路由器主要应用于连接家庭或 ISP 内的小型企业客户群体。

（2）按性能档次划分

路由器按性能档次分为高、中、低档路由器。

通常将路由器吞吐量大于 40Gbps 的路由器称为高档路由器，吞吐量为 25～40Gbps 的路由器称为中档路由器，而将低于 25Gbps 的看作低档路由器。当然这只是一种宏观上的划分标准，各厂家划分并不完全一致，实际上路由器档次的划分不仅是以吞吐量为依据的，而是根据一个综合指标来划分。以市场占有率最大的 Cisco 公司为例，12000 系列为高端路由器，7500 以下系列路由器为中低端路由器。

4.3.3 路由器的管理与基本配置

路由器的管理模式和工作模式，以及常用命令等与交换机基本上一致，这里不再重复。下面重点讲一下路由器在管理与配置上有别于交换机的地方。

1. 路由器的初次启动过程

初次启动路由器时，会出现"Continue with configuration dialog？［yes/no］"提示字样，此时系统是在询问你是否想继续使用信息对话模式完成后续的配置，我们通常不选择这种模式，所以输入"n"并按 Enter 键确认。若当前配置中没有设置登录验证，此时屏幕会出现"Press RETURN to get started！"提示字样，此时按 Enter 键可以看到"Router＞"提示符，表明已经进入用户视图模式，可以对路由器进行简单配置了。

2. 路由器的串口

串口（Serial 口）是连接两台路由器的串行接口，用一根串行线连接在一起的两个串口，一端是 DCE 端，另一端是 DTE 端。DCE 端提供同步时钟，从而保证通信两端的时钟同步。

（1）路由器串口的表示形式

路由器串口可以表示为：Serial 插槽号/模块号/模块中的编号（可简写为：S 插槽号/模块号/模块中的编号），例如，S0/0/1（表示 0 号插槽的 0 号模块的 1 号串口）。

若路由器只有一个插槽，则其同步串口的表示形式为：Serial 模块号/模块中的编号（可简写为：S 模块号/模块中的编号），例如，S1/1（表示 1 号模块的 1 号串口）。本书以只有模块号和模块中编号的路由器为主进行介绍。

（2）修改串口 DCE 端的时钟频率

命令格式：

`Router(config-if)#clock rate 时钟频率`

例如,若想为路由器的某个 DCE 端口设置值为 64000 的时钟频率,配置命令为：

`Router(config-if)#clock rate 64000`

说明

（1）在一个真实的网络中,时钟频率一般是由运营商提供的。时钟频率的取值和带宽（bandwidth）有关,单位是 b/s 或 bps。如 64kbps 带宽对应 64000,512kbps 对应 512000,128kbps 对应 128000。做实验时,时钟频率可以自己决定,也可以采用默认值 2000000。

（2）在模拟器中,把鼠标光标放在配置成 DCE 的端口上方,会出现一个小时钟的标志 🕓 。

3. 路由器的基本配置

路由器的物理网络端口通常要有一个 IP 地址,才可以实现路由器的不同网段的路由和转发功能。配置路由器 IP 地址时必须做到：相邻路由器的相连端口 IP 地址必须在同一网段上；同一路由器的不同端口的 IP 地址必须在不同的网段上。

配置直连路由

1）接口 IP 配置

像交换机虚接口 IP 地址配置方法一样,路由器接口 IP 配置也包括进入接口、配置 IP 地址和启用接口三步。

`Router(config)#interface interface-type mod_num/port_num`
`Router(config-if)#ip address address subnet-mask`
`Router(config-if)no shutdown`

比如,想为 F0/1 口配置 IP 地址 192.168.1.1/24,配置命令如下：

`Router(config)#int F0/1`
`Router(config)#ip address 192.168.1.1 255.255.255.0`
`Router(config)#no shut`

2）查看路由表

路由器配置好接口 IP 地址并且接口状态为"启动"时（物理连接好）,路由进程自动生成直连路由,通过查看路由表命令可以看到生成的直连路由。命令格式如下：

`Router#show ip route`

3）配置实例

【例 1】 按图 4-2 所示配置路由器及 PC,实现不同网段的 2 台 PC 的互通,并查看路由信息。

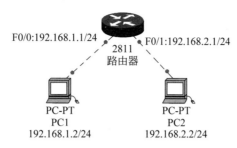

图 4-2　路由器配置实例拓扑(1)

(1) 配置路由器接口 IP

```
Router(config)#int F0/0
Router(config-if)#ip address 192.168.1.1 255.255.255.0
Router(config-if)#no shut
Router(config-if)#int F0/1
Router(config-if)#ip address 192.168.2.1 255.255.255.0
Router(config-if)#no shut
```

(2) 设置 PC 的 IP 相关信息

按表 4-1 所示设置各 PC 的 IP 相关信息。

表 4-1　各 PC 的 IP 信息

设置项目	PC1	PC2
IP 地址	192.168.1.2	192.168.2.2
子网掩码	255.255.255.0	255.255.255.0
默认网关	192.168.1.1	192.168.2.1

(3) 查看路由表

```
Router#show ip route
```

结果如图 4-3 所示。

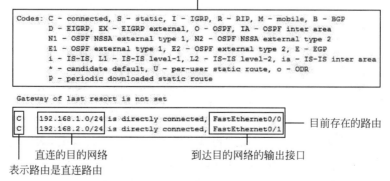

图 4-3　路由器配置实例路由表(1)

(4)测试连通性

PC1与PC2相互能 ping 通,原因是路由器为两个不同的网段提供了路由。

【例2】 按图 4-4 所示网络拓扑配置路由器和 PC,其中 RT1 的 S1/0 口为 DCE 端。配置完成后测试 PC 的连通性,并查看路由表。

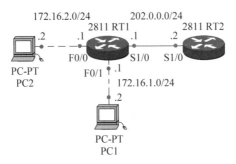

图 4-4 路由器配置实例网络拓扑(2)

(1)为路由器添加模块

路由器接口数比交换机少许多,有时可能不够用,部分型号的路由器允许添加一些接口模块。2811 型路由器只有 2 个 F 口,本题中 2 台路由器中均需要一个串口,这里可以通过添加 NM-4A/S 口实现。路由器接口的添加操作需在路由器 Physical 选项卡中进行,如图 4-5 所示。添加接口的步骤如下。

路由器添加模块

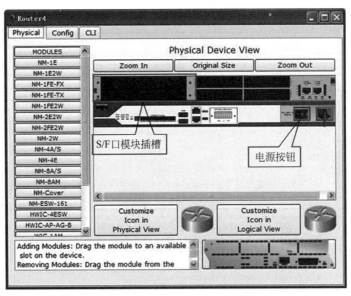

图 4-5 Physical 选项卡

首先关闭电源(单击图 4-5 中的"电源"按钮,绿色标识消失,表示电源关闭),在MODULES 列表中选择 NM-4A/S,按住鼠标左键拖动到右侧 Physical Device View 区域Zoom in 下的黑色空闲区域,松开鼠标左键,即添加了 4 个 S 接口,如图 4-6 所示。最后打开电源(绿色标识出现,表明电源打开)。

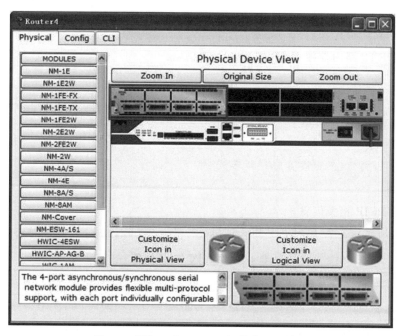

图 4-6 添加一个 NM-4A/S 模块后的效果

提示

① 用模块字符含义如下。

S 表示 Serial,即串口。如 NM-4A/S 表示 4 端口同异步串口网络模块,每一个端口可以独立被配置为同步模式或者异步模式,并提供在单个级别的混合媒介的拨号支持。

FE 表示 Fast Ethernet,即快速以太网口。如 NM-1FE-TX 表示该模块提供一个支持铜介质的快速以太网接口。

② 型号为 2811 的路由器,添加接口时只能添加一个 NM-4AS 模块或一个NM-1FE-TX 模块。

③ 路由器接口的删除。

若添加的接口不能满足要求,也可以在路由器 Physical 选项卡中删除。操作步骤如下:

先关闭电源,在 Physical Device View 区域选择需删除的模块,按住鼠标左键拖动到 MODULES 区域,松开鼠标左键即可,最后打开电源。

(2) 配置 RT1 路由器接口 IP

```
RT1(config)#int F0/0
RT1(config-if)#ip address 172.16.2.1 255.255.255.0
RT1(config-if)#no shut
RT1(config)#int F0/1
RT1(config-if)#ip address 172.16.1.1 255.255.255.0
RT1(config-if)#no shut
RT1(config)#int S1/0
```

```
RT1(config-if)#ip address 202.0.0.1 255.255.255.0
RT1(config-if)#no shut
```

（3）配置 RT2 路由器接口 IP

```
RT2(config)#int S1/0
RT2(config-if)#ip address 202.0.0.2 255.255.255.0
RT2(config-if)#no shut
```

说明　　DTE 端不用设置时钟频率。

（4）设置 PCIP 相关信息

按表 4-2 所示设置各 PC 的 IP 相关信息。

表 4-2　设置 PC 的 IP 信息

设置项目	PC1	PC2
IP 地址	172.16.1.2	172.16.2.2
子网掩码	255.255.255.0	255.255.255.0
默认网关	172.16.1.1	172.16.2.1

（5）查看 RT1 路由表

```
RT1#show ip route
```

结果如图 4-7 所示。

```
Gateway of last resort is not set

    172.16.0.0/24 is subnetted, 2 subnets
C       172.16.1.0 is directly connected, FastEthernet0/1
C       172.16.2.0 is directly connected, FastEthernet0/0
    202.0.0.0/30 is subnetted, 1 subnets
C       202.0.0.0 is directly connected, Serial1/0
```

图 4-7　路由器配置实例路由表（2）

信息解读："172.16.0.0/24 is subnetted，2 subnets"表明 172.16.0.0/24 网段有 2 个子网，即 172.16.1.0/24 和 172.16.2.0/24，它们已经聚合为 172.16.0.0/24 网络。

（6）测试连通性

PC1 与 PC2 相互能 ping 通，原因是路由器为两个不同的网段提供了路由。

（7）查看 RT1 当前配置

```
RT1#show run
```

结果如图 4-8 所示。

信息解读：此时可以看到各端口 IP 配置情况

```
interface FastEthernet0/0
 ip address 172.16.2.1 255.255.255.0
 duplex auto
 speed auto
!
interface FastEthernet0/1
 ip address 172.16.1.1 255.255.255.0
 duplex auto
 speed auto
!
interface Serial1/0
 ip address 202.0.0.1 255.255.255.252
 clock rate 64000
```

图 4-8　查看 RT1 当前配置

及 DCE 端的时钟频率。

4.3.4　单臂路由

在正常情况下,一个路由器物理接口只能通过一个 VLAN 的数据。如果需要通过多个 VLAN 的数据,则必须要多个物理接口。但现实中路由器的接口并不多,因此只能在一个物理接口下划分多个逻辑子接口,使每个逻辑子接口通过一个 VLAN 的数据,从而实现不同 VLAN 间路由通信的目的。这样从物理状态上来说,就形成了一个物理接口通过多个 VLAN 信息的做法,这种拓扑连接形式被形象地称为单臂路由,如图 4-9 所示。单臂路由是解决 VLAN 间通信的一种廉价而实用的解决方案。

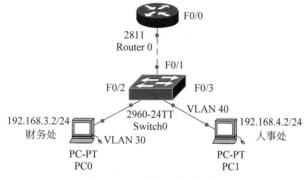

图 4-9　单臂路由网络拓扑

1. 单臂路由工作原理

图 4-9 中 PC0 和 PC1 分别属于 VLAN 30 和 VLAN 40。Switch0 是一个 Cisco 的二层交换机,不具备实现 VLAN 间通信的功能。欲实现 VLAN 30 和 VLAN 40 的通信,现增加路由器 Router0 来转发 VLAN 之间的数据包,交换机与路由器之间通过单链路相连,这样就形成了单臂路由。

要实施 VLAN 间的路由,必须在路由器的物理接口上启用子接口(即将以太网物理接口划分为多个逻辑的,可编址的接口),同时启动 802.1q 协议,将子接口加入相应的 VLAN,并为每个子接口分配 IP 地址作为相应 VLAN 的网关,这样路由器就能够知道如何到达这些互连 VLAN 了。

2. 单臂路由配置关键步骤

(1) 开启快速以太网接口

```
Router(config)#interface interface-type mod_num/port_num
Router(config)#no shutdown
```

(2) 进入子接口

```
Router(config)#interface interface-type mod_num/port_num.sub port_num
```

(3) 子接口封装 802.1q 协议并加入 VLAN

```
Router(config-subif)#encapsulation dot1q vlan-id
```

(4) 配置子接口 IP

```
Router(config-sbuif)#ip address address subnet-mask
```

3. 单臂路由配置实例

【例3】 用单臂路由实现图 4-9 中财务处和人事处的相互访问。

(1) 配置交换机

① 创建 VLAN

```
Switch>en                                    //进入特权模式
Switch#conf t                                //进入全局配置模式
Switch(config)#vlan30                        //创建一个 VLAN 30
Switch(config-vlan)#name cwc                  //将 VLAN 30 命名为 cwc
Switch(config-vlan)#exit                      //退出 VLAN 配置模式
Switch(config)#vlan40                        //创建一个 VLAN 40
Switch(config-vlan)#name rsc                  //将 VLAN 40 命名为 rsc
Switch(config-vlan)#exit                      //退出 VLAN 配置模式
```

② 将端口加入 VLAN

```
Switch(config)#int F0/2                       //进入交换机的 F0/2 端口
Switch(config-if)#switchport access vlan30    //将端口划到 VLAN 30 中
Switch(config-if)#exit                        //退出到全局配置模式
Switch(config)#int F0/3                       //进入交换机的 F0/3 端口
Switch(config-if)#switchport access vlan40    //将端口划到 VLAN 40 中
Switch(config-if)#exit                        //退出到全局配置模式
```

③ 将与路由器接口设置为 trunk 模式

```
Switch(config)#int F0/1                       //进入交换机的 F0/1 端口
Switch(config-if)#switchport mode trunk       //将接口设置为 trunk 模式
```

(2) 配置路由器

① 开启接口

```
Router(config)#int F0/0                       //进入路由器的 F0/0 端口
Router(config-if)#no shut                     //启动端口
```

② 配置子接口

```
Router(config-if)#int F0/0.1                  //进入 F0/0 的子接口 F0/0.1
Router(config-subif)#encapsulation dot1q30
//在子接口 F0/0.1 上封装 802.1q 协议,并将该子接口加入 VLAN 30
Router(config-subif)#ip add 192.168.3.1 255.255.255.0
//给子接口 F0/0.1 配置 IP 地址,这个 IP 地址就是 PC0 的默认网关地址
Router(config-subif)#exit                     //退出子接口配置模式
Router(config)#int F0/0.2                     //进入 F0/0 的子接口 F0/0.2
Router(config-subif)#encapsulation dot1q40
//在子接口 F0/0.2 上封装 802.1q 协议,并将该子接口加入 VLAN 40
```

```
Router(config-subif)#ip add 192.168.4.1 255.255.255.0
//给子接口 F0/0.2 配置 IP 地址,这个 IP 地址就是 PC1 的默认网关地址
```

③ 配置主机

PC0 的配置如下：

```
IP Address:192.168.3.2
Subnet Mask:255.255.255.0
Default Gateway:192.168.3.1
```

PC1 的配置如下：

```
IP Address:192.168.4.2
Subnet Mask:255.255.255.0
Default Gateway:192.168.4.1
```

④ 查看路由表

```
Router#show ip route
```

结果为：

```
Gateway of last resort is not set
C    192.168.3.0/24 is directly connected, FastEthernet0/0.1
C    192.168.4.0/24 is directly connected, FastEthernet0/0.2
```

信息解读：路由器上连有两条直连网络，通过 FastEthernet0/0.1 连接的是 192.168.3.0/24,通过 FastEthernet0/0.2 连接的是 192.168.4.0/24。

⑤ 测试连通性

结论：此时 PC0 与 PC1 相互能 ping 通,因为它们相当于是直连路由。

4.4 项目设计与准备

1. 项目设计

(1) 根据教学项目要求搭建网络拓扑,如图 4-10 所示。要求为路由器添加串口或以太网口,正确连接网络设备。

(2) 完成网络设备的基本配置。

(3) 开启 RT1 和 RT3 的 Telnet 功能。

2. 项目准备

(1) 方案一：真实设备操作(以组为单位,小组成员协作,共同完成实训)。

- Cisco 交换机、配置线、台式机或笔记本电脑。
- 项目 3 的配置结果。

(2) 方案二：在模拟软件中操作(以组为单位,成员相互帮助,各自独立完成实训)。

- 每人 1 台装有 Cisco Packet Tracer 6.2 的计算机。
- 项目 3 的配置结果。

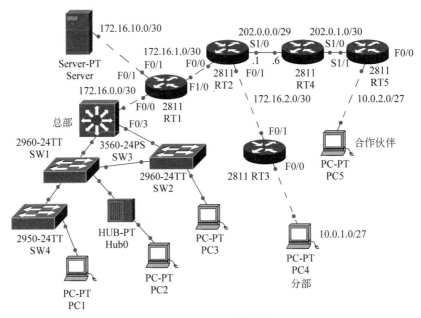

图 4-10　项目网络拓扑

4.5　项目实施

任务 4-1　搭建网络拓扑

路由器接口数比交换机少很多,有时可能不够用,部分型号的路由器允许添加一些接口模块。2811 型路由器只有两个 F 口,按照要求需要为 2811 路由器添加 F 口或串口。

1. 为路由器 RT1 添加 F 口

(1) 在模拟软件中单击路由器 RT1 的图标,选择 Physical 选项卡。

(2) 关闭电源(单击图 4-11 中的"电源"按钮,绿色标识消失,表示电源关闭),在 MODULES 列表中选择 NM-1FE-TX,按住鼠标左键拖动到右侧 Physical Device View 区域 Zoom in 下的黑色空闲区域,松开鼠标左键,即添加了 1 个 F 接口。打开电源(绿色标识出现,表明电源已打开),如图 4-12 所示。

2. 为 RT2 添加串口

(1) 在模拟软件中单击路由器 RT2 的图标,选择 Physical 选项卡。

(2) 关闭电源。在 MODULES 列表中选择 NM-4A/S,按住鼠标左键拖动到右侧 Physical Device View 区域 Zoom in 下的黑色空闲区域,松开鼠标左键,即添加了 4 个串接口。打开电源。

同理为 RT4、RT5 添加串口。

3. 用交叉线(或直通线)连接各网络设备

(略)

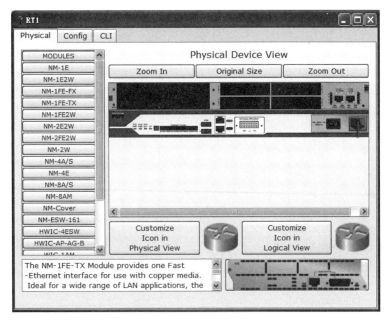

图 4-11　关闭电源

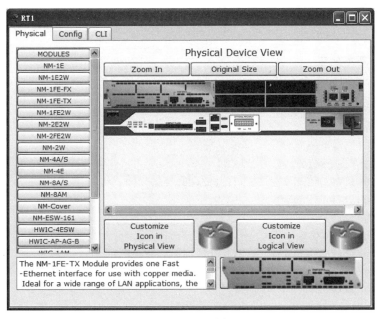

图 4-12　添加 F 口并打开电源

任务 4-2　设备的基本配置

1. SW3 的基本配置

单击 SW3,添加如下命令代码。

```
SW3(config)#int F0/3
```

```
SW3(config-if)#no switchport
SW3(config-if)#ip add 172.16.0.1 255.255.255.252
SW3(config-if)#no shut
SW3(config-if)#exit
```

2. RT1 的基本配置

单击 RT1,添加如下命令代码。

```
Router>ena
Router#conf t
Router(config)#host RT1
RT1config)#int F0/0
RT1(config-if)#ip add 172.16.0.2 255.255.255.252
RT1(config-if)#no shut
RT1(config-if)#exit
RT1(config)#int F0/1
RT1(config-if)#ip add 172.16.10.1 255.255.255.252
RT1(config-if)#no shut
RT1(config-if)#exit
RT1(config)#int F1/0
RT1(config-if)#ip add 172.16.1.1 255.255.255.252
RT1(config-if)#no shut
RT1(config-if)#exit
```

3. RT2 的基本配置

单击 RT2,添加如下命令代码。

```
Router>ena
Router#conf t
Router(config)#host RT2
RT2(config)#int F0/0
RT2(config-if)#ip add 172.16.1.2 255.255.255.252
RT2(config-if)#no shut
RT2(config-if)#exit
RT2(config)#int F0/1
RT2(config-if)#ip add 172.16.2.1 255.255.255.252
RT2(config-if)#no shut
RT2(config-if)#exit
RT2(config)#int S1/0
RT2(config-if)#ip add 202.0.0.1 255.255.255.248
RT2(config-if)#no shut
RT2(config-if)#exit
```

4. RT3 的基本配置

单击 RT3,添加如下命令代码。

```
Router>ena
Router#conf t
```

```
Router(config)#host RT3
RT3(config)#int F0/1
RT3(config-if)#ip add 172.16.2.2 255.255.255.252
RT3(config-if)#no shut
RT3(config-if)#exit
RT3(config)#int F0/0
RT3(config-if)#ip add 10.0.1.30 255.255.255.224
RT3(config-if)#no shut
```

5. RT4 的基本配置

单击 RT4,添加如下命令代码。

```
Router>ena
Router#conf t
Router(config)#hostRT4
RT4(config)#int S1/0
RT4(config-if)#ip add 202.0.0.6 255.255.255.248
RT4(config-if)#no shut
RT4(config-if)#exit
RT4(config)#int S1/1
RT4(config-if)#ip add 202.0.1.1 255.255.255.252
RT4(config-if)#clock rate 64000
RT4(config-if)#no shut
```

6. RT5 的基本配置

单击 RT5,添加如下命令代码。

```
Router>ena
Router#conf t
Router(config)#host RT5
RT5(config)#int S1/1
RT5(config-if)#ip add 202.0.1.2 255.255.255.252
RT5(config-if)#no shut
RT5(config-if)#exit
RT5(config)#int F0/0
RT5(config-if)#ip add 10.0.2.30 255.255.255.224
RT5(config-if)#no shut
```

7. 按规划设置 PC 与服务器的参数

（1）PC4

① 单击 PC4 图标,单击 Desktop 选项卡,打开 IP Configuration 对话框。

② IP Configuration 方式选择 Static;IP Address 设置为 10.0.1.29;Subnet Mask 设置为 255.255.255.224;Default Gateway 设置为 10.0.1.30,如图 4-13 所示。

（2）PC5

同理进行如下设置。

① PC5 的 IP 为 10.0.2.30,掩码 255.255.255.224,网关为 10.0.2.30。

② Server 的 IP 为 172.16.10.2,掩码 255.255.255.252,网关为 172.16.10.1。

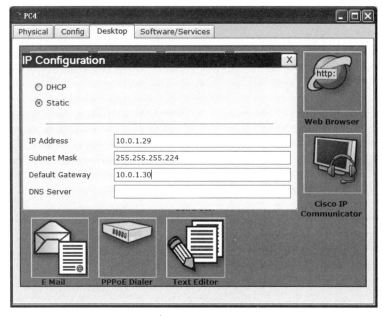

图 4-13　参数设置

任务 4-3　Telnet 的配置

1. 开启 RT3 的 Telnet 功能

(1) 单击 RT3 图标,添加如下命令代码。

```
RT3(config)#line vty 0 4
RT3(config-line)#login
RT3(config-line)#password 000000
RT3(config-line)#exit
RT3(config)#enable password 000000
```

(2) 测试远程登录

PC4 命令提示窗口中依次输入下列命令。

```
telnet 10.0.1.30
Password:          //输入 000000
RT3>ena
Password:          //输入 000000
RT3#
```

2. 开启 RT1 的 Telnet 功能

单击 RT1,添加如下命令代码。

```
RT1(config)#line vty 0 4
RT1(config-line)#login
RT1(config-line)#password000000
RT1(config-line)#exit
RT1(config)#enable password 000000
```

4.6 项目验收

4.6.1 设备基本配置验收

1. 查看 RT3 的当前配置文件

操作如下：

```
RT3#sh run
```

显示信息如图 4-14 所示。

图 4-14 当前配置文件信息(1)

按 Space 键，显示下一屏信息，如图 4-15 所示。

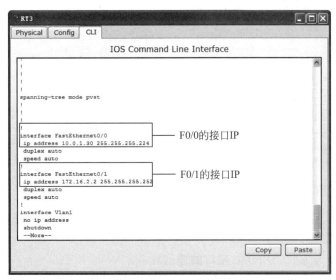

图 4-15 当前配置文件信息(2)

按下 Space 键,继续显示下一屏信息,如图 4-16 所示。

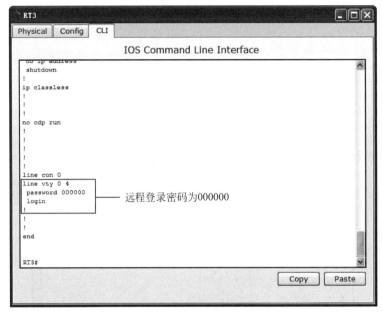

图 4-16　当前配置文件信息(3)

同理查看 SW3、RT1、RT2、RT4、RT5 的当前配置文件。

2. 查看 RT3 的路由表

操作如下:

RT3#sh ip route

显示结果如图 4-17 所示。

```
RT3#sh ip route
Codes: C - connected, S - static, I - IGRP, R - RIP, M - mobile, B - BGP
       D - EIGRP, EX - EIGRP external, O - OSPF, IA - OSPF inter area
       N1 - OSPF NSSA external type 1, N2 - OSPF NSSA external type 2
       E1 - OSPF external type 1, E2 - OSPF external type 2, E - EGP
       i - IS-IS, L1 - IS-IS level-1, L2 - IS-IS level-2, ia - IS-IS inter area
       * - candidate default, U - per-user static route, o - ODR
       P - periodic downloaded static route

Gateway of last resort is not set

     10.0.0.0/27 is subnetted, 1 subnets
C       10.0.1.0 is directly connected, FastEthernet0/0
     172.16.0.0/30 is subnetted, 1 subnets
C       172.16.2.0 is directly connected, FastEthernet0/1
```

图 4-17　路由表

结论:RT3 只有两条直连路由。

同理查看 SW3、RT1、RT2、RT4、RT5 的路由表。

3. 测试连通性

(1) 测试 PC4 与 RT3 的 F0/0 接口的连通性

操作如下:

```
ping 10.0.1.30
```

结果：可以 ping 通。

原因：10.0.1.0/27 是路由器 RT3 的直连网段，且 PC4 的网关已经设置，为 RT3 的 F0/0 接口的 IP 为 10.0.1.30，掩码为 255.255.255.240。

（2）测试 PC4 与 RT3 的 F0/1 接口的连通性

操作如下：

```
ping 172.16.2.2
```

结果：可以 ping 通。

原因：172.16.2.0/30 网段是路由器 RT3 的直连网段，且 F0/1 为 RT3 的接口。

（3）测试 PC4 与 RT2 的 F0/1 接口的连通性

操作如下：

```
ping 172.16.2.1
```

结果：ping 不通。

原因：172.16.2.0/30 网段虽是路由器 RT3 的直连网段，但是没有从 RT2 到 10.0.1.30/27 的返回路由。

4.6.2 测试远程登录管理功能

（1）通过 Server 远程登录 RT1，发现可以通过正确的密码远程登录，并可以通过特权用户口令进入特权视图模式，其测试情况如图 4-18 所示。

图 4-18 远程登录 RT1

（2）通过 PC4 远程登录 RT3，发现可以通过正确的密码远程登录，并可以通过特权用户口令进入特权视图模式，其测试情况如图 4-19 所示。

```
Packet Tracer PC Command Line 1.0
PC>telnet 10.0.1.30
Trying 10.0.1.30 ...Open

User Access Verification
Password:              输入远程登录密码000000
RT3>ena               输入进入特权模式密码000000
Password:
RT3#conf t
Enter configuration commands, one per line.  End with CNTL/Z.
RT3(config)#
```

图 4-19 远程登录 RT3

4.7　项目小结

内外网连接需要注意的事项如下。

（1）2811 路由器只有 2 个 F 口，没有串口，必要时需添加相应模块。

（2）定期查看设备的当前配置文件，确保当前配置参数的正确性。

（3）路由器的 DCE 口需要配置时钟频率。

（4）确保设备接口处于打开状态。

（5）在模拟软件中，单击设备图标就可进行相关配置，可不用配置线，但真实设备的初始配置必须用配置线连接 PC 与路由器，通过 PC 完成路由器的配置。

4.8　知识扩展

下面介绍路由器的硬件连接。

路由器的接口类型非常多，它们各自用于不同的网络连接。如果不能明白各自端口的作用，就很可能进行错误的连接，导致网络连接不正确，网络不通。下面我们通过对路由器的几种网络连接形式来进一步理解各种端口的连接应用环境。路由器的硬件连接因端口类型，主要分为与局域网接入设备的连接、与 Internet 接入设备的连接以及与配置端口的连接三类。

1. 路由器与局域网接入设备的连接

局域网设备主要是指集线器与交换机，交换机通常使用的端口只有 RJ-45 和 SC，而集线器使用的端口则通常为 AUI、BNC 和 RJ-45。

2. 路由器与 Internet 接入设备的连接

路由器的主要应用是互联网的连接，路由器与互联网接入设备的连接情况主要有以下几种。

（1）通过异步串行口连接

异步串口主要是用来与 Modem 连接，用于实现远程计算机通过公用电话网拨入局域网络。除此之外，也可用于连接其他终端。当路由器通过电缆与 Modem 连接时，必须使用 AYSNC to DB-25 或 AYSNC to DB-9 适配器来连接。

（2）同步串行口

在路由器中所能支持的同步串行端口类型比较多，如 Cisco 系统就可以支持 5 种不同类型的同步串行端口，分别是 EIA/TIA-232 接口、EIA/TIA-449 接口、V.35 接口、X.21 串行电缆和 EIA-530 接口。需要注意的是，因为一般适配器连线的两端采用不同的外形（一般带插针之类的适配器头一端称为"公头"，而带孔的适配器一端通常称为"母头"，注意 EIA-530 接口两端都是一样的接口类型），这主要是考虑到连接的紧密。"公头"为 DTE（Data Terminal Equipment，数据终端设备）连接适配器，"母头"为 DCE（Data Communications Equipment，数据通信设备）连接适配器。

（3）ISDN BRI 端口

Cisco 路由器的 ISDN BRI 模块一般可分为两类，一类是 ISDN BRI S/T 模块，另一类是 ISDN BRIU 模块。第一类模块必须与 ISDN 的 NT1 终端设备一起才能实现与 Internet 的连接，因为 S/T 端口只能接数字电话设备，不适用当前现状，但通过 NT1 后就可连接现有的模拟电话设备了。ISDN BRIV 模块由于内置有 NT1 模块，称为"NT1+"终端设备，它的 U 端口可以直接连接模拟电话外线，因此，无须再外接 ISDN NT1，可以直接连接至电话线墙板插座。

3. 配置端口连接方式

与前面讲的一样，路由器的配置端口依据配置的方式的不同，所采用的端口也不一样，主要的仍是两种：一种是本地配置所采用的 Console 端口，另一种是远程配置时采用的 AUX 端口，下面分别讲一下各自的连接方式。

（1）Console 端口的连接方式

当使用计算机配置路由器时，必须使用翻转线将路由器的 Console 口与计算机的串口/并口连接在一起，这种连接线一般来说需要特制，根据计算机端所使用的是串口还是并口，选择制作 RJ-45 到 DB-9 或 RJ-45 到 DB-25 转换用适配器。

（2）AUX 端口的连接方式

当需要通过远程访问的方式实现对路由器的配置时，就需要采用 AUX 端口进行了。

4.9　练习题

一、填空题

1. 路由器的两大功能是_____和_____。
2. 根据数据包目的地不同，路由可分为_____和_____。
3. 根据目的地与转发设备是否直接相连，路由可分为_____和_____。
4. 路由的来源主要有_____、_____、_____。
5. _____命令可以查看路由表。

二、单项选择题

1. 第一次对路由器进行配置时，采用的配置方式为（　　）。
   A. 通过 Console 口配置　　　　　　B. 通过拨号远程配置
   C. 通过 Telnet 方式配置　　　　　　D. 通过 FTP 方式传送配置文件
2. 2 台路由器通过 V.35 线缆连接时，时钟速率必须被配置在（　　）。
   A. DTE 端　　　B. DCE 端　　　C. 以太网接口　　　D. AUX 接口

三、多项选择题

1. 下面正确描述路由协议的是（　　）。
   A. 允许数据包在主机间传送的一种协议
   B. 定义数据包中域的格式和用法的一种方式
   C. 通过执行一个算法来完成路由选择的一种协议
   D. 指定 MAC 地址和 IP 地址捆绑的方式和时间的一种协议

2. 参见图 4-20,从路由器的运行配置输出可得出的结论是(　　　)。

```
Router# show running-config
Building configuration...

Current configuration : 332 bytes
!
version 12.3
no service password-encryption
!
hostname Sales
!
!
interface FastEthernet0/0
 no ip address
 duplex auto
 speed auto
 shutdown
!
<省略部分输出>
!
line con 0
  password g8t3k33pr
line vty 0 4
 login
!
!
end
```

图 4-20　路由器的配置输出

 A. 口令经过加密

 B. 当前配置已保存到 NVRAM 中

 C. 显示的配置将会是路由器下次重新启动时用到的配置

 D. 显示的命令决定了路由器的当前运行情况

四、简答题

1. 路由器有几种命令模式?各模式的提示符是怎样的?如何在各种模式之间进行切换?

2. 如何将路由器的名字改为 sdlg?

3. 如何保存配置信息?

4. 假设路由器的接口 IP 地址是 192.168.1.1,如何让 192.168.2.0 网络的 PC 远程对它进行 Telnet 管理?请举例说明。

5. 如何知道接口的工作情况?

4.10　项目实训

实训要求:为路由器 RT1 和 RT2 各添加一个 NM-4A/S 模块,按图 4-21 所示的实训网络拓扑搭建网络,并完成下面的具体要求。

(1) 按网络拓扑中所标识的信息重命名各设备。

(2) 在交换机上创建 VLAN 20、VLAN 30 和 VLAN 40,分别将 PC2、PC3 和 PC4 对应的连接口 F0/2、F0/3 和 F0/4 依次添加到对应的 VLAN 中。

(3) 按网络拓扑中所标识的信息配置路由器 RT1 的 F0/0 口和 S1/0 口的 IP,将 F0/1 口划分子接口,依次配置 F0/1.2 的 IP 为 192.168.2.1/24、F0/1.3 的 IP 为 192.168.3.1/24、F0/1.4 的 IP 为 192.168.4.1/24。

（4）按网络拓扑中标识的信息设置各 PC 的 IP 地址，网关对应使用 RT1 三个子接口的 IP 地址。

（5）查看路由器 RT1 的路由表，并测试 PC1 与其他 3 台 PC 的连通性。

实训操作录屏（4）

（6）通过 PC1 配置路由器 RT1 的远程登录密码为 star，enable 的明文口令为 star，并通过 Telnet 方式登录到路由器。

（7）保存配置信息。

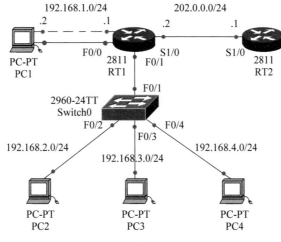

图 4-21 实训网络拓扑

项目 5
添加静态路由

5.1 项目导入

　　网络设备连接好后,各网段通过路由器实现了网络的物理连接,但通过不同路由器相连的网段间因为不知道数据的传输路径,不能将数据包从源节点传递到目的节点,无法实现数据的传递,它们之间是不能完成信息交互的。

　　如何实现跨越多台路由器的网段间的数据传输呢？其实很简单,只需在源端与目的端之间经过的每台路由器上,将非直连网段的路由信息添加至路由表中即可。

5.2 职业能力目标和要求

- 掌握添加和删除静态路由的方法。
- 掌握添加和删除默认路由的方法。
- 掌握默认路由与静态路由的区别和联系。

5.3 相关知识

5.3.1 静态路由概念

路由匹配

　　静态路由就是手工配置的固定的路由,除非网络管理员干预,否则静态路由不会发生变化。由于静态路由不能对网络的改变做出反应,一般用于网络规模不大、拓扑结构固定的网络中;静态路由的优点是简单、高效、可靠。静态路由开销小,在所有的路由中,静态路由优先级最高。

下一跳地址与
出口的区别

　　默认路由也称为缺省路由,指的是在没有找到匹配的路由表项时才使用的路由。如果没有默认路由,那么目的地址在路由表中没有匹配表项的包将被丢弃。默认路由是一种特殊的静态路由,常用在末梢网络上(比如一个局域网连接外网的出口路由器,或者一个局域网到另一个局域网之间的连接路由器),默认路由会大大简化路由器的配置,减轻管理员的工作负担,提高网络性能。

5.3.2 静态路由配置

静态路由配置

1. 添加静态路由

要配置静态路由,需在全局配置模式中执行以下命令:

```
Router(config)#ip route destination-network subnet-mask
              next-hop-address|outgoing interface
```

其中,destination-network 表示要加入路由表的非直连网络的目的网络地址;next-hop-adress/outgoing interface 表示下一跳路由器的接口 IP 地址或者本路由器的出接口名,常见前一种情况。

2. 删除静态路由

如果静态路由配置有误,可以删除。删除静态路由命令格式如下:

```
Router(config)#no ip route destination-network subnet-mask
```

3. 静态路由配置实例

【例1】 按图 5-1 所示搭建网络(R1 的 S2/0 口是 DCE 端),并通过在相应设备上添加静态路由实现 PC0 与 PC1 之间的相互通信。

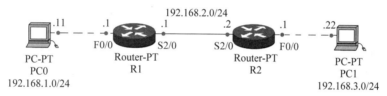

图 5-1 例 1 的静态路由网络拓扑

 说明   为避免添加模块,本题中用到了比 2811 性能高的路由器 Router-PT,添加路由器时选择倒数第二种路由器即可。

(1) R1 基本配置

```
R1(config)#int F0/0
R1(config-if)#ip add 192.168.1.1 255.255.255.0
R1(config-if)#no shut
R1(config-if)#int S2/0
R1(config-if)#ip add 192.168.2.1 255.255.255.0
R1(config-if)#no shut
```

(2) R2 基本配置

```
R2(config)#int F0/0
R2(config-if)#ip add 192.168.3.1 255.255.255.0
R2(config-if)#no shut
R2(config-if)#int S2/0
R2(config-if)#ip add 192.168.2.2 255.255.255.0
```

```
R2(config-if)#no shut
```

（3）PC 配置

按表 5-1 所示设置各 PC 的 IP 相关信息。

表 5-1 设置各 PC 的 IP 相关信息

设置项目	PC0	PC1
IP 地址	192.168.1.11	192.168.3.22
子网掩码	255.255.255.0	255.255.255.0
默认网关	192.168.1.1	192.168.3.1

（4）查看路由表（以 R1 为例）

```
R1#show ip route
```

显示结果如下：

```
C    192.168.1.0/24 is directly connected, FastEthernet0/0
C    192.168.2.0/24 is directly connected, Serial2/0
```

信息解读：此时路由表中只有直连路由，没有去往 192.168.3.0 网段的路由。

（5）测试连通性

结论：此时，PC0 与 PC1 相互不能 ping 通，原因是它们之间缺少可达对方的路由。

（6）添加静态路由

```
R1(config)#ip route 192.168.3.0 255.255.255.0 192.168.2.2
```
//在路由器 R1 上配置通向网段 192.168.3.0/24 的静态路由，下一跳地址是 192.168.2.2（也可以写成 R1 的出接口 S2/0）
```
R2(config)#ip route 192.168.1.0 255.255.255.0 192.168.2.1
```
//在路由器 R2 上配置通向网段 192.168.1.0/24 的静态路由，下一跳地址是 192.168.2.1

（7）查看路由表（以 R1 为例）

```
R1#show ip route
```

显示结果如下：

```
C    192.168.1.0/24 is directly connected, FastEthernet0/0
C    192.168.2.0/24 is directly connected, Serial2/0
S    192.168.3.0/24 [1/0] via 192.168.2.2
```

信息解读：除了直连路由外，此时路由表中已存在添加的静态路由（S 表示经添加静态路由获得的路由，via 表示经过）。

（8）测试连通性

结论：此时，PC0 与 PC1 相互能 ping 通，原因是它们添加了可达对方的静态路由。

（9）路由匹配过程

PC0 构造一个目标地址是 192.168.3.2/24 的 echo 数据包传送给 R1,R1 取出数据包中的目标地址(192.168.3.2)与路由表中的第一条路由记录(此时为目标地址为 192.168.1.0 的直连路由)的掩码(255.255.255.0),进行按位相与运算。得到结果(192.168.1.0)后,再把运算的结果与该路由记录的目标网段值(192.168.3.0)相比较,比较的结果是二者不同,匹配不成功。接下来 R1 再对第二条直连路由重复上面的操作,结果仍然是匹配不成功。最后 R1 再对添加的静态路由重复上面的操作,此次匹配成功,于是 R1 沿静态路由将数据包发送给 R2。R2 取出数据包中的目标地址(192.168.3.2)与路由表中的路由记录,按路由优先级进行匹配,最终结束路由选择过程,把数据包传递给主机 192.168.3.2。

5.3.3　默认路由

默认路由指的是路由表中未直接列出目标网络的路由选择项,它用于在不明确的情况下指示数据帧下一跳的方向。路由器如果配置了默认路由,则所有未明确指明目标网络的数据包都按默认路由进行转发。

在路由表中,默认路由以到网络 0.0.0.0/0(即 0.0.0.0　0.0.0.0)的路由形式出现,前一个 0.0.0.0 作为目的网络号,后一个 0.0.0.0 作为子网掩码。每个 IP 地址与子网掩码 0.0.0.0 进行二进制"与"操作后的结果都是 0,与目的网络号 0.0.0.0 相等,也就是说用 0.0.0.0/0 作为目的网络的路由记录符合所有的网络。

添加默认路由

1. 默认路由的配置与删除命令

```
Router(config)#ip route 0.0.0.0 0.0.0.0
              next-hop-address|outgoing interface     //默认路由配置
              Router(config)#no ip route 0.0.0.0 0.0.0.0   //默认路由删除
```

2. 默认路由配置实例

【例 2】　将例 1 中 R1 上去往 191.168.3.0 网段的静态路由改为用默认路由实现。

（1）R1 上删除去往 191.168.3.0 网段的静态路由

```
R1(config)#no ip route 192.168.3.0 255.255.255.0
```

（2）查看路由表

结果如下:

```
c    192.168.1.0/24 is directly connected, FastEthernet0/0
c    192.168.2.0/24 is directly connected, Serial2/0
```

信息解读:此时静态路由已被删除。

（3）测试连通性

此时,PC0 与 PC1 相互不能 ping 通,原因是它们之间缺少由 R1 到达 R2 的路由。

（4）添加默认路由

```
R1(config)#ip route 0.0.0.0 0.0.0.0 192.168.2.2
//在路由器 R1 上配置通向所有网段的默认路由,下一跳地址是 192.168.2.2
```

```
R2(config)#ip route 0.0.0.0 0.0.0.0 192.168.2.1
//在路由器 R2 上配置通向所有网段的默认路由,下一跳地址是 192.168.2.1
```

(5) 查看路由信息(以 R1 为例)

```
C    192.168.1.0/24 is directly connected, FastEthernet0/0
C    192.168.2.0/24 is directly connected, Serial2/0
S*   0.0.0.0/0 [1/0] via 192.168.2.2
```

信息解读:此时路由表中已存在添加的默认路由(s * 说明该路由为默认路由)。

(6) 测试连通性

此时,PC0 与 PC1 相互能 ping 通,原因是它们拥有了可达对方的路由。

3. 默认路由与静态路由的区别和联系

默认路由即默认静态路由,属于静态路由的一种,一个默认路由与若干条静态路由等价。下面通过实例看一下它们的区别与联系。

【例3】 如图 5-2 所示,现要求分别在路由器 RT1、RT2、RT3、RT4 上配置静态路由(包括默认路由),实现 PC1 与 PC2 的互通。

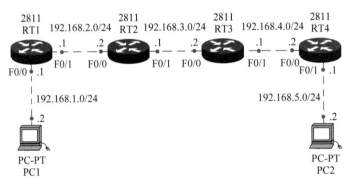

图 5-2 例 3 的静态路由网络拓扑

1) RT1 配置
(1) RT1 的基本配置

```
RT1(config)#int F0/0
RT1(config-if)#ip add 192.168.1.1 255.255.255.0
RT1(config-if)#no shut
RT1(config-if)#exit
RT1(config)#int F0/1
RT1(config-if)#ip add 192.168.2.1 255.255.255.0
RT1(config-if)#no shut
RT1(config-if)#exit
```

(2) 添加静态路由
可通过下面两种等价的方式完成相应的配置。
① 通过默认路由配置

```
RT1(config)#ip route 0.0.0.0 0.0.0.0 192.168.2.2
```

② 通过静态路由配置

```
RT1(config)#ip route 192.168.3.0 255.255.255.0 192.168.2.2
RT1(config)#ip route 192.168.4.0 255.255.255.0 192.168.2.2
RT1(config)#ip route 192.168.5.0 255.255.255.0 192.168.2.2
```

2）RT2 配置

（1）RT2 的基本配置

```
RT2(config)#int F0/0
RT2(config-if)#ip add 192.168.2.2 255.255.255.0
RT2(config-if)#no shut
RT2(config-if)#exit
RT2(config)#int F0/1
RT2(config-if)#ip add 192.168.3.1 255.255.255.0
RT2(config-if)#no shut
RT2(config-if)#exit
```

（2）添加静态路由

RT2 右侧路径略微复杂一些，适合采用默认路由（也可以使用一条静态路由）；左侧路径较简单，适合配置静态路由。

① 配置右侧路由

```
RT2(config)#ip route 0.0.0.0 0.0.0.0 192.168.3.2
```

也可以使用静态路由：

```
RT2(config)#ip route 192.168.4.0 255.255.255.0 192.168.3.2
RT2(config)#ip route 192.168.5.0 255.255.255.0 192.168.3.2
```

② 配置左侧路由

```
RT2(config)#ip route 192.168.1.0 255.255.255.0 192.168.2.1
```

3）RT3 配置

（1）RT3 的基本配置

```
RT3(config)#int F0/0
RT3(config-if)#ip add 192.168.3.2 255.255.255.0
RT3(config-if)#no shut
RT3(config-if)#exit
RT3(config)#int F0/1
RT3(config-if)#ip add 192.168.4.1 255.255.255.0
RT3(config-if)#no shut
RT3(config-if)#exit
```

（2）添加静态路由

RT3 左侧路径略复杂一些，适合采用默认路由；右侧路径较简单，适合配置静态路由。

① 配置左侧路由

```
RT3(config)#ip route 0.0.0.0 0.0.0.0 192.168.3.1
```

也可以使用静态路由：

```
RT3(config)#ip route 192.168.2.0 255.255.255.0 192.168.3.1
RT3(config)#ip route 192.168.1.0 255.255.255.0 192.168.3.1
```

② 配置右侧路由

```
RT3(config)#ip route 192.168.5.0 255.255.255.0 192.168.4.2
```

4）RT4 配置

（1）RT4 的基本配置

```
RT4(config)#int F0/0
RT4(config-if)#ip add 192.168.4.2 255.255.255.0
RT4(config-if)#no shut
RT4(config-if)#exit
RT4(config)#int F0/1
RT4(config-if)#ip add 192.168.5.1 255.255.255.0
RT4(config-if)#no shut
RT4(config-if)#exit
```

（2）添加静态路由

可通过下面两种等价的方式完成相应的配置。

① 通过默认路由配置

```
RT4(config)#ip route 0.0.0.0 0.0.0.0 192.168.4.1
```

② 通过静态路由配置

```
RT4(config)#ip route 192.168.3.0 255.255.255.0 192.168.4.1
RT4(config)#ip route 192.168.2.0 255.255.255.0 192.168.4.1
RT4(config)#ip route 192.168.1.0 255.255.255.0 192.168.4.1
```

5）路由匹配过程

PC1 ping PC2 的过程是这样的：PC1 构造一个目标地址是 192.168.5.0/24 的 echo 数据包传送给 RT1；RT1 查看路由表，路由表中有网段 192.168.5.0/24，RT1 沿下一跳地址把数据包传送给 RT2；RT2 查看路由表，路由表中有网段 192.168.5.0/24，RT2 沿下一跳地址把数据包传送给 RT3；RT3 查看路由表，路由表中有网段 192.168.5.0/24，RT3 沿下一跳地址把数据包传送给 RT4；RT4 查看路由表，路由表中有网段 192.168.5.0/24，RT4 把数据包传送给 PC2。PC2 按照同样的原理把目标地址是 192.168.1.0/24 的 echo 数据包返回给 PC1，PC1 与 PC2 就可以相互访问了。

说明　　只通过添加静态路由的方法解决这个问题时，在各路由器上只配置一条静态路由，即可实现路由连通的目的，但这种配置方法分析起来难度较大，弄不好可能会因缺少路由导致网络不通，并且即使能通，在某些品牌的设备上有时可能会出现丢包现象。为安全起见，最好在各路由器上添加往返途经的所有网段的静态路由。这种配置方法虽然麻烦了一点，但路由添加前的分析工作却容易了许多。

5.4 项目设计与准备

1. 项目设计

根据静态路由与默认路由的特点来看,本项目中需在各路由器上添加以下静态路由。

（1）添加公司外网接入路由器 RT2 的静态路由

① 在公司外网接入路由器 RT2 上添加到公司分部的静态路由。

② 在公司外网接入路由器 RT2 上添加到公网路由器 RT4 上的默认路由。

（2）添加分部路由器 RT3 的静态路由

在分部路由器 RT3 上添加到公司外网接入路由器 RT2 的默认路由。

（3）添加合作伙伴路由器 RT5 的静态路由。

在合作伙伴路由器 RT5 上配置到公网路由器 RT4 的默认路由。

通过添加静态路由完成本任务,可以按下面流程执行:在各路由器上添加静态路由→查看路由表→测试连通性。

2. 项目准备

（1）方案一:真实设备操作(以组为单位,小组成员协作,共同完成实训)。

- Cisco 交换机、配置线、台式机或笔记本电脑。
- 项目 4 的配置结果。

（2）方案二:在模拟软件中操作(以组为单位,成员相互帮助,各自独立完成实训)。

- 每人 1 台装有 Cisco Packet Tracer 6.2 的计算机。
- 项目 4 的配置结果。

5.5 项目实施

任务 5-1 添加 RT2 的静态路由

1. 在公司外网接入路由器 RT2 上添加到公司分部的静态路由

```
RT2(config)#ip route 10.0.1.0 255.255.255.224 172.16.2.2
//添加到目的网段 10.0.1.0/27 的静态路由,下一跳路由器的 IP 地址是 172.16.2.2
```

2. 在公司外网接入路由器 RT2 上添加到公网路由器 RT4 上的默认路由

```
RT2(config)#ip route 0.0.0.0 0.0.0.0 202.0.0.6
//在 RT2 上添加下一跳地址是 202.0.0.6 的默认路由
```

3. 验证测试

（1）执行命令"RT2# sh ip route"

可以看到 RT2 的路由表中有一条 S 开头的静态路由:

```
S    10.0.1.0[1/0] via 172.16.2.2
```

还可以看到 RT2 的路由表中有一条 S* 开头的默认路由:

```
S*    0.0.0.0/0 [1/0] via 202.0.0.6
```

(2) 在 PC4 上测试与 RT2 的 F0/1 端口的连通性

操作如下:

```
ping 172.16.2.1
```

结果:可以 ping 通。

原因:PC4 把数据包传给路由器 RT3。RT3 查看路由表,发现有直连网段 172.16.2.0/30,路由器 RT2 的路由表中有到 PC4 的路由,通过路由器 RT3,可把数据包返回,故可以 ping 通。

(3) 在 PC4 上测试与 RT2 的 F0/0 端口的连通性

操作如下:

```
ping 172.16.1.2
```

结果:ping 不通。

原因:路由器 RT3 上没有配置除直连路由外的其他路由,PC4 把数据包传给路由器 RT3,RT3 路由表中没有到 RT2 的 F0/0 端口的路由,故 ping 不通。

(4) 在 PC4 上测试与 RT2 的 S1/0 端口的连通性

操作如下:

```
ping 202.0.0.1
```

结果:ping 不通。

原因:路由器 RT3 上没有配置除直连路由外的其他路由,PC4 把数据包传给路由器 RT3,RT3 路由表中无到 RT2 的 S1/0 端口的路由,故 ping 不通。

任务 5-2   添加 RT3 的静态路由

1. 在分部路由器 RT3 添加到公司外网接入路由器 RT2 的默认路由

RT3(config)#ip route 0.0.0.0 0.0.0.0 172.16.2.1

//添加下一跳地址是 172.16.2.1 的默认路由

2. 验证测试

(1) 执行命令"RT3# sh ip route"

可以看到 RT3 的路由表中有一条 S* 开头的默认路由:

```
S*    0.0.0.0/0 [1/0] via 172.16.2.1
```

(2) 在 PC4 上测试与 RT2 的 F0/0 端口的连通性

操作如下:

```
ping 172.16.1.2
```

结果:可以 ping 通。

原因:PC4 把数据包传给路由器 RT3。RT3 查看路由表,发现有默认路由,即有到路由器 RT2 的 F0/0 端口的路由,而 RT2 的路由表中有到 PC4 的静态路由,通过路由器 RT3 可把数据包返回,故可以 ping 通。

（3）在 PC4 上测试与 RT1 的 F1/0 端口的连通性

操作如下:

```
ping 172.16.1.1
```

结果:ping 不通。

原因:PC4 把数据包传给路由器 RT3。RT3 查看路由表,发现有默认路由,即有到路由器 RT1 的 F1/0 端口的路由;而 RT1 的路由表中没有到 PC4 的路由,即无返回路由,故 ping 不通。

（4）在 PC4 上测试与 RT2 的 S1/0 端口的连通性

操作如下:

```
ping 202.0.0.1
```

结果:可以 ping 通。

原因:PC4 把数据包传给路由器 RT3。T3 查看路由表,发现有默认路由,即有到路由器 RT2 的 S1/0 端口的路由;而 RT2 的路由表中有到 PC4 的静态路由,通过路由器 RT3 可把数据包返回,故可以 ping 通。

（5）在 PC4 上测试与 RT4 的 S1/0 端口的连通性

操作如下:

```
ping 202.0.0.6
```

结果:ping 不通。

原因:PC4 把数据包传给路由器 RT3。RT3 查看路由表,发现有默认路由,即有到路由器 RT4 的 S1/0 端口的路由;而 RT4 的路由表中无到 PC4 的路由,即无返回路由,故 ping 不通。

任务 5-3　添加 RT5 的静态路由

1. 在合作伙伴路由器 RT5 上配置到公网路由器 RT4 的默认路由

```
RT5(config)# ip route 0.0.0.0 0.0.0.0 202.0.1.1
//在 RT5 上配置下一跳地址是 202.0.1.1 的默认路由
```

2. 验证测试

（1）在 PC5 上测试与 RT5 的 F0/0 端口的连通性

操作如下:

```
ping 10.0.2.30
```

结果:可以 ping 通。

（2）在 PC5 上测试与 RT5 的 S1/1 端口的连通性

操作如下:

```
ping 202.0.1.2
```

结果：可以 ping 通。

(3) 在 PC5 上测试与 RT4 的 S1/1 端口的连通性

操作如下：

```
ping 202.0.1.1
```

结果：ping 不通。

5.6　项目验收

5.6.1　查看路由表

分别查看路由器 RT2、RT3、RT4、RT5 的路由表。

(1) 查看公司外网接入路由器 RT2 的路由表

路由表中到公司分部的静态路由是：

```
S    10.0.1.0 [1/0] via 172.16.2.2
```

路由表中到合作伙伴的默认路由是：

```
S*   0.0.0.0/0 [1/0] via 202.0.0.6
```

(2) 查看分部路由器 RT3 的路由表

路由表中到公司总部的默认路由是：

```
S*   0.0.0.0/0 [1/0] via 172.16.2.1
```

(3) 查看公网路由器 RT4 的路由表

路由表中的直连路由是：

```
202.0.0.0/29 is subnetted, 1 subnets
C    202.0.0.0 is directly connected, serial1/0
     202.0.1.0/30 is subnetted, 1 subnets
C    202.0.1.0 is directly connected, serial1/1
```

(4) 查看合作伙伴路由器 RT5 的路由表

路由表中到公网路由器的默认路由是：

```
S*   0.0.0.0/0 [1/0] via 202.0.1.1
```

5.6.2　测试连通性

(1) 测试 PC4 与 RT2 的 F0/1 端口的连通性。

操作如下：

```
ping 172.16.2.1
```

结果：可以 ping 通。

原因：RT2 到合作伙伴 10.0.1.0/27 配置了静态路由。合作伙伴有指向 RT2 的默认路由，数据包可返回。

（2）测试分部与公司总部的连通性，结果是不连通。

原因：总部没有到分部的路由。

（3）测试分部与公网路由器 RT4 的 S1/0 端口的连通性，ping 的结果是不连通。

原因：RT4 上没有到分部的路由。

（4）测试合作伙伴与公网路由器 RT4 的 S1/1 端口的连通性，ping 的结果是不连通。

原因：RT4 上没有到合作伙伴的路由。

提示 若想实现全网连通，需在 VLAN 较多的公司总部配置动态路由，同时把静态路由引入动态路由中；需在边界路由器上用 NAT 或 NAPT 技术完成私有地址向公有地址的转换。

5.7 项目小结

添加静态路由实训操作中需要注意的事项如下。

（1）有条理地添加静态路由，不要落下任何一条静态路由。

（2）选择合适的静态路由或默认路由。

（3）定期查看设备的当前配置文件或路由表，确保当前配置参数的正确性。

（4）确保添加静态路由过程中下一跳地址（或当前设备出口）的正确性。

5.8 知识扩展

下面介绍 3 个路由表原理。

原理 1：每台路由器根据其自身路由表中的信息独立做出决定。

网络中的每台路由器根据自己路由表中的信息独立做出转发决定，不会咨询任何其他路由器中的路由表，它也不知道其他路由器是否有到其他网络的路由。网络管理员负责确保每台路由器都能获知远程网络。

原理 2：一台路由器的路由表中包含某些信息并不表示其他路由器也包含相同的信息。

任何一台路由器不知道其他路由器的路由表中有哪些信息，网络管理员负责确保下一跳路由器有到达该网络的路由。

原理 3：有关两个网络之间路径的路由信息并不能提供反向路径（即返回路径）的路由信息。

网络通信大多数都是双向的。这表示数据包必须在相关终端设备之间进行双向传输。配置路由一定要是双向的。

5.9 练习题

一、填空题

1. 静态路由就是_____的固定的路由，除非网络管理员干预，否则静态路由不会发生变化。

2. 要配置静态路由,需在全局配置模式中执行以下命令:

```
Router(config)# ip route destination-network subnet-mask next-hop-address |
outgoing interface
```

其中,destination-network 为_____,outgoing interface 为_____,next-hop-adress
为_____。

3. 默认路由以到网络_____的路由形式出现,前一个 0.0.0.0 作为_____,后一个
0.0.0.0 作为_____。

二、单项选择题

在路由器里正确添加静态路由的命令是(　　)。

A. Red-giant(config)♯ip route 192.168.5.0 255.255.255.0 Serial 0

B. Red-giant♯ip route 192.168.1.1 255.255.255.0 10.0.0.1

C. Red-giant(config)♯route add 172.16.5.1 255.255.255.0 192.168.1.1

D. Red-giant(config)♯route add 0.0.0.0 255.255.255.0 192.168.1.0

三、多项选择题

如图 5-3 所示,所有路由器的路由表中都有到达每个网络的路由,这些路由器上没有配
置默认路由。以下关于数据包在该网络中转发方式的结论正确的是(　　)。

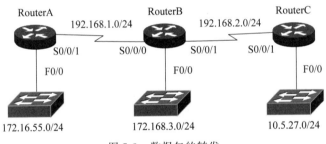

图 5-3　数据包的转发

A. 如果 RouterC 接收到发往 10.5.1.1 的数据包,它将把该数据包从接口 F0/0 转发
出去

B. 如果 RouterA 接收到发往 192.168.3.146 的数据包,它将把该数据包从接口 S0/0/1
转发出去

C. 如果 RouterB 接收到发往 10.5.27.15 的数据包,它将把该数据包从接口 S0/0/1 转
发出去

D. 如果 RouterB 接收到发往 172.20.255.1 的数据包,它将把该数据包从接口 S0/0/0
转发出去

E. 如果 RouterC 接收到发往 192.16.5.101 的数据包,它将把该数据包从接口 S0/0/1
转发出去

四、简答题

1. 静态路由与默认路由的区别和联系是什么?

2. 如何配置默认路由?

5.10   项目实训

实训要求：按图 5-4 网络拓扑结构搭建网络，并完成下面的具体要求。

（1）按表 5-2 完成各 PC 和路由器的基本配置。

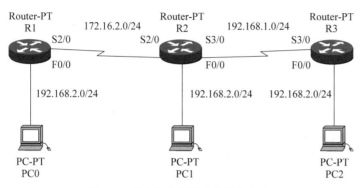

图 5-4   静态路由配置实训网络拓扑

实训操作录屏（5）

表 5-2   PC 和路由器的配置

设备名称	接　　口	IP 地址	子网掩码	默认网关
R1	F0/0	172.16.3.1	255.255.255.0	不适用
	S2/0（DCE 接口）	172.16.2.1	255.255.255.0	不适用
R2	F0/0	172.16.1.1	255.255.255.0	不适用
	S2/0	172.16.2.2	255.255.255.0	不适用
	S3/0（DCE 接口）	192.168.1.1	255.255.255.0	不适用
R3	F0/0	192.168.2.1	255.255.255.0	不适用
	S3/0	192.168.1.2	255.255.255.0	不适用
PC0	网卡	172.16.3.10	255.255.255.0	172.16.3.1
PC1	网卡	172.16.1.10	255.255.255.0	172.16.1.1
PC2	网卡	192.168.2.10	255.255.255.0	192.168.2.1

（2）分别查看 R1、R2、R3 的路由表。

（3）测试各 PC 的连通性。

（4）分别用不同的方法在 R1、R2、R3 上配置静态路由（包括默认路由），实现各 PC 之间相互能 ping 通的目标，并查看此时各路由器上的路由表。

项目 6
配置动态路由

6.1 项目导入

由于 AAA 公司总部的 VLAN 太多,若全部采用静态路由则不太合适,因为这需要对每一条路由条目进行配置,过程烦琐,且静态路由不能适应拓扑结构经常变化的网络环境。

动态路由正好弥补了静态路由的缺陷,适应规模大、拓扑有变化的复杂网络环境。动态路由的维护量小,自适应性非常强。若不同网段采用不同的路由技术,亦可通过路由重引入技术实现网络的互联。在这里,为公司总部配置动态 OSPF 路由,使网络结构达到最优化。

6.2 职业能力目标和要求

- 了解路由协议与可路由协议的含义。
- 了解路由协议的特点。
- 掌握动态路由协议的分类。
- 掌握管理距离、度量值和收敛时间的含义。
- 了解 RIP 协议与 OSPF 协议的原理。
- 掌握 RIP 路由的配置、删除的方法。
- 掌握 OSPF 路由的配置、删除的方法。
- 掌握多路由协议配置的方法。
- 了解 VRRP 技术的应用。

6.3 相关知识

6.3.1 路由协议概述

1. 路由协议与可路由协议

(1) 路由协议

路由协议(Routing Protocol)是用来计算、维护路由信息的协议,起到类似地图导航及负责找路的作用。它通常工作在网络层与传输层。路由协议通常采用一定的算法产生路由,并用一定的方法确定路由的有效性,从而维护路由。常用路由协议包括 RIP、IGRP、EIGRP 和 OSPF 等。

（2）可路由协议

可路由协议（Routed Protocol）又称为被路由协议，指以寻址方案为基础，为分组从一个主机发送到另一个主机提供充分的第三层地址信息的任何网络协议，比如 TCP/IP 协议栈中的 IP 协议、Nover IPX/SPX 协议栈的 IPX 协议等。可路由协议通常工作在 OSI 模型的网络层，定义了数据包内各字段的格式和用途，其中包括网络地址。路由器可根据数据包内的网络地址对数据包进行转发。

2. 路由协议的特点

使用路由协议后，各路由器间会通过相互连接的网络，动态地相互交换所知道的路由信息。通过这种机制，网络上的路由器会知道网络中其他网段的信息，动态地生成、维护相应的路由表。如果存在到目标网络有多条路径，而且其中的一个路由器由于故障无法工作时，到远程网络的路由可以自动重新配置。

如图 6-1 所示，为了从网络 N1 到达 N2，可以在路由器 RTA 上配置静态路由指向路由器 RTD，通过路由器 RTD 最后到达 N2。如果路由器 RTD 出了故障，就必须由网络管理员手动修改路由表，由路由器 RTB 到 N2 来保证网络畅通。如果运行了动态路由协议，情况就不一样了，当路由器 RTD 出故障后，路由器之间会通过动态路由协议来自动发现另外一条到达目标网络的路径，并修改路由表，指导数据由路由器 RTB 转发。

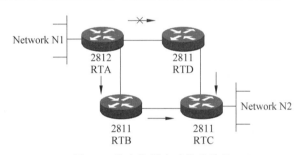

图 6-1　路由协议自动发现路径

总的来说，路由表的维护不再由管理员手动进行，而是由路由协议来自动管理。采用路由协议管理路由表在大规模的网络中是十分有效的，它可以大大减少管理员的工作量。每个路由器上的路由表都是由路由协议通过相互间协商自动生成的，管理员不需要再去操心每台路由器上的路由表，而只需要简单地在每台路由器上运行动态路由协议，其他的工作都由路由协议自动完成。

另外，采用路由协议后，网络对拓扑结构变化的响应速度会大大提高。无论是网络正常的增减，还是异常的网络链路损坏，相邻的路由器都会检测到它的变化，会把拓扑的变化通知网络中其他的路由器，使它们的路由表也产生相应的变化。这样的过程比手动对路由的修改要快得多、准确得多。

由于有这些特点的存在，在当今的网络中，动态路由是人们主要选择的方案。在路由器少于 10 台的网络中，可能会采用静态路由。如果网络规模进一步增大，人们一定会采用动态路由协议来管理路由表。

3. 动态路由协议的分类

按不同的分类标准，动态路由协议可划分成不同的类别。

（1）按自治系统分

自治系统（Autonomous System,AS)是指一组通过统一的路由政策或路由协议互相交换路由信息的网络。

根据是否在一个自治系统 AS 内部使用,动态路由协议分为内部网关协议（IGP）和外部网关协议（EGP），如图 6-2 所示。

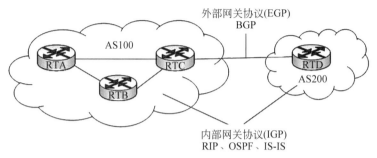

图 6-2　IGP 与 EGP

① 内部网关协议（IGP）。内部网关协议是自治域内部采用的路由选择协议,常用的有RIP、OSPF、EIGRP、IS-IS 等。

② 外部网关协议（EGP）。外部网关协议用于多个自治域之间的路由选择,常用的是BGP 和 BGP-4。

（2）按路由算法分

按路由算法的不同,动态路由协议可分为距离矢量算法协议、链路状态算法协议和混合型算法协议。

① 距离矢量算法协议。距离矢量路由器定期向相邻的路由器发送它们的整个路由选择表（Routing Table）,但仅发送到邻近节点上。它不了解整个拓扑,只知道目标网络在邻近路由器的哪个方向和距离。每个路由器在从相邻路由器接收到的信息的基础上建立自己的路由选择信息表。距离矢量路由协议主要有 RIP 和 IGRP。距离向量路由选择是最古老也是最简单的一种路由选择协议算法。距离矢量路由协议有一个严重的缺点是,缓慢的收敛过程会造成路由回路。

② 链路状态算法协议。链路状态算法协议是为解决距离向量算法协议存在的问题而研究制定的。链路状态算法协议发送路由信息到自治系统内的所有节点,然而对于每个路由器,仅发送它的路由表中描述了其自身链路状态的那一部分。它了解整个拓扑,知道目标网络的具体位置。链路状态算法协议路由协议主要有 OSPF、IS-IS 等。链路状态路由选择协议的主要优点,一是不可能形成路由回路,二是收敛速度非常快。不足之处就是协议本身庞大复杂,实现起来较困难。

③ 混合型算法协议。混合型算法协议兼具有前两种的优点,如 EIGRP（Cisco 私有协议）。

（3）按子网学习分

按是否具有子网学习功能,动态路由协议可分为有类路由协议和无类路由协议。

① 有类路由协议。有类路由协议包括 RIPv1、IGRP 等。

② 无类路由协议。无类路由协议包括 RIPv2、OSPF、EIGRP 等。

（4）动态路由协议归纳

动态路由协议归纳如图 6-3 所示。

图 6-3　动态路由协议归纳

说明　　　一台路由器可以配置运行多种路由协议进程，实现与运行不同路由协议的网络连接。但是不同的路由协议没有实现互操作，每个路由协议都按照其独特的方式，进行路由信息的采集和对网络拓扑变化的响应，所以在不同路由协议进程交换路由信息，必须通过配置选项进行适当的控制。

4. 管理距离和度量值

管理距离（AD）是用来衡量接收来自相邻路由器上路由选择信息的可信度的，也叫路由优先级。每一种路由协议按可靠性从高到低，依次分配一个信任等级，这个信任等级就叫管理距离。管理距离是一种优先级度量，对于两种不同的路由协议到一个目的地的路由信息，路由器首先根据管理距离决定相信哪一个协议。AD 值越低，则它的优先级越高。一个管理距离是一个从 0～255 的整数值，0 是最可信赖的，而 255 则意味着不会有业务量通过这个路由。表 6-1 给出了 Cisco 路由器用来判断到远程网络使用什么路由的默认管理距离。

表 6-1　默认的管理距离

路由源	默认 AD	路由源	默认 AD
直连路由	0	IGRP	100
静态路由	1	OSPF	110
EIGRP	90	RIP	120

度量值常被叫作路由花费（metric），它是路由算法用以确定到达目的地的最佳路径的计量标准。不同路由来源的度量方式也不一样，距离向量算法协议主要考虑跳步数，即分组在从源到目的的路途中必须经过的网络产品，如路由器的个数。链路状态算法协议一般常考虑带宽、时延和可靠性等。一些路由协议允许网管给每个网络链接赋以 metric 值，其取值范围为 1～4294967295。

度量是通过优先权评价路由的一种手段，度量越低，路径越短。度量指明了路径的优先级，管理距离则指明了发现路由方式的优先级。

路由表中显示的路由均为最优路由，即管理距离和度量值都最小。如果一台路由器接收到两个对同一远程网络的更新内容，路由器首先要检查的是 AD。如果一个被通告的路由比另一个具有较低的 AD 值,则那个带有较低 AD 值的路由将会被放置在路由表中。

如果两个被通告的到同一网络的路由具有相同的 AD 值,则路由协议的度量值将被用做寻找到达远程网络最佳路径的依据。被通告的带有最低度量值的路由将被放置在路由表中。

然而,如果两个被通告的路由具有相同的 AD 及相同的度量值,那么路由选择协议将会把这两条路由都安装在路由表中。

5. 收敛时间

无论使用何种类型的路由选择算法,因特网上的所有路由器都需要时间以更新它们在路由选择表中的改动,这个过程叫作收敛,也称为聚合。从网络拓扑发生变化到网络中所有路由器都知道这个变化的时间就叫收敛时间(Convergence Time)。

6.3.2 RIP 协议

1. RIP 协议概述

RIP(Routing Information Protocols,路由信息协议)是使用最广泛的距离向量协议,是一种较为简单的内部网关协议,主要用于规模较小的网络中,比如校园网以及结构较简单的地区性网络。RIP 协议处于 UDP 协议的上层,通过 UDP 报文进行路由信息的交换,使用的端口号是 520。RIP 最大的特点是,无论实现原理还是配置方法都非常简单。

RIP 工作原理

(1)度量方法

RIP 使用跳数来衡量到达目的网络的距离。在 RIP 中,路由器到与它直接相连网络的跳数为 0,通过与其直接相连的路由器到达下一个紧邻的网络的跳数为 1,其余以此类推,每多经过一个网络,跳数加 1。为限制收敛时间,RIP 规定度量值取 0~15 的整数,大于或等于 16 的跳数被定义为无穷大,即目的网络或主机不可达。由于这个限制,使得 RIP 不适合应用于大型网络。

(2)路由更新

RIP 中路由的更新是通过定时广播实现的。默认情况下,路由器每隔 30 秒向与它相连的网络广播自己的路由表,接到广播的路由器将收到的信息添加至自身的路由表中。每个路由器都如此广播,最终网络上所有的路由器都会得知全部的路由信息。下面以图示形式给出了 A、B、C 三台相连路由器从 RIP 启动到路由收敛过程的路由信息表。

① RIP 启动前各路由器的路由表(见图 6-4)。

图 6-4 RIP 路由表(1)

② 第一个更新周期后各路由器的路由表(见图 6-5)。

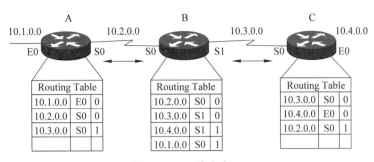

图 6-5　RIP 路由表(2)

③ 第二个更新周期后(此时已收敛)各路由器的路由表(见图 6-6)。

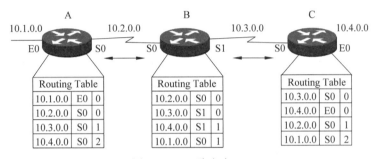

图 6-6　RIP 路由表(3)

(3) 路由环路

在图 6-6 中,所有路由器都具有正确一致的路由表,网络是收敛的,若此时 10.4.0.0 网段发生故障(见图 6-7),直连路由器 C 最先收到故障信息,C 把网络 10.4.0.0 从路由表中删除,并等待更新周期到来后发送路由更新给相邻路由器。假若此时 B 路由器先到达更新周期,C 接收到 B 发出的更新后,发现路由更新中有路由项 10.4.0.0,而自己路由表中没有,就把这条路由项增加到路由表中,并修改其接口为 S0,跳数为 2。这样,C 的路由表中就记录了一条错误的路由。此时 B 认为可以通过 C 去往网络 10.4.0.0,C 认为可以通过 B 去往网络 10.4.0.0,就形成了环路。

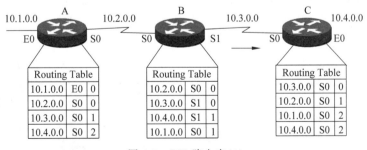

图 6-7　RIP 路由表(4)

如果网络上有路由循环,信息就会循环传递,永远不能到达目的地。为了避免这个问题,RIP 距离向量算法采用了水平分割、毒性逆转、抑制计时、触发更新等机制。

- 水平分割(Split Horizon)。水平分割保证路由器记住每一条路由信息的来源,并且不在收到这条信息的端口上再次发送它。这是保证不产生路由循环的最基本措施。
- 毒性逆转(Poison Reverse)。当一条路径信息变为无效之后,路由器主动把路由表中发生故障的路由项以度量值无穷大(16)的形式通告给 RIP 邻居,以使邻居能够及时得知网络发生故障。
- 抑制计时(Holddown Timer)。一条路由信息无效之后,此时该路由的度量值被记为无穷大(16),该路由器进入抑制状态。在抑制状态下,只有来自同一邻居且度量值小于无穷大(16)的路由更新才会被路由器接收,取代不可达路由。
- 触发更新(Trigger Update)。当路由表发生变化时,更新报文立即广播给相邻的所有路由器,而不是等待 30 秒的更新周期。这样,网络拓扑的变化会最快地在网络上传播开,减少了路由循环产生的可能性。

(4) RIP 的两个版本

RIP 包括两个版本:RIPv1 和 RIPv2。RIPv1 是有类别路由协议,协议报文中不携带掩码信息,不支持 VLSM(Variable Length Subnet Mask,可变长子网掩码),RIPv1 只支持以广播方式发布协议报文。RIPv2 支持以组播方式更新协议报文,支持 VLSM,同时 RIPv2 支持明文认证和 MD5 密文认证。

RIPv2 路由协议课前自测

RIP 在配置网络地址时,默认使用的是 RIPv1 协议。RIPv1 本身不支持不连续子网间的路由信息的传递。解决办法中最常用的是采用无类路由协议(如采用 RIPv2 或 OSPF 协议)。

RIPv2 无论是在连续子网的网络配置中还是在不连续子网的网络配置中,都能完成路由信息的传递,因此一般情况下采用 RIP 中的 RIPv2 完成网络的配置。

当子网路由穿越有类网络边界时,将自动汇聚成有类网络路由。RIPv2 默认情况下将进行路由自动汇聚,RIPv1 不支持该功能。RIPv2 路由自动汇聚的功能,提高了网络的伸缩性和有效性。如果有汇聚路由存在,在路由表中将看不到包含在汇聚路由内的子路由,这样可以大大缩小路由表的规模。

通告汇聚路由比通告单独的每条路由将更有效率,主要有以下因素。

① 当查找 RIP 数据库时,汇聚路由会得到优先处理。

② 当查找 RIP 数据库时,任何子路由将被忽略,减少了处理时间。

有时可能希望学到具体的子网路由,而不愿意只看到汇聚后的网络路由,这时需要关闭路由自动汇聚功能。

2. RIP 基本配置

(1) 指定使用 RIP 协议

命令格式:

```
Router(config)#route rip
```

(2) 指定 RIP 协议版本

命令格式:

```
Router(config-router)#version [1/2]
```

RIPv2 路由协议配置讲解

例如：

```
Router(config-router)#version 2        //启用 RIPv2 协议
```

（3）指定与路由器直接相连的网络

功能：路由器上任何符合 network 命令中的网络地址的接口都将启用，可发送和接收 RIP 数据包。此网络（或子网）将被包括在 RIP 路由更新中。

命令格式：

```
Router(config-router)#network network-address
```

其中，network-address 是与路由器直接相连的网络号。

例如，声明与路由器直接相连的网络 172.16.16.0/24，则命令如下：

```
Router(config-router)#network 172.16.16.0
```

（4）删除路由器所有的 RIP 协议路由

命令格式：

```
Router(config)#no route rip
```

（5）删除与路由器直接相连的网络

命令格式：

```
Router(config-router)#no network network-address
```

例如，删除与路由器直接相连的网络 172.16.16.0/24，则命令如下：

```
Router(config-router)#no network 172.16.16.0
```

（6）关闭路由自动汇聚

命令格式：

```
Router(config-router)#no auto-summary
```

（7）打开路由自动汇聚

```
Router(config-router)#auto-summary
```

（8）查看 RIP 版本和路由汇聚信息

```
Router#sh ip protocols
send version 2,receive version 2                    //收发的是版本 2
send version 1,receive version 1                    //收发的是版本 1
send version 1,receive any version                  //默认版本
Automatic network summarization is not in effect    //表明已关闭路由汇聚功能
Automatic network summarization is in effect        //表明路由汇聚功能是开启的
```

3. RIP 配置实例

【例1】　按图 6-8 所示网络拓扑搭建网络，并在各路由器上配置 RIP 动态路由协议，实现 PC0、PC1 以及 PC2 相互通信。

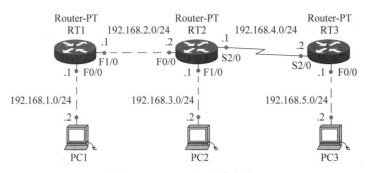

图 6-8　RIPv1 配置网络拓扑

（1）各设备基本配置

① RT1 的配置

```
RT1(config)#int F0/0
RT1(config-if)#ip add 192.168.1.1 255.255.255.0
RT1(config-if)#no shut
RT1(config-if)#exit
RT1(config)#int F1/0
RT1(config-if)#ip add 192.168.2.1 255.255.255.0
RT1(config-if)#no shut
RT1(config-if)#exit
```

② RT2 的配置

```
RT2(config)#int F0/0
RT2(config-if)#ip add 192.168.2.2 255.255.255.0
RT2(config-if)#no shut
RT2(config-if)#exit
RT2(config)#int F1/0
RT2(config-if)#ip add 192.168.3.1 255.255.255.0
RT2(config-if)#no shut
RT2(config-if)#exit
RT2(config)#int S2/0
RT2(config-if)#ip add 192.168.4.1 255.255.255.0
RT2(config-if)#no shut
RT2(config-if)#exit
```

③ RT3 的配置

```
RT3(config)#int F0/0
RT3(config-if)#ip add 192.168.5.1 255.255.255.0
RT3(config-if)#no shut
RT3(config-if)#exit
RT3(config)#int S2/0
RT3(config-if)#ip add 192.168.4.2 255.255.255.0
RT3(config-if)#no shut
```

```
RT3(config-if)#exit
```

④ 设置 PCIP 相关信息

按表 6-2 所示设置各 PC 的 IP 相关信息。

表 6-2　各 PC 的 IP 相关信息

设置项目	PC1	PC2	PC3
IP 地址	192.168.1.2	192.168.3.2	192.168.5.2
子网掩码	255.255.255.0	255.255.255.0	255.255.255.0
默认网关	192.168.1.1	192.168.3.1	192.168.5.1

（2）RIP 的配置

① RT1 的配置

```
RT1(config)#route rip
RT1(config-router)#net 192.168.1.0
RT1(config-router)#net 192.168.2.0
```

② RT2 的配置

```
RT2(config)#route rip
RT2(config-router)#net 192.168.2.0
RT2(config-router)#net 192.168.3.0
RT2(config-router)#net 192.168.4.0
```

③ RT3 的配置

```
RT3(config)#route rip
RT3(config-router)#net 192.168.4.0
RT3(config-router)#net 192.168.5.0
```

（3）查看路由表

① RT1 路由表

```
C    192.168.1.0/24 is directly connected, FastEthernet0/0
C    192.168.2.0/24 is directly connected, FastEthernet1/0
R    192.168.3.0/24 [120/1] via 192.168.2.2, 00:00:17, FastEthernet1/0
R    192.168.4.0/24 [120/1] via 192.168.2.2, 00:00:17, FastEthernet1/0
R    192.168.5.0/24 [120/2] via 192.168.2.2, 00:00:17, FastEthernet1/0
```

② RT2 路由表

```
R    192.168.1.0/24 [120/1] via 192.168.2.1, 00:00:15, FastEthernet0/0
C    192.168.2.0/24 is directly connected, FastEthernet0/0
C    192.168.3.0/24 is directly connected, FastEthernet1/0
C    192.168.4.0/24 is directly connected, Serial2/0
R    192.168.5.0/24 [120/1] via 192.168.4.2, 00:00:13, Serial2/0
```

③ RT3 路由表

```
R    192.168.1.0/24 [120/2] via 192.168.4.1, 00:00:01, Serial2/0
R    192.168.2.0/24 [120/1] via 192.168.4.1, 00:00:01, Serial2/0
R    192.168.3.0/24 [120/1] via 192.168.4.1, 00:00:01, Serial2/0
C    192.168.4.0/24 is directly connected, Serial2/0
C    192.168.5.0/24 is directly connected, FastEthernet0/0
```

(4)测试连通性

此时 3 台 PC 均能 ping 通。

【例 2】　按图 6-9 所示网络拓扑搭建网络,并在各路由器上配置 RIPv2 动态路由协议,实现 PC0、PC1 以及 PC2 相互通信。分别查看取消路由汇聚功能前后各路由器的路由表。

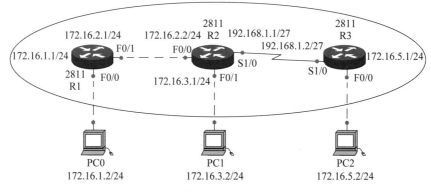

图 6-9　RIPv2 配置网络拓扑

RT1、RT2 以及 RT3,PC0、PC1 以及 PC2 的基本配置和例 1 中的类似,此处不再赘述。下面仅给出各路由器上的 RIP 配置结果。

(1)R1 的配置

```
R1(config)#route rip                    //启用 RIP 协议,默认情况下启用的是 RIPv1 协议
R1(config-router)#version 2             //启用 RIPv2 协议
R1(config-router)#net 172.16.1.0        //将 RIPv2 发布到网络 72.16.1.0
R1(config-router)#net 172.16.2.0        //将 RIPv2 发布到网络 172.16.2.0
```

(2)R2 的配置

```
R2(config)#route rip                    //启用 RIP 协议,默认情况下启用的是 RIPv1 协议
R2(config-router)#version 2             //启用 RIPv2 协议
R2(config-router)#net 172.16.2.0        //将 RIPv2 发布到网络 172.16.2.0
R2(config-router)#net 172.16.3.0        //将 RIPv2 发布到网络 172.16.3.0
R2(config-router)#net 192.168.1.0       //将 RIPv2 发布到网络 192.168.1.0
```

(3)R3 的配置

```
R3(config)#route rip                    //启用 RIP 协议,默认情况下启用的是 RIPv1 协议
R3(config-router)#version 2             //启用 RIPv2 协议
R3(config-router)#net 172.16.5.0        //将 RIPv2 发布到网络 172.16.5.0
R3(config-router)#net 192.168.1.0       //将 RIPv2 发布到网络 192.168.1.0
```

（4）查看路由表

① R1 的路由表。

```
Gateway of last resort is not set
     172.16.0.0/16 is variably subnetted, 4 subnets, 2 masks
R        172.16.0.0/16 [120/2] via 172.16.2.2, 00:00:25, FastEthernet0/1
C        172.16.1.0/24 is directly connected, FastEthernet0/0
C        172.16.2.0/24 is directly connected, FastEthernet0/1
R        172.16.3.0/24 [120/1] via 172.16.2.2, 00:00:25, FastEthernet0/1
R     192.168.1.0/24 [120/1] via 172.16.2.2, 00:00:25, FastEthernet0/1
```

② R2 的路由表。

```
Gateway of last resort is not set
     172.16.0.0/16 is variably subnetted, 4 subnets, 2 masks
R        172.16.0.0/16 [120/1] via 192.168.1.2, 00:00:18, Serial1/0
R        172.16.1.0/24 [120/1] via 172.16.2.1, 00:00:11, FastEthernet0/0
C        172.16.2.0/24 is directly connected, FastEthernet0/0
C        172.16.3.0/24 is directly connected, FastEthernet0/1
     192.168.1.0/27 is subnetted, 1 subnets
C        192.168.1.0 is directly connected, Serial1/0
```

③ R3 的路由表。

```
Gateway of last resort is not set
     172.16.0.0/16 is variably subnetted, 2 subnets, 2 masks
R        172.16.0.0/16 [120/1] via 192.168.1.1, 00:00:00, Serial1/0
C        172.16.5.0/24 is directly connected, FastEthernet0/0
     192.168.1.0/27 is subnetted, 1 subnets
C        192.168.1.0 is directly connected, Serial1/0
```

信息解读如下。

R：经 RIP 学习的路由。

[120/1]：RIP 的默认管理距离为 120,1 为到目标网络的跳数,即 HOPS 为 1。

这里的有类网络边界是路由器 R2 和 R3,原因是只有网段 192.168.1.0/27 的网络号为 27 位,其余的网段网络号皆为 24 位(当子网路由穿越有类网络边界时,将自动汇聚成有类网络路由)。

R1 路由表中 192.168.1.0/27 汇聚为"R 192.168.1.0/24[120/1] via 172.16.2.2,00：00：25,FastEthernet0/1"。

R1 路由表中 172.16.5.0/24 汇聚为"R 172.16.0.0/16[120/1] via 192.168.1.2,00：00：18,Serial1/0"。

R2 路由表中 172.16.5.0/24 汇聚为"R 172.16.0.0/16[120/1] via 192.168.1.2,00：00：18,Serial1/0"。

R3 路由表中 172.16.1.0/24、172.16.2.0/24、172.16.3.0/24 汇聚为"R 172.16.0.0/16[120/1] via 192.168.1.1,00：00：00,Serial1/0"。

（5）测试连通性

结论：此时,PC0、PC1、PC2 互通。原因是它们拥有了可达对方的路由。

（6）关闭路由自动汇聚

关闭 R1、R2、R3 的路由自动汇聚功能（这里以 R2 为例）。

```
R2(config)#route rip
R2(config-router)#no auto
```

（7）查看路由表

① R1 的路由表。

```
      172.16.0.0/24 is subnetted, 4 subnets
C        172.16.1.0 is directly connected, FastEthernet0/0
C        172.16.2.0 is directly connected, FastEthernet0/1
R        172.16.3.0 [120/1] via 172.16.2.2, 00:00:15, FastEthernet0/1
R        172.16.5.0 [120/2] via 172.16.2.2, 00:00:09, FastEthernet0/1
      192.168.1.0/27 is subnetted, 1 subnets
R        192.168.1.0 [120/1] via 172.16.2.2, 00:00:15, FastEthernet0/1
```

② R2 的路由表

```
      172.16.0.0/24 is subnetted, 4 subnets
R        172.16.1.0 [120/1] via 172.16.2.1, 00:00:07, FastEthernet0/0
C        172.16.2.0 is directly connected, FastEthernet0/0
C        172.16.3.0 is directly connected, FastEthernet1/0
R        172.16.5.0 [120/1] via 192.168.1.2, 00:00:09, Serial2/0
      192.168.1.0/27 is subnetted, 1 subnets
C        192.168.1.0 is directly connected, Serial2/0
```

③ R3 的路由表

```
      172.16.0.0/24 is subnetted, 4 subnets
R        172.16.1.0 [120/2] via 192.168.1.1, 00:00:18, Serial2/0
R        172.16.2.0 [120/1] via 192.168.1.2, 00:00:18, Serial2/0
R        172.16.3.0 [120/1] via 192.168.1.2, 00:00:18, Serial2/0
C        172.16.5.0 is directly connected, FastEthernet0/0
      192.168.1.0/27 is subnetted, 1 subnets
C        192.168.1.0 is directly connected, Serial2/0
```

信息解读：此时路由已不再汇聚，路由器中可以看到所有应该学习到的路由。

说明

关闭路由自动汇聚后，必须过段时间路由才能更新完毕，为了避免前面路由信息的干扰，尽快看到更新后的路由信息，可以在配置 RIPv2 协议之前关闭路由自动汇聚，也可以关闭模拟器（保存）并重新启动后再查看各路由器中的信息。

（8）测试连通性。

结论：此时，PC0、PC1、PC2 互通。原因是它们拥有了可达对方的路由。

6.3.3 OSPF 协议

1. OSPF 协议概述

OSPF 协议全称为开放式最短路径优先（Open Shortest Path First）协议，是一种典型的链路状态（Link State）路由协议，使用 Dijkstra 的最短路径优先算法计算和选择路由。这类路由协议关心网络中链路或接口的状态（Up、Down、IP 地址、掩码、带宽、利用率和时延等）。OSPF 在有组播发送能力的链路层上以组播地址发送协议包,它直接封装在 IP 包中,协议号为 89。

OSPF 比 RIP 具有更大的扩展性、快速收敛性和安全可靠性,但其算法复杂,耗费更多的路由器内存和处理能力,因此只适合于中小型网络构建。

链路状态
路由过程

2. OSPF 网络类型

根据路由器所连接的物理网络不同,OSPF 将网络划分为 4 种类型:点到点型（Point to Point,见图 6-10（a））、点到多点型（Point to MultiPoint,见图 6-10(b)）、广播多路访问型（Broadcast MultiAccess,见图 6-11(a)）、非广播多路访问型（None Broadcast MultiAccess,NBMA,见图 6-11(b)）。

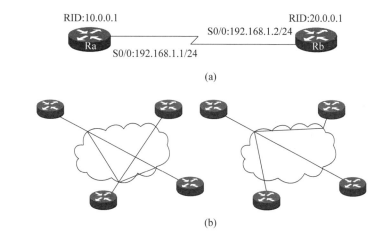

(a)

(b)

图 6-10   点到点型与点到多点型

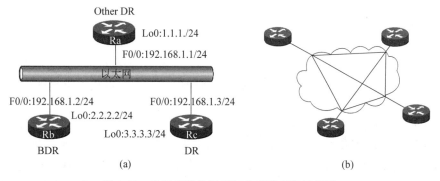

图 6-11   广播多路访问型与非广播多路访问型

Point-to-Point 型网络如 PPP、HDLC;广播多路访问型网络如 Ethernet、Token Ring、FDDI;NBMA 型网络如 Frame Relay、X. 25. SMDS。

3. OSPF 协议工作过程

（1）寻找邻居

OSPF 路由器周期性地从其启动 OSPF 协议的每一个接口以组播地址 224.0.0.5 发送

Hello 数据包,以寻找邻居。Hello 包里携带有一些参数,比如始发路由器的 Router ID(路由器 ID)、始发路由器接口的区域 ID(Area ID)和路由优先级等。

当 2 台路由器共享一条公共数据链路,并且相互成功协商它们各自 Hello 包中所指定的某些参数时,它们就能成为邻居。

路由器通过记录彼此的邻居状态来确认是否与对方建立了邻接关系。2 台路由器刚连接到一起时,处于 Down 状态;当一端接收到 Hello 包时,处于 Init 状态;只有在相互成功协商 Hello 包中所指定的某些参数后,才将该路由器确定为邻居,将其状态修改为 Two-Way。OSPF 协议邻居建立过程如图 6-12 所示。

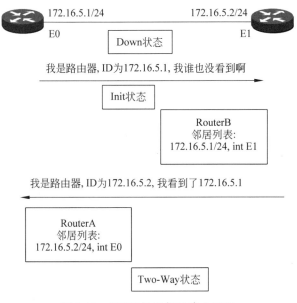

图 6-12　OSPF 协议邻居建立过程

(2) 建立邻接关系

在多路访问网络上可能存在多个路由器(见图 6-13(a)),为了避免路由器之间建立完全相邻关系,引起如图 6-13(b)所示的大量开销,OSPF 要求在区域中选举一个 DR(Designated Router,指定路由器)。DR 选举完成后,其他路由器都只与 DR 建立相邻关系,如图 6-13(c)所示。

DR 负责收集所有的链路状态信息,并发布给其他路由器。DR 一旦当选,除非路由器故障,否则不会更换;即便新加入一台优先级比 DR 高的路由器,也不更换。选举 DR 的同时也选举出一个 BDR(Backup Designated Router,备份指定路由器)。在 DR 失效的时候,BDR 担负起 DR 的职责。点对点型网络不需要 DR,因为只存在两个节点,彼此间完全相邻。

(3) 链路状态信息传递

建立邻接关系的 OSPF 路由器之间通过发布 LSA(Link State Advertisement,链路状态通告)来交互链路状态信息。通过获得的 LSA,同步 OSPF 区域内的链路状态信息后,各路由器将形成相同的 LSDB(Link State Database,链路状态数据库),如图 6-14 所示。

当双方的链路状态信息交互成功后,邻居状态将变迁为 Full 状态,这表明邻居路由器之间的链路状态信息已经同步。

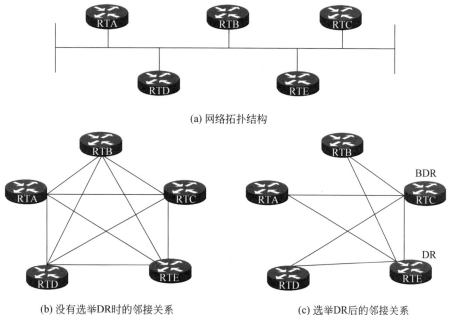

(a) 网络拓扑结构

(b) 没有选举DR时的邻接关系 (c) 选举DR后的邻接关系

图 6-13 DR 选举前后邻接关系的对照

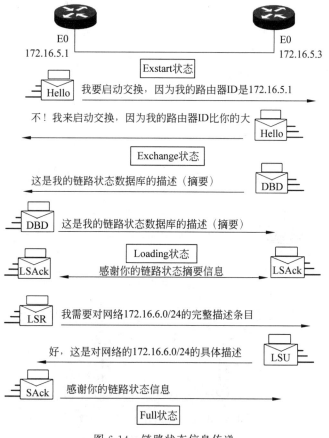

图 6-14 链路状态信息传递

当链路状态发生变化时,OSPF 通过 Flooding 过程通告网络上其他路由器。OSPF 路由器接收到包含有新信息的链路状态更新报文,将更新自己的链路状态数据库,然后用 SPF 算法重新计算路由表。在重新计算过程中,路由器继续使用旧路由表,直到 SPF 完成新的路由表计算。新的链路状态信息将发送给其他路由器。值得注意的是,即使链路状态没有发生改变,OSPF 路由信息也会自动更新,默认时间为 30 分钟。

(4)路由计算

OSPF 路由计算通过以下步骤完成。

① 评估一台路由器到另一台路由器所需要的开销(Cost),如表 6-3 所示。

图 6-3　开销表

接 口 类 型	10^8/bps＝开销
快速以太网及以上速度	$10^8/100\ 000\ 000\text{bps}＝1$
以太网	$10^8/10\ 000\ 000\text{bps}＝10$
EI	$10^8/2\ 048\ 000\text{bps}＝48$
TI	$10^8/1\ 544\ 000\text{bps}＝64$
128kbps	$10^8/128\ 000\text{bps}＝781$
64kbps	$10^8/64\ 000\text{bps}＝1562$
56kbps	$10^8/56\ 000\text{bps}＝1785$

一条路由的开销是指沿着到达目的网络的路径上所有路由器出接口的开销总和。开销越低,该接口越可能被用于转发数据流量。开销计算公式:10^8/接口带宽。

② 同步 OSPF 区域内每台路由器的 LSDB。

③ 使用 SPF 计算出路由,如图 6-15 所示。

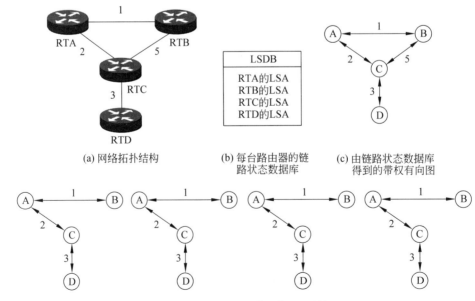

(a) 网络拓扑结构　　(b) 每台路由器的链　(c) 由链路状态数据库
　　　　　　　　　　　路状态数据库　　　　得到的带权有向图

(d) A、B、C、D 四个节点的路由计算

图 6-15　计算路由

4. OSPF 分区域管理

多区域 OSPF 如图 6-16 所示。

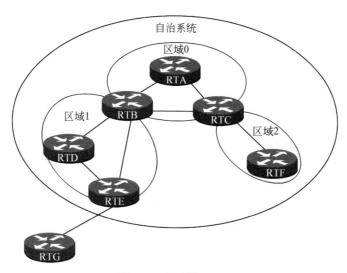

图 6-16　多区域 OSPF

当网络规模变大时,LSDB 非常庞大,占用大量存储空间;计算最小生成树耗时增加,CPU 负担很重;网络拓扑结构经常发生变化,网络经常处于"动荡"之中。以上原因导致 OSPF 实际上已不能正常工作。

为了减少路由协议通信流量,提高收敛速度,在一个自治系统内可划分出若干个区域,区域内的路由器维护一个相同的链路状态数据库,保存该区域的拓扑结构。每个区域都有一个区域号,当网络中存在多个区域时,必须存在 0 区域,它是骨干区域,所有其他区域都通过直接或虚链路连接到骨干区域上,不同网络区域的路由器通过主干域学习路由。每个区域根据自己的拓扑结构计算最短路径,这减少了 OSPF 路由实现的工作量。为了优化操作,各区域所包含路由器不应超过 50～70 个。

5. OSPF 的基本配置

(1) 指定使用 OSPF 协议(进入 OSPF 路由协议模式)。

命令格式:

```
router(config)#router ospf process-id
router(config-router)#          //路由协议模式提示符
```

其中,process-id 为路由进程号,以十进制方式指定,取值范围 1～65 535。多个 OSPF 进程可以在同一个路由器上配置,但通常不要这样做,该进程号只在路由器内部起作用,不同路由器可以不同。

说明

为了便于维护,路由器的进程号可以相同。例如,

```
router(config)#router ospf 100
```

(2) 声明与路由器直接相连的网络。

功能:路由器上任何符合 network 命令中的网络地址的接口都将启用,可发送和接收 OSPF 数据包。此网络(或子网)将被包括在 OSPF 路由更新中。

命令格式:

```
router(config-router)#network network-address wildcard area area-id
```

参数说明如下。

- network-address:指路由器直连网段的网络号。
- wildcard:即掩码反码(通配符),其值为 255.255.255.255 减去掩码。例如,网段 172.16.1.0/30 的掩码为:11111111.11111111.11111111.11111100 = 255.255.255.252, wildcard 的值为 255-255.255-255.255-255.255-252=0.0.0.3。
- area-id:即区域号,可以是数字或 IP 地址(一般用数字)。区域号可以是 0~42 亿中的任何一个数值。OSPF 区域是共享链路状态信息的一组路由器,OSPF 网络也可配置为多区域。如果所有路由器都处于同一个 OSPF 区域,则必须在所有路由器上使用相同的 area-id 来配置 network 命令,比较好的做法是在单区域 OSPF 中使用 area-id 0。

例如,声明与路由器直接相连的网络 172.16.0.0/30,区域号为 0,命令如下:

```
router(config-router)#network 172.16.1.0 0.0.0.3 area 0
```

(3) 删除与路由器直接相连的网络。

命令格式:

```
router(config-router)#no network network-address wildcard area area-id
```

例如,删除与路由器直接相连的网络 172.16.0.0/30,区域号为 0,命令如下:

```
router(config-router)#no network 172.16.0.0 0.0.0.3 area 0
```

6. 单区域 OSPF 配置实例

【例3】 按图 6-17 所示拓扑图搭建网络(R2 的 S1/0 口是 DCE 端),用 OSPF 动态路由协议完成网络的配置,实现 PC0、PC1 以及 PC2 相互通信。

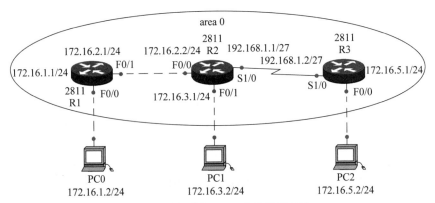

图 6-17 单区域 OSPF 实验网络拓扑

（1）R1 的配置

① 基本配置。

单区域 OSPF
路由配置

```
R1(config)#int F0/0
R1(config-if)#ip add 172.16.1.1 255.255.255.0
R1(config-if)#no shut
R1(config-if)#exit
R1(config)#int F0/1
R1(config-if)#ip add 172.16.2.1 255.255.255.0
R1(config-if)#no shut
R1(config-if)#exit
```

② OSPF 配置。

```
R1(config)#router ospf 100        //启用 OSPF 路由协议,定义 OSPF 进程 ID 号为 100
R1(config-router)#net 172.16.1.0 0.0.0.255 area 0
                          //将 OSPF 发布到 0 区域的 172.16.1.0/24 网段
R1(config-router)#net 172.16.2.0 0.0.0.255 area 0
                          //将 OSPF 发布到 0 区域的 172.16.2.0/24 网段
```

（2）R2 的配置

① 基本配置。

```
R2(config)#int F0/0
R2(config-if)#ip add 172.16.2.2 255.255.255.0
R2(config-if)#no shut
R2(config-if)#exit
R2(config)#int F0/1
R2(config-if)#ip add 172.16.3.1 255.255.255.0
R2(config-if)#no shut
R2(config-if)#exit
R2(config)#int S1/0
R2(config-if)#ip add 192.168.1.1 255.255.255.224
R2(config-if)#clock rate 64000
R2(config-if)#no shut
R2(config-if)#exit
```

② OSPF 配置。

```
R2(config)#router ospf 200        //启用 OSPF 路由协议,定义 OSPF 进程 ID 号为 200
R2(config-router)#net 172.16.2.0 0.0.0.255 area 0
                          //将 OSPF 发布到 0 区域的 172.16.2.0/24 网段
R2(config-router)#net 172.16.3.0 0.0.0.255 area 0
                          //将 OSPF 发布到 0 区域的 172.16.3.0/24 网段
R2(config-router)#net 192.168.1.0 0.0.0.31 area 0
                          //将 OSPF 发布到 0 区域的 192.168.1.0/27 网段
```

（3）R3 的配置

① 基本配置。

```
R3(config)#int F0/0
R3(config-if)#ip add 172.16.5.1 255.255.255.0
R3(config-if)#no shut
R3(config-if)#exit
R3(config)#int S1/0
R3(config-if)#ip add 192.168.1.2 255.255.255.224
R3(config-if)#no shut
R3(config-if)#exit
```

② OSPF 配置。

```
R3(config)#router ospf 300           //启用 OSPF 路由协议,定义 OSPF 进程 ID 号为 300
R3(config-router)#net 172.16.5.0 0.0.0.255 area 0
                                     //将 OSPF 发布到 0 区域的 172.16.5.0/24 网段
R3(config-router)#net 192.168.1.0 0.0.0.31 area 0
                                     //将 OSPF 发布到 0 区域的 192.168.1.0/27 网段
```

（4）设置 PC IP 相关信息

按表 6-4 设置各 PC 的 IP 相关信息。

表 6-4　各 PC 的 IP 相关信息

设置项目	PC0	PC1	PC2
IP 地址	172.16.1.2	172.16.3.2	172.16.5.2
子网掩码	255.255.255.0	255.255.255.0	255.255.255.0
默认网关	172.16.1.1	172.16.3.1	172.16.5.1

（5）查看路由表(以 R1 为例)

```
      172.16.0.0/24 is subnetted, 4 subnets
C        172.16.1.0 is directly connected, FastEthernet0/0
C        172.16.2.0 is directly connected, FastEthernet1/0
O        172.16.3.0 [110/2] via 172.16.2.2, 00:02:35, FastEthernet1/0
O        172.16.5.0 [110/66] via 172.16.2.2, 00:01:06, FastEthernet1/0
O        192.168.1.0/24 [110/66] via 172.16.2.2, 00:02:18, FastEthernet1/0
```

信息解读：路由器 R1 路由表中包含到任何一个网段的路由信息,其中 O 表示经 OSPF 协议获得的路由;110 表示 OSPF 路由协议管理距离的默认值;到 172.16.3.0 网段的花费值为 2(172.16.2.0 与 172.16.3.0 两个快速以太网段的路由花费值都是 1,两者相加的和是 2),到 172.16.5.0 网段的花费值为 66(172.16.2.0 与 172.16.5.0 两个快速以太网段的路由花费值都是 1,192.168.1.0 串行链路上的花费值是 64,三者相加的和是 66),到 192.168.1.0 网段的花费值为 65(172.16.2.0 快速以太网段的路由花费值是 1,192.168.1.0 串行链路上的花费值是 64,两者相加的和是 65)。

（6）测试连通性

结论：PC0、PC1 以及 PC2 相互可以 ping 通,原因是它们拥有了可达对方的路由。

7. 多区域 OSPF 配置实例

【例 4】 在例 2 的基础上,现要求使用多区域 OSPF 实现全网互通。其中 R1 与 R2 的 F0/0 端口以及 F0/1 端口配置为 area 0 区域;R2 的 S1/0 端口与 R3 配置为 area 1 区域。修改后的拓扑结构图如图 6-18 所示。

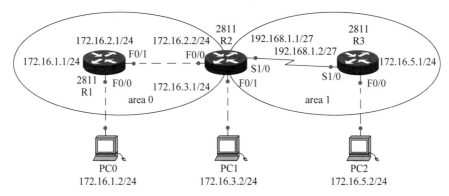

图 6-18 多区域 OSPF 实验网络拓扑

(1) 删除在 R2 的 S1/0 端口与 R3 上配置的 area 0 区域的 OSPF 路由。

① 在 R2 上删除用 ospf 协议声明的直连网络 192.168.1.0/24。

多区域 OSPF
路由的优势

```
R2(config#router)#router ospf 200        //进入 OSPF 路由协议模式
R2(config-router)#no net 192.168.1.0 0.0.0.31 area 0
//删除 OSPF 发布的 area 0 区域的 192.168.1.0/24 网段
```

② 在 R3 上删除用 OSPF 协议声明的直连网络 192.168.1.0/24 以及 172.16.5.0/24。

```
R3(config)#router ospf 300        //进入 OSPF 路由协议模式
R3(config-router)#no net 192.168.1.0 0.0.0.31 area 0
//删除 OSPF 发布的 area 0 区域的 192.168.1.0/24 网段
R3(config-router)#no net 172.16.5.0 0.0.0.255 area 0
//删除 OSPF 发布的 area 0 区域的 172.16.5.0/24 网段
```

(2) 查看路由表。

查看 R2 的路由表,显示结果如下:

```
Gateway of last resort is not set
     172.16.0.0/24 is subnetted, 3 subnets
O       172.16.1.0 [110/2] via 172.16.2.1, 00:35:06, FastEthernet0/0
C       172.16.2.0 is directly connected, FastEthernet0/0
C       172.16.3.0 is directly connected, FastEthernet0/1
     192.168.1.0/27 is subnetted, 1 subnets
C       192.168.1.0 is directly connected, Serial1/0
```

信息解读:路由器 R2 中不再包含由 OSPF 协议声明的到网段 172.16.5.0/24 的路由信息。

同理查看 R1 的路由表,可以看到 R1 中不再包含由 OSPF 协议声明的到网段 192.168.1.0/24 以及 172.16.5.0/24 的路由信息;查看 R3 的路由表,可以看到 R3 中只包含到网段 192.168.1.0/24 以及 172.16.5.0/24 的直连路由。

(3) 测试连通性。

此时,PC0 与 PC1 互通,原因是有可到达对方的路由;PC2 与 PC0、PC2 与 PC1 都不通,原因是没有可到达对方的路由。

(4) 将 R2 的 S1/0 端口与 R3 配置为 area 1 区域的 OSPF 路由。

① R2 的 OSPF 配置。

```
R2(config)#router ospf 200
R2(config-router)#net 192.168.1.0 0.0.0.31 area 1
//将 OSPF 发布到 192.168.1.0/27 网段,area 为 1
```

② R3 的 OSPF 配置。

```
R3(config)#router ospf 300
R3(config-router)#net 192.168.1.0 0.0.0.31 area 1
//将 OSPF 发布到 192.168.1.0/27 网段,area 为 1
R3(config-router)#net 172.16.5.0 0.0.0.255 area 1
//将 OSPF 发布到 172.16.5.0/24 网段,area 为 1
```

(5) 查看路由表。
查看 R3 的路由表,显示结果如下:

```
Gateway of last resort is not set
172.16.0.0/24 is subnetted, 4 subnets
O IA    172.16.1.0 [110/66] via 192.168.1.1, 00:00:19, Serial1/0
O IA    172.16.2.0 [110/65] via 192.168.1.1, 00:00:19, Serial1/0
O IA    172.16.3.0 [110/65] via 192.168.1.1, 00:00:19, Serial1/0
C       172.16.5.0 is directly connected, FastEthernet0/0
    192.168.1.0/27 is subnetted, 1 subnets
C192.168.1.0 is directly connected, Serial1/0
```

信息解读:路由器 R3 路由表中包含到任何一个网段的路由信息(O IA 即 OSPF inter area,表示在不同区域配置 OSPF 动态路由协议获得的路由)。同理可以查看 R1、R2 的路由表,R1、R2 的路由表中包含到任何一个网段的路由信息。

删除 R2 的 S1/0 端口与 R3 上配置的 area 0 区域 OSPF 路由,然后配置多区域的 OSPF 路由,路由更新较慢,需等段时间方可查看到更新后的路由表。如果想快速准确地查看到多区域 OSPF 配置的路由表,可以按图 2-136 多区域 OSPF 实验拓扑图直接配成多区域的 OSPF。

(6) 测试连通性。
结论:PC0、PC1 以及 PC2 相互可以 ping 通,原因为它们拥有了可到达对方的路由。

6.3.4　路由引入

1. 路由引入的概念

在实际工作会遇到使用多个 IP 路由协议的网络。为了使整个网络正常地工作,必须在多个路由协议之间进行成功的路由再分配,这样不同的路由协议间就可以相互通告路由信息了。这种从一种协议导入另一种协议或在同一种协议的不同进程之间引入路由的过程称为路由引入,又称重新分配路由或再分布路由。

路由引入

2. 直连路由、静态路由、默认路由重分布到动态路由中

1) 静态路由重分布到动态路由中

命令格式:

```
router(config-router)#redistribute static [subnets]
//把静态路由重分布到 OSPF 或者 RIP 中(subnets 表示支持无类别路由,即把子网也包含进来。
  OSPF 协议中,引入的静态路由为无类路由时需要加 subnets)
```

2) 直连路由重分布到动态路由中

(1) RIP 协议重分发直连路由。

命令格式:

```
router(config-router)#redistribute connected
```

(2) OSPF 协议重分发直连路由。

命令格式:

```
router(config-router)#redistribute connected [subnets]
//subnets 表示支持无类别路由
```

3) 默认路由重分布到动态路由中

```
router(config-router)#default-information originate
```

【例 5】　接例 3 的内容,现要求 R1 与 R2 的 F0/1 端口以及 F0/0 端口运行 OSPF 协议,在 R2 上配置到网段 172.16.5.0/24 的静态路由,R3 上配置到 R2 方向的默认静态路由,通过路由重分配实现 PC0、PC1、PC2 互通。修改后的网络拓扑结构如图 6-19 所示。

R1、R2 以及 R3,PC0、PC1 以及 PC2 的基本配置和例 1 中的一致,R1 的 OSPF 配置和例 1 中的也一致,此处不再赘述。

(1) R2 的 OSPF 配置

```
R2(config)#router ospf 200                        //进入 OSPF 路由协议模式
R2(config-router)#net 172.16.2.0 0.0.0.255 area 0 //将 OSPF 发布到 172.16.2.0/24 网段
R2(config-router)#net 172.16.3.0 0.0.0.255 area 0 //将 OSPF 发布到 172.16.3.0/24 网段
R2(config-router)#exit
```

(2) R2 的静态路由配置

```
R2(config)#ip route 172.16.5.0 255.255.255.0 192.168.1.2
```

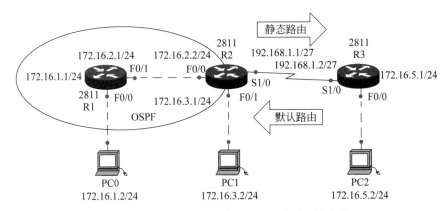

图 6-19　静态路由重发布到 OSPF 实验网络拓扑

//配置到 172.16.5.0/24 网段的静态路由,下一跳地址是 192.168.1.2

(3) R3 的默认路由配置

R3(config)#ip route 0.0.0.00.0.0.0 192.168.1.1
//配置下一跳地址是 192.168.1.1 的默认路由,下一跳地址是 192.168.1.1

(4) 查看路由表

① 查看 R1 的路由表。

显示结果如下:

```
Gateway of last resort is not set
     172.16.0.0/24 is subnetted, 3 subnets
C      172.16.1.0 is directly connected, FastEthernet0/0
C      172.16.2.0 is directly connected, FastEthernet0/1
O      172.16.3.0 [110/2] via 172.16.2.2, 00:16:14, FastEthernet0/1
```

② 查看 R2 的路由表。

显示结果如下:

```
Gateway of last resort is not set
     172.16.0.0/24 is subnetted, 4 subnets
O      172.16.1.0 [110/2] via 172.16.2.1, 00:15:53, FastEthernet0/0
C      172.16.2.0 is directly connected, FastEthernet0/0
C      172.16.3.0 is directly connected, FastEthernet0/1
S      172.16.5.0 [1/0] via 192.168.1.2
     192.168.1.0/27 is subnetted, 1 subnets
C      192.168.1.0 is directly connected, Serial1/0
```

③ 查看 R3 的路由表。

显示结果如下:

```
Gateway of last resort is 192.168.1.1 to network 0.0.0.0
     172.16.0.0/24 is subnetted, 1 subnets
C      172.16.5.0 is directly connected, FastEthernet0/0
```

```
C    192.168.1.0/24 is directly connected, Serial1/0
S *  0.0.0.0/0 [1/0] via 192.168.1.1
```

信息解读：R1 的路由表中只包含到网段 172.16.1.0/24、172.16.2.0/24、172.16.3.0/24 的路由信息，R2、R3 的路由表中包含到所有网段的路由信息。

（5）测试连通性

结论：PC0 与 PC1 相互可以 ping 通，PC2 与 PC1 之间相互可以 ping 通，原因是它们拥有了可达对方的路由。PC2 与 PC0 不连通，原因是 PC0 没有到达对方 PC2 的路由，R2 到 PC0 所在网段 172.16.1.0/24 运行的 OSPF 协议，R2 到 PC2 所在网段 172.16.5.0/24 配置的是静态路由，不同的协议之间不能相互通信；若要实现 PC2 与 PC0 之间的连通，必须进行路由重分配。

（6）路由重分配

在路由器 RT2 上把到分部的静态路由引入 OSPF。

```
R2(config)#router ospf 200                    //进入 OSPF 路由协议模式
R2(config-router)#redistribute static subnets    //把静态路由重发布到 OSPF
R2(config-router)#redistributeconnected subnets  //把直连路由重发布到 OSPF
```

（7）查看路由表

查看 R1 的路由表。

显示结果如下：

```
Gateway of last resort is not set
     172.16.0.0/24 is subnetted, 4 subnets
C        172.16.1.0 is directly connected, FastEthernet0/0
C        172.16.2.0 is directly connected, FastEthernet0/1
O        172.16.3.0 [110/2] via 172.16.2.2, 00:01:01, FastEthernet0/1
O E2     172.16.5.0 [110/20] via 172.16.2.2, 00:00:13, FastEthernet0/1
     192.168.1.0/27 is subnetted, 1 subnets
O E2     192.168.1.0 [110/20] via 172.16.2.2, 00:00:03, FastEthernet0/1
```

信息解读：R1 的路由表中包含到所有网段的路由信息（O E2 即 OSPF external type 2，type 2 metric 的值是不包括内部链路花费值的，默认为 20。由外部重分布进来默认使用 O E2）。

同理可查看 R2、R3 的路由表，R2、R3 的路由表中包含到所有网段的路由信息。

（8）测试连通性

结论：此时，PC0、PC1、PC2 互通，原因是它们拥有了可到达对方的路由。

3. OSPF 与 rip 的相互引入

多路由协议配置的相关命令见表 6-5。

表 6-5 多路由协议配置的相关命令

任　务	命　令
重新分配 OSPF 路由到 RIP 中	redistribute ospf process-id metric metric-value
重新分配 RIP 路由到 OSPF 中	redistribute ripmetric metric-value [subnets]

【例 6】 接例 3 的内容,现要求 R1 及 R2 的 F0/0 端口和 F0/1 端口运行 OSPF 协议,R2 的 S1/0 端口以及 R3 运行 RIPv2 协议配置网络,实现 PC0、PC1 以及 PC2 相互通信。修改后的网络拓扑结构如图 6-20 所示。

RIP 与 OSPF
的相互引入

R1、R2 以及 R3,PC0、PC1 以及 PC2 的基本配置和例 1 中的一致,此处不再赘述。

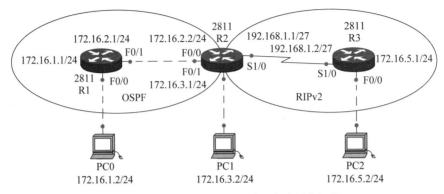

图 6-20　OSPF 与 RIP 相互引入实验网络拓扑

(1) R1 路由的配置

```
R1(config)#router ospf 100      //启用 OSPF 路由协议,定义 OSPF 进程 ID 号为 100
R1(config-router)#net 172.16.1.0 0.0.0.255 area 0
R1(config-router)#net 172.16.2.0 0.0.0.255 area 0
```

(2) R2 路由的配置

```
R2(config)#router ospf 200
R2(config-router)#net 172.16.2.0 0.0.0.255 area 0
R2(config-router)#net 172.16.3.0 0.0.0.255 area 0
R2(config-router)#exit
R2(config)#router rip
R2(config-router)#version 2
R2(config-router)#net 192.168.1.0
R2(config-router)#no auto
```

(3) R3 路由的配置

```
R3(config)#router rip
R3(config-router)#version 2
R3(config-router)#net 192.168.1.0
R3(config-router)#net 172.16.5.0
R3(config-router)#no auto
```

(4) 路由重引入

```
R2(config)#router ospf 200
R2(config-router)#redistribute rip metric 10 subnets
```

//重新分配 RIP 路由,度量值为 10,把 RIP 路由引入 OSPF 路由中
```
R2(config-router)#exit
R2(config)#router rip
R2(config-router)#version 2
R2(config-router)#redistribute ospf 200 metric 1
```
//重新分配 OSPF 路由,度量值为 1,把 OSPF 路由引入 RIP 路由中

（5）查看路由表
① 查看 R3 的路由表。

```
R3#sh ip route
```

显示结果如下:

```
Gateway of last resort is not set
     172.16.0.0/24 is subnetted, 4 subnets
R       172.16.1.0 [120/1] via 192.168.1.1, 00:00:16, Serial1/0
R       172.16.2.0 [120/1] via 192.168.1.1, 00:00:16, Serial1/0
R       172.16.3.0 [120/1] via 192.168.1.1, 00:00:16, Serial1/0
C       172.16.5.0 is directly connected, FastEthernet0/0
     192.168.1.0/27 is subnetted, 1 subnets
C       192.168.1.0 is directly connected, Serial1/0
```

② 查看 R2 的路由表。

```
R2#sh ip route
```

显示结果如下:

```
Gateway of last resort is not set
     172.16.0.0/24 is subnetted, 4 subnets
O       172.16.1.0 [110/2] via 172.16.2.1, 00:03:24, FastEthernet0/0
C       172.16.2.0 is directly connected, FastEthernet0/0
C       172.16.3.0 is directly connected, FastEthernet0/1
R       172.16.5.0 [120/1] via 192.168.1.2, 00:00:04, Serial1/0
     192.168.1.0/27 is subnetted, 1 subnets
C       192.168.1.0 is directly connected, Serial1/0
```

③ 查看 R1 的路由表。

```
R1#sh ip route
```

显示结果如下:

```
Gateway of last resort is not set
     172.16.0.0/24 is subnetted, 4 subnets
C       172.16.1.0 is directly connected, FastEthernet0/0
C       172.16.2.0 is directly connected, FastEthernet0/1
O       172.16.3.0 [110/2] via 172.16.2.2, 00:02:25, FastEthernet0/1
O E2    172.16.5.0 [110/10] via 172.16.2.2, 00:00:30, FastEthernet0/1
     192.168.1.0/27 is subnetted, 1 subnets
```

O E2   192.168.1.0 [110/10] via 172.16.2.2, 00:00:30, FastEthernet0/1

信息解读：路由器 R1、R2、R3 的路由表中包含到所有网段的路由
信息。

（6）测试连通性

结论：此时，PC0、PC1、PC2 互通，原因是它们拥有了可到达对方的
路由。

其他路由引
入动态路由

说 明

要做双向引入才能确保不丢失路由。

6.4 项目设计与准备

1. 项目设计

分别在 SW3、RT1、RT2 上配置 OSPF 动态路由；在 RT2 上进行路由重分配：把直连路
由、静态路由、默认路由引入动态路由中。

2. 项目准备

（1）方案一：真实设备操作（以组为单位，小组成员协作，共同完成实训）。

• Cisco 交换机、配置线、台式机或笔记本电脑。

• 项目 5 的配置结果。

（2）方案二：在模拟软件中操作（以组为单位，成员相互帮助，各自独立完成实训）。

• 每人 1 台装有 Cisco Packet Tracer 6.2 的计算机。

• 项目 5 的配置结果。

6.5 项目实施

任务 6-1 配置与管理动态路由

公司总部配置单区域 OSPF 动态路由，即将 SW3 的所有端口、RT1 的所有端口和 RT2
的 F0/0 端口配置为骨干区域，运行 OSPF，实现公司总部的连通。

1. SW3 的配置

```
SW3(config)#router ospf 100
SW3(config-router)#net 172.16.0.0 0.0.0.3 area 0
SW3(config-router)#net 10.0.0.0 0.0.0.127 area 0
SW3(config-router)#net 10.0.0.128 0.0.0.63 area 0
SW3(config-router)#net 10.0.0.192 0.0.0.31 area 0
SW3(config-router)#net 10.0.0.224 0.0.0.15 area 0
SW3(config-router)#net 10.0.0.240 0.0.0.15 area 0
SW3(config-router)#net 192.168.100.0 0.0.0.7 area 0
```

2. RT1 的配置

```
RT1(config)#router ospf 100
RT1(config-router)#net 172.16.0.0 0.0.0.3 area 0
RT1(config-router)#net 172.16.10.0 0.0.0.3 area 0
RT1(config-router)#net 172.16.1.0 0.0.0.3 area 0
```

3. RT2 的配置

```
RT2(config)#router ospf 100
RT2(config-router)#net 172.16.1.0 0.0.0.3 area 0
```

4. 查看路由表

操作如下：

```
SW3#sh ip route
RT1#sh ip route
RT2#sh ip route
```

结果：SW3、RT1 的路由表中有到公司总部所有网段的路由信息，但是没有到公司分部网段 10.0.1.0/27 的路由信息，也没有到合作伙伴 10.0.2.0/27 的路由信息。

原因：公司总部配置的是动态路由，分部和合作伙伴配置的是静态路由，两种路由没有引入对方。

5. 测试连通性

（1）在 PC1 上测试与 PC4 的连通性

操作如下：

```
ping 10.0.1.29
```

结果：不通。

原因：公司总部配置的是动态路由，分部配置的是静态路由，两种路由没有引入对方。

（2）在 PC1 上测试与 PC5 的连通性

操作如下：

```
ping 10.0.2.29
```

结果：不通。

原因：公司总部配置的是动态路由，合作伙伴配置的是静态路由，两种路由没有引入对方。

（3）在 PC1 上测试与 Server 的连通性

操作如下：

```
ping 172.16.10.2
```

结果：互通。

原因：公司总部配置的是动态 OSPF 路由，PC1 与 Server 都属于公司总部，有互相到达对方的路由。

（4）测试 PC1 与公司外网接入路由器 RT2 的 F0/0 端口的连通性

操作如下：

```
ping 172.16.1.2(在 PC1 上测试)
```

结果：ping 通。

（5）测试 PC1 与公司外网接入路由器 RT2 的 S1/0 端口的连通性

操作如下：

```
ping 202.0.0.1(在 PC1 上测试)
```

结果：ping 不通。

原因：RT2 和 RT1 之间网段是 OSPF 动态路由，向 RT4 方向是默认路由，无法通信。

（6）测试 PC1 与公司外网接入路由器 RT2 的 F0/1 端口的连通性

操作如下：

```
ping 172.16.2.1(在 PC1 上测试)
```

结果：ping 不通。

原因：RT2 和 RT1 之间网段是 OSPF 动态路由，向 RT3 方向是静态路由，无法通信。

任务 6-2 重新分配路由

公司总部运行的 OSPF 动态路由协议，RT2 到分部以及公网用的都是静态路由，要采用路由重新分配技术，实现不同路由网段之间的信息互访。

1. 在路由器 RT2 上把到公司分部的静态路由引入 OSPF

（1）命令代码

```
RT2(config)#router ospf 100                          //进入 OSPF 路由协议模式
RT2(config-router)#redistribute static subnets       //把静态路由引入 OSPF
```

（2）验证测试

① 测试 PC1 与 PC4 的连通性。

操作如下：

```
ping 10.0.1.29(在 PC1 上测试)
```

结果：可以 ping 通。

原因：把到分部 10.0.1.0/27 网段的静态路由引入了动态路由 OSPF。

② 测试 PC1 与公司外网接入路由器 RT2 的 F0/1 端口的连通性。

操作如下：

```
ping 172.16.2.1(在 PC1 上测试)
```

结果：ping 不通。

原因：没有把到网段 172.16.2.0/30 网段的直连路由引入。

③ 测试 PC1 与公司外网接入路由器 RT2 的 S1/0 端口的连通性。

操作如下：

ping 202.0.0.1(在 PC1 上测试)

结果：无法 ping 通。

原因：没有把朝 RT4 方向的网段路由引入。

2. 在路由器 RT2 上把直连路由引入 OSPF

（1）命令代码

RT2(config-router)#redistribute connected subnets　　　　//把直连路由引入 OSPF

（2）验证测试

① 测试 PC1 与公司外网接入路由器 RT2 的 F0/1 端口的连通性。

操作如下：

ping 172.16.2.1(在 PC1 上测试)

结果：可以 ping 通。

原因：路由器 RT2 的直连网段 172.16.2.0/30 已经引入。

② 测试 PC1 与公司分部路由器 RT3 的 F0/1 端口的连通性。

操作如下：

ping 172.16.2.2(在 PC1 上测试)

结果：可以 ping 通。

③ 测试 PC1 与公司外网接入路由器 RT2 的 S1/0 端口的连通性。

操作如下：

ping 202.0.0.1(在 PC1 上测试)

结果：可以 ping 通。

原因是：路由器 RT2 的直连网段 202.0.0.0/29 已经引入。

④ 测试 PC1 与 RT4 的 S1/0 端口的连通性。

操作如下：

ping 202.0.0.6

结果：无法 ping 通。

3. 在路由器 RT2 上把默认路由引入 OSPF

（1）命令代码

RT2(config-router)#default-information originate　　//把默认路由引入 OSPF

（2）验证测试

测试 PC1 与路由器 RT4 的 S1/0 端口的连通性。

操作如下：

ping 202.0.0.8(在 PC1 上测试)

结果：无法 ping 通。

提示　　将来做完 NAPT 后,为实现全网连通,需把默认路由引入 OSPF 中。

6.6　项目验收

6.6.1　查看路由表

查看 RT2 的路由表。

操作如下:

RT2#show ip route

显示结果如图 6-21 所示。

```
RT2#sh ip route
Codes: C - connected, S - static, I - IGRP, R - RIP, M - mobile, B - BGP
       D - EIGRP, EX - EIGRP external, O - OSPF, IA - OSPF inter area
       N1 - OSPF NSSA external type 1, N2 - OSPF NSSA external type 2
       E1 - OSPF external type 1, E2 - OSPF external type 2, E - EGP
       i - IS-IS, L1 - IS-IS level-1, L2 - IS-IS level-2, ia - IS-IS inter area
       * - candidate default, U - per-user static route, o - ODR
       P - periodic downloaded static route

Gateway of last resort is 202.0.0.6 to network 0.0.0.0

     10.0.0.0/8 is variably subnetted, 6 subnets, 4 masks
O       10.0.0.0/25 [110/3] via 172.16.1.1, 00:00:55, FastEthernet0/0
O       10.0.0.128/26 [110/3] via 172.16.1.1, 00:00:55, FastEthernet0/0
O       10.0.0.192/27 [110/3] via 172.16.1.1, 00:00:55, FastEthernet0/0
O       10.0.0.224/28 [110/3] via 172.16.1.1, 00:00:55, FastEthernet0/0
O       10.0.0.240/28 [110/3] via 172.16.1.1, 00:00:55, FastEthernet0/0
S       10.0.1.0/27 [1/0] via 172.16.2.2
     172.16.0.0/30 is subnetted, 4 subnets
O       172.16.0.0 [110/2] via 172.16.1.1, 00:00:55, FastEthernet0/0
C       172.16.1.0 is directly connected, FastEthernet0/0
C       172.16.2.0 is directly connected, FastEthernet0/1
O       172.16.10.0 [110/2] via 172.16.1.1, 00:00:55, FastEthernet0/0
     192.168.100.0/29 is subnetted, 1 subnets
O       192.168.100.0 [110/2] via 172.16.1.1, 00:00:55, FastEthernet0/0
     202.0.0.0/29 is subnetted, 1 subnets
C       202.0.0.0 is directly connected, Serial1/0
S*   0.0.0.0/0 [1/0] via 202.0.0.6
```

图 6-21　RT2 的路由表

结论:路由器 RT2 中包含到公司总部所有 VLAN 的路由;包含到分部的静态路由;包含指向公网路由器 RT4 的默认路由。

还包含三条直连路由:

C　172.16.1.0 is directly connected, FastEthernet0/0
C　172.16.2.0 is directly connected, FastEthernet0/1
C　202.0.0.0 is directly connected, Serial1/0

同理可查看 SW3、RT1、RT3、RT4、RT5 的路由表,验收一下路由表中的信息是否正确。

6.6.2　查看当前配置文件

查看 RT2 的当前配置文件。

操作如下：

```
RT2# show run
```

关键信息如图 6-22 所示。

```
router ospf 100
 log-adjacency-changes
 redistribute static subnets
 redistribute connected subnets
 network 172.16.1.0 0.0.0.3 area 0
 default-information originate
!
ip classless
ip route 10.0.1.0 255.255.255.224 172.16.2.2
ip route 0.0.0.0 0.0.0.0 202.0.0.6
!
!
!
no cdp run
!
!
!
!
line con 0
line vty 0 4
 login
```

图 6-22　RT2 当前配置文件的关键信息

结论：RT2 把直连路由、静态路由和默认路由都引入了 OSPF 路由中。

同理可查看 SW3、RT1、RT3、RT4、RT5 的当前配置文件,验收一下当前配置文件中的信息是否正确。

6.6.2　测试连通性

1. 测试总部与分部的连通性

在总部任一 PC 上 ping 与分部的连通性,这里选用在 PC1 上测试与 PC4 的连通性。
操作如下：

```
ping 10.0.1.29
```

结果：可以 ping 通。
结论：总部与分部互通。

2. 测试部与合作伙伴的连通性

(1) 测试 PC4 与 RT4 的 S1/0 的连通性
操作如下：

```
ping 202.0.0.6
```

结果：无法 ping 通。

（2）测试 PC4 与 RT2 的 S1/0 的连通性

操作如下：

```
ping 202.0.0.1(在 PC1 上测试)
```

结果：可以 ping 通。

结论：分部向合作伙伴方向只能 ping 通到 RT2 的 S1/0 口。

同理可以测试公司总部向合作伙伴方向只能 ping 通到 RT2 的 S1/0 口。

3. 测试合作伙伴与总部以及分部方向的连通性

（1）测试 PC5 与 RT4 的 S1/1 的连通性

操作如下：

```
ping 202.0.1.1
```

结果：无法 ping 通。

（2）测试 PC5 与 RT5 的 S1/1 的连通性

操作如下：

```
ping 202.0.1.2
```

结果：可以 ping 通。

结论：合作伙伴与总部以及分部方向只能 ping 通到 RT5 的 S1/1 口。

6.7 项目小结

添加动态路由实训操作中需要注意的事项如下。

（1）OSPF 路由中必须有骨干区域。

（2）为了管理方便，不同路由器的进程号可一致。

（3）使用多个路由协议的网络，必须在多个路由协议之间进行成功的路由引入，不同的路由协议间才可以相互通告路由信息，使网络互通。

（4）要熟记路由引入代码。

6.8 知识扩展

6.8.1 VRRP 概念

虚拟路由冗余协议(Virtual Router Redundancy Protocol,VRRP)是由 IETF 提出的解决局域网中配置静态网关出现单点失效现象的路由协议,1998 年已推出正式的 RFC 2338 协议标准。VRRP 广泛应用在边缘网络中,它的设计目标是支持特定情况下 IP 数据流量失败转移不会引起混乱,允许主机使用单路由器,以及及时在实际第一跳路由器使用失败的情形下仍能够维护路由器间的连通性。它是一种选择协议,可以把一个虚拟路由器的 IP 动态分配到局域网上的 VRRP 路由器中的一台,控制虚拟路由器 IP 地址的 VRRP 路由器称为主路由器,它负责转发数据包到这些虚拟 IP 地址,一旦主路由器不可用,这种选择过程就提供了动态的故障转移机制,这就允许虚拟路由器的 IP 地址可以作为终端主机的默认第一跳;它是一种 LAN 接入设备备份协议,一个局域网络内的所有主机都设置默认网关,这样主机发出的目的地址不在本网段的报文将被通过默认网关发往路由器或三层交换机,从而实现了主机和外部网络的通信。它是一种路由容错协议,也可以叫作备份路由协议,一个局域网络内的所有主机都设置默认路由,当网内主机发出的目的地址不在本网段时,报文将被通过默认路由发往外部路由器,从而实现了主机与外部网络的通信。当默认路由器端口关闭之后,内部主机将无法与外部通信;如果路由器设置了 VRRP,那么虚拟路由将启用备份路由器,从而实现全网通信。

　　Cisco 路由器或交换机除了支持 IETF 制定的标准协议 VRRP 外,Cisco 还拥有私有的协议 HSRP(Hot Standby Router Protocol,热备份路由器协议)。HSRP 是一种静态冗余网关技术,Cisco 称为第一跳冗余协议,能防止路由器单点失效而导致的第一跳路由失败问题。网络中主机的默认网关指向一台虚拟的路由器,它有一个虚拟 IP 地址和一个虚拟 MAC 地址,主机把需要转发的数据包发往这台虚拟路由器,而实际负责转发数据包的却是一台真实的路由器,叫作活动路由器(Active Router),它有自己的真实 IP 地址和真实 MAC 地址。同时,还有一台备用路由器(Standby Router),它与活动路由器一样,具有自己的真实 IP 地址和真实 MAC 地址。一旦活动路由器失效,它能快速取代活动路由器,变为一台新的活动路由器,为网络中的主机提供数据包的转发任务,从而保证主机第一跳路由始终畅通无阻。HSRP 和 VRRP 协议有许多相似之处。但二者主要的区别是在 Cisco 的 HSRP 中,需要单独配置一个 IP 地址作为虚拟路由器对外体现的地址,这个地址不能是组中任何一个成员的接口地址。由于篇幅问题,这里就不再详细讲解 HSRP。

6.8.2　VRRP 使用环境

　　VRRP 是一种容错协议。通常,一个网络内的所有主机都设置一条默认路由,这样主机发出的目的地址不在本网段的报文将被通过默认路由发往路由器 RouterA,从而实现了主机与外部网络的通信。当路由器 RouterA 坏掉时,本网段内所有以 RouterA 为默认路由下一跳的主机将断掉与外部通信时产生的单点故障。图 6-23 所示为局域网组网方案。

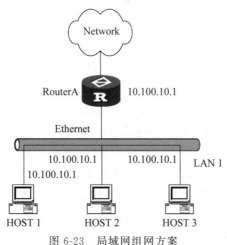

图 6-23　局域网组网方案

VRRP 就是为解决上述问题而提出的,它为具有多播组播或广播能力的局域网(如以太网)设计。VRRP 将局域网的一组路由器(包括一个活动路由器和若干个备份路由器)组织成一个虚拟路由器,称之为一个备份组。这个虚拟的路由器拥有自己的 IP 地址 10.100.10.1(这个 IP 地址可以和备份组内的某个路由器的接口地址相同,相同的则称为 IP 拥有者),备份组内的路由器也有自己的 IP 地址(如活动路由器的 IP 地址为 10.100.10.2,备份路由器的 IP 地址为 10.100.10.3)。局域网内的主机仅仅知道这个虚拟路由器的 IP 地址 10.100.10.1,而并不知道具体的活动路由器的 IP 地址 10.100.10.2 以及备份路由器的 IP 地址 10.100.10.3。它们将自己的默认路由下一跳地址设置为该虚拟路由器的 IP 地址 10.100.10.1,于是,网络内的主机就通过这个虚拟的路由器来与其他网络进行通信。如果备份组内的活动路由器坏掉,备份路由器将会通过选举策略选出一个新的活动路由器,继续向网络内的主机提供路由服务,从而实现网络内的主机不间断地与外部网络进行通信。

VRRP 组网示意图如图 6-24 所示,其中,Master 指活动路由器,Backup 指备份路由器。

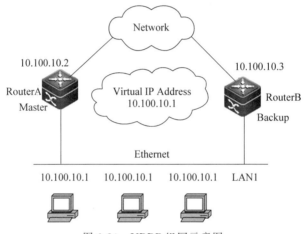

图 6-24　VRRP 组网示意图

6.8.3　VRRP 工作原理

一个 VRRP 路由器有唯一的标识 VRID,范围为 0～255。该路由器对外表现为唯一的虚拟 MAC 地址,地址的格式为 00-00-5E-00-01-[VRID]。主控路由器负责对 ARP 请求用该 MAC 地址做应答,这样无论如何切换,保证给终端设备的是唯一的 IP 和 MAC 地址,减少了切换对终端设备的影响。VRRP 控制报文只有一种:VRRP 通告。它使用 IP 多播数据包进行封装,组地址为 224.0.0.18,发布范围只限于同一局域网内,这样保证了 VRID 在不同网络中可以重复使用。为了减少网络带宽消耗,只有主控路由器才可以周期性地发送 VRRP 通告报文备份路由器在连续三个通告间隔内收不到 VRRP 或收到优先级为 0 的通告后启动新的一轮 VRRP 选举。在 VRRP 路由器组中,按优先级选举主控路由器,VRRP 协议中优先级范围是 0～255。若 VRRP 路由器的 IP 地址和虚拟路由器的接口 IP 地址相同,则该 VRRP 路由器被称为该 IP 地址的所有者;IP 地址所有者自动具有最高优先级 255。优先级 0 一般用在 IP 地址所有者主动放弃主控者角色时使用。可配置的优先级范围为 1～254。优先级的配置原则可以依据链路的速度和成本、路由器性能和可靠性以及其他管理策略设定。主控路由器的选举中,高优先级的虚拟路由器获胜,因此,如果在 VRRP 组中有 IP 地址所有者,则它总是作为主控路由的角色出现。对于相同优先级的候选路由器,按照 IP 地址大小顺序选举。VRRP 还提供了优先级抢占策略,如果配置了该策略,高优先级的备份路由器便会剥夺当前低优先级的主控路由器而成为新的主控路由器。

为了保证 VRRP 协议的安全性,提供了两种安全认证措施:明文认证和 IP 头认证。明文认证方式要求:在加入一个 VRRP 路由器组时,必须同时提供相同的 VRID 和明文密码。适合于避免在局域网内的配置错误,但不能防止通过网络监听方式获得密码。IP 头认证的方式提供了更高的安全性,能够防止报文重放和修改等攻击。

6.8.4　VRRP 备份组

VRRP 将局域网内的一组路由器划分在一起,称为一个备份组。备份组由一个活动路由器和多个备份路由器组成,功能上相当于一台虚拟路由器。

VRRP 备份组具有以下特点。

(1) 虚拟路由器具有 IP 地址。局域网内的主机仅需要知道这个虚拟路由器的 IP 地址,并将其设置为默认路由的下一跳地址。

(2) 网络内的主机通过这个虚拟路由器与外部网络进行通信。

(3) 备份组内的路由器根据优先级,选举出活动路由器,承担网关功能。当备份组内承担网关功能的活动路由器发生故障时,其余的路由器将取代它继续履行网关职责,从而保证网络内的主机不间断地与外部网络进行通信。

1. 备份组中路由器的优先级

VRRP 根据优先级来确定备份组中每台路由器的角色(活动路由器或备份路由器)。优先级越高,则越有可能成为活动路由器。VRRP 优先级的取值范围为 0~255(数值越大,表明优先级越高),可配置的范围是 1~254,优先级 0 为系统保留作特殊用途使用,255 则是系统保留给 IP 地址拥有者。当路由器为 IP 地址拥有者时,其优先级始终为 255。因此,当备份组内存在 IP 地址拥有者时,只要其工作正常,则为活动路由器。

2. 备份组中路由器的工作方式

备份组中的路由器具有以下两种工作方式。

(1) 非抢占方式:如果备份组中的路由器工作在非抢占方式下,则只要活动路由器没有出现故障,备份路由器即使随后被配置了更高的优先级也不会成为活动路由器。

(2) 抢占方式:如果备份组中的路由器工作在抢占方式下,它一旦发现自己的优先级比当前的活动路由器的优先级高,就会对外发送 VRRP 通告报文,导致备份组内路由器重新选举活动路由器,并最终取代原有的活动路由器。相应地,原来的活动路由器将会变成备份路由器。

VRRP 接口有三种状态,即初始状态、主状态、备份状态。

3. VRRP 工作过程

(1) 路由器使能 VRRP 功能后,会根据优先级确定自己在备份组中的角色。优先级高的路由器成为活动路由器,优先级低的成为备份路由器。活动路由器定期发送 VRRP 通告报文,通知备份组内的其他设备自己工作正常;备份路由器则启动定时器等待通告报文的到来。

（2）在抢占方式下，当备份路由器收到 VRRP 通告报文后，会将自己的优先级与通告报文中的优先级进行比较，如果大于通告报文中的优先级，则成为活动路由器；否则将保持备份状态。

（3）在非抢占方式下，只要活动路由器没有出现故障，备份组中的路由器始终保持活动或备份状态，备份路由器即使随后被配置了更高的优先级也不会成为活动路由器。

（4）如果备份路由器的定时器超时后仍未收到活动路由器发送来的 VRRP 通告报文，则认为活动路由器已经无法正常工作，此时备份路由器会认为自己是活动路由器，并对外发送 VRRP 通告报文。备份组内的路由器根据优先级选举出活动路由器，承担报文的转发功能。

6.8.5 应用配置实例

使用 VRRP 配置以下网络，以确保 192.168.1.0/24 网段到 10.1.1.0/24 网段的最大可连通性（即最大限度上确保网络冗余），VRRP 实验网络拓扑如图 6-25 所示。

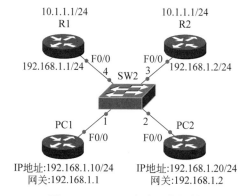

图 6-25　VRRP 实验网络拓扑

由于本实验无法在 Cisco Packet Tracer 上实现，故使用 GNS3 进行操作，其中使用 2 台路由器模拟 PC1、PC2，PC1、PC2 代表 192.168.1.0/24 网段的任意 2 台主机，10.1.1.1/24 代表 10.1.1.0/24 网段的任意 1 台主机。SW1 为二层交换机，不做任何配置透明使用。

（1）配置 PC1、PC2 路由器，将其模拟成主机

```
PC1(config)#no ip routing
PC1(config)#interface fastEthernet 0/0
PC1(config-if)#ip address 192.168.1.10 255.255.255.0
PC1(config-if)#no cdp enable                    //禁用 CDP(用来获取相邻设备的协议地
                                                  址以及发现这些设备的平台)协议
PC1(config-if)#no shutdown
PC1(config-if)#exit
PC1(config)#
PC1(config)#ip default-gateway 192.168.1.1      //PC1 的默认网关指向 192.168.1.1
```

```
PC1(config)#exit
PC2(config)#no ip routing
PC2(config)#
PC2(config)#interface fastEthernet 0/0
PC2(config-if)#ip address 192.168.1.20 255.255.255.0
PC2(config-if)#no cdp enable
PC2(config-if)#no shutdown
PC2(config-if)#exit
PC2(config)#
PC2(config)#ip default-gateway 192.168.1.2     //PC2 的默认网关指向 192.168.1.2
```

（2）配置 RT1、RT2 路由器

```
R1#conf t
R1(config)#int f0/0
R1(config-if)#ip add 192.168.1.1 255.255.255.0
R1(config-if)#no shut
R1(config-if)#int f1/0
R1(config-if)#ip add 10.1.1.1 255.255.255.0
R1(config-if)#no shut
R1(config-if)#
R2#conf t
Enter configuration commands, one per line.End with CNTL/Z.
R2(config)#
R2(config)#int f0/0
R2(config-if)#ip add 192.168.1.2 255.255.255.0
R2(config-if)#no shut
R2(config-if)#int f1/0
R2(config-if)#ip add 10.1.1.1 255.255.255.0
R2(config-if)#no shut
R2(config-if)#
R2(config-if)#
```

（3）在 PC1 和 PC2 上使用 ping 和 traceroute 命令，确认网络是否能连通

① PC1#ping 10.1.1.1

```
Type escape sequence to abort.
Sending 5, 100-byte ICMP Echos to 10.1.1.1, timeout is 2 seconds:
!!!!!
Success rate is 100 percent (5/5), round-trip min/avg/max=48/60/72 ms
```

② PC1#traceroute 10.1.1.1

```
Type escape sequence to abort.
Tracing the route to 10.1.1.1
  1 192.168.1.1 12 msec *   96 msec       //PC1 到达目标网络,其下一跳为 192.168.1.1
```

③ PC2#ping 10.1.1.1

```
Type escape sequence to abort.
Sending 5, 100-byte ICMP Echos to 10.1.1.1, timeout is 2 seconds:
```

!!!!!
Success rate is 100 percent (5/5), round-trip min/avg/max=72/293/1084 ms

④ PC2♯traceroute 10.1.1.1

Type escape sequence to abort.
Tracing the route to 10.1.1.1
  1 192.168.1.2 120 msec * 72 msec   //PC2 到达目标网络,其下一跳为 192.168.1.2

(4) 将 R1 路由器的 FA0/0 接口,置为关闭状态

R1(config)♯interface fastEthernet 0/0
R1(config-if)♯shutdown
R1(config-if)♯

(5) 在 R1 和 R2 上使用 ping 和 traceroute 命令测试
① PC1♯ping 10.1.1.1

Type escape sequence to abort.
Sending 5, 100-byte ICMP Echos to 10.1.1.1, timeout is 2 seconds:
⋮
Success rate is 0 percent (0/5)

② PC1♯traceroute 10.1.1.1

Type escape sequence to abort.
Tracing the route to 10.1.1.1
1 *   *   *
2 *   *   *
3 *   *   *   //由于 PC1 使用 R1 作为其下一跳,所以 R1 的出错会导致 PC1 无法到达目标网络
⋮

③ PC2♯ping 10.1.1.1

Type escape sequence to abort.
Sending 5, 100-byte ICMP Echos to 10.1.1.1, timeout is 2 seconds:
!!!!!
Success rate is 100 percent (5/5), round-trip min/avg/max=72/128/160 ms

④ PC2♯traceroute 10.1.1.1

Type escape sequence to abort.
Tracing the route to 10.1.1.1
  1 192.168.1.2 112 msec * 96 msec
    //由于 PC2 的默认网关并不是 R1 路由器,因此 R1 路由出错不会影响 PC2 的主机

提示 虽然有2台路由器都可以到达目标网络,但是默认情况下,并没有充分利用冗余设备,因此当网络单点出错时,必然会引起部分用户无法访问网络。

(6) 在 R1 和 R2 上配置 VRRP 协议,预防网络无法访问

① 在 R1 上

```
R1(config)#interface fastEthernet 0/0
R1(config-if)#vrrp 1 ip 192.168.1.1
R1(config-if)#vrrp 1 priority 200
R1(config-if)#vrrp 1 preempt
//配置 VRRP 组 1,其虚拟地址为 192.168.1.1,并且设定其优先级为 200,同时开启抢占特性
R1(config-if)#
R1(config-if)#vrrp 2 ip 192.168.1.2
R1(config-if)#vrrp 2 priority 100
R1(config-if)#vrrp 2 preempt
//同时为 R1 配置 VRRP 组 2,其虚拟 IP 地址为 192.168.1.2,优先级为 100,开启抢占特性
R1(config-if)#exit
R1(config)#
```

② 在 R2 上

```
R2(config)#interface fastEthernet 0/0
R2(config-if)#vrrp 1 ip 192.168.1.1
R2(config-if)#vrrp 1 priority 100
//由于 R2 的路由器的 VRRP 组 1 的优先级为 100,因此 R1 会作为 VRRP 组 1 的活动路由器
R2(config-if)#vrrp 1 preempt
R2(config-if)#
R2(config-if)#vrrp 2 ip 192.168.1.2
R2(config-if)#vrrp 2 priority 200
//由于 R2 的 VRRP 组 2 拥有较高的优先级 200,因此 R2 会作为 VRRP 组 2 的活动路由器
R2(config-if)#vrrp 2 preempt
R2(config-if)#exit
R2(config)#exit
```

(7) 通过查看 2 台路由器的 VRRP 组汇总信息,确认不同路由器的组身份

① R1#show vrrp

```
FastEthernet0/0 - Group 1
  State is Master                    //Master 路由器负责组的路由
  Virtual IP address is 192.168.1.1
  Virtual MAC address is 0000.5e00.0101
  Advertisement interval is 1.000 sec
  Preemption enabled
  Priority is 255 (cfgd 200)
  Master Router is 192.168.1.1 (local), priority is 255
  Master Advertisement interval is 1.000 sec
  Master Down interval is 3.003 sec

FastEthernet0/0 - Group 2
  State is Backup
```

```
    Virtual IP address is 192.168.1.2
    Virtual MAC address is 0000.5e00.0102
    Advertisement interval is 1.000 sec
    Preemption enabled
    Priority is 100
    Master Router is 192.168.1.2, priority is 255
    Master Advertisement interval is 1.000 sec
    Master Down interval is 3.609 sec (expires in 3.349 sec)
```

② R2#show vrrp

```
FastEthernet0/0-Group 1
  State is Backup
  Virtual IP address is 192.168.1.1
  Virtual MAC address is 0000.5e00.0101
  Advertisement interval is 1.000 sec
  Preemption enabled
  Priority is 100
  Master Router is 192.168.1.1, priority is 255
  Master Advertisement interval is 1.000 sec
  Master Down interval is 3.609 sec (expires in 2.773 sec)


FastEthernet0/0-Group 2
  State is Master                    //R2 路由器负责组 2 的路由
  Virtual IP address is 192.168.1.2
  Virtual MAC address is 0000.5e00.0102
  Advertisement interval is 1.000 sec
  Preemption enabled
  Priority is 255 (cfgd 200)
  Master Router is 192.168.1.2 (local), priority is 255
  Master Advertisement interval is 1.000 sec
  Master Down interval is 3.003 sec
```

(8) 再次把 R1 路由器的 F0/0 接口置为 DOWN 状态,2 台路由器将会出现如下信息。

```
R1(config)#interface fastEthernet 0/0
R1(config-if)#shutdown
R1(config-if)#
*Jul  8 21:49:59.131: %VRRP-6-STATECHANGE: Fa0/0 Grp 1 state Master ->Init
*Jul  8 21:49:59.135: %VRRP-6-STATECHANGE: Fa0/0 Grp 2 state Backup ->Init
```
//R1 路由器进入 Init 状态,并且丢失活动身份
```
R2#
*Jul  8 21:50:03.191: %VRRP-6-STATECHANGE: Fa0/0 Grp 1 state Backup ->Master
```
//R2 路由器的 F0/0 接口进入 Master 状态,表明此时 R2 路由器已经发现 R1 路由出错。并且接替
  R1 路由器的组 1 的路由工作

（9）再次在 R1 和 R2 上使用 ping 和 traceroute 命令确认

① PC1♯ping 10.1.1.1

Type escape sequence to abort.
Sending 5, 100-byte ICMP Echos to 10.1.1.1, timeout is 2 seconds:
!!!!!
Success rate is 100 percent (5/5), round-trip min/avg/max=48/78/96 ms
PC1#
PC1#traceroute 10.1.1.1
Type escape sequence to abort.
Tracing the route to 10.1.1.1
1 192.168.1.2 92 msec * 120msec   //此处到达 10.1.1.1 目标网络下一跳已经变更为 R2 路由器

② PC2♯ping 10.1.1.1

Type escape sequence to abort.
Sending 5, 100-byte ICMP Echos to 10.1.1.1, timeout is 2 seconds:
!!!!!
Success rate is 100 percent (5/5), round-trip min/avg/max=72/172/452 ms
PC2#
PC2#traceroute 10.1.1.1
Type escape sequence to abort.
Tracing the route to 10.1.1.1
1 192.168.1.2 132 msec *   168 msec
PC2#

提示

由于在网络中启用了两个不同的 VRRP 组，所以最大限度确保了网络冗余。

6.9 练习题

一、填空题

1. 刚出厂的路由器开机后进入一种称为_____模式，使用_____键可以退出这种模式。

2. _____命令可以查看路由表。

3. 路由器的两大功能是_____和_____。

4. 路由器中保存配置的命令是_____或_____。

5. 在同一 AS 中交换路由信息的协议称为_____。

6. OSPF 是一种典型的_____路由协议。

7. RIP 用_____作为度量值。

二、单项选择题

1. 关闭 RIP 路由汇总的命令是(   )。

    A. no auto-summary   B. auto-summary

    C. no ip router   D. ip router

2. RIP 规定一条通路上最多可包含的路由器数量是(　　　)个。

    A. 1   B. 16   C. 15   D. 无数

3. 属于有类路由选择协议的是(　　　)。

    A. RIPv1   B. OSPF   C. RIPv2   D. 静态路由

4. 当 RIP 向相邻的路由器发送更新时,作为更新计时的时间值为(　　　)。

    A. 30   B. 20   C. 15   D. 25

三、多项选择题

1. 解决路由环问题的方法有(　　　)。

    A. 水平分割   B. 路由保持法

    C. 路由器重启   D. 定义路由权的最大值

2. 距离矢量协议包括(　　　)。

    A. RIP   B. BGP   C. IS-IS   D. OSPF

3. 关于矢量距离算法,说法错误的是(　　　)。

    A. 矢量距离算法不会产生路由环路问题

    B. 矢量距离算法是靠传递路由信息来实现的

    C. 路由信息的矢量表示法是"目标网络、metric"

    D. 使用矢量距离算法的协议只从自己的邻居获得信息

4. 在 RIP 协议中,计算 metric 值的参数是(　　　)。

    A. MTU   B. 时延   C. 带宽   D. 路由跳数

5. 下列关于链路状态算法的说法正确的是(　　　)。

    A. 链路状态是对路由的描述

    B. 链路状态是对网络拓扑结构的描述

    C. 链路状态算法本身不会产生自环路由

    D. OSPF 和 RIP 都使用链路状态算法

6. 在 OSPF 同一区域(区域 A)内,下列说法正确的是(　　　)。

    A. 每台路由器生成的 LSA 都是相同的

    B. 每台路由器根据该最短路径树计算出的路由都是相同的

    C. 每台路由器根据该 LSDB 计算出的最短路径树都是相同的

    D. 每台路由器的区域 A 的 LSDB(链路状态数据库)都是相同的

7. 在一个运行 OSPF 的自治系统之内(　　　)。

    A. 骨干区域自身也必须是连通的

    B. 非骨干区域自身也必须是连通的

    C. 必须存在一个骨干区域(区域号为 0)

    D. 非骨干区域与骨干区域必须直接相连或逻辑上相连

8. 关于 OSPF 协议的说法正确的是(　　　)。

    A. OSPF 支持基于接口的报文验证

    B. OSPF 支持到同一目的地址的多条等值路由

C. OSPF 是一个基于链路状态算法的边界网关路由协议

D. OSPF 发现的路由可以根据不同的类型而有不同的优先级

9. 以下不属于动态路由协议的是(　　)。

　　A. RIP　　　　　　B. ICMP　　　　　　C. IS-IS　　　　　D. OSPF

10. 三种路由协议 RIP、OSPF、BGP 和静态路由各自得到了一条到达目标网络,在 Cisco 路由器默认情况下,最终选定(　　)路由作为最优路由。

　　A. RIP　　　　　　B. OSPF　　　　　　C. BGP　　　　　　D. 静态路由

11. 关于 RIP 协议,下列说法正确的有(　　)。

　　A. RIP 协议是一种 IGP　　　　　　　　B. RIP 协议是一种 EGP

　　C. RIP 协议是一种距离矢量路由协议　　D. RIP 协议是一种链路状态路由协议

12. RIP 协议是基于(　　)。

　　A. UDP　　　　　　B. TCP　　　　　　C. ICMP　　　　　D. Raw IP

13. RIP 协议在收到某一邻居网关发布而来的路由信息后,下述对度量值的正确处理是(　　)。

　　A. 对本路由表中没有的路由项,只在度量值太小而无法连通网络时增加该路由项

　　B. 对本路由表中已有的路由项,当发送报文的网关相同时,只在度量值减少时更新该路由项的度量值

　　C. 对本路由表中已有的路由项,当发送报文的网关不同时,只在度量值减少时更新该路由项的度量值

　　D. 对本路由表中已有的路由项,当发送报文的网关相同时,只要度量值有改变,一定会更新该路由项的度量值

14. 关于 RIPv1 和 RIPv2,下列说法正确的是(　　)。

　　A. RIPv1 报文支持子网掩码

　　B. RIPv2 报文支持子网掩码

　　C. RIPv2 默认使用路由聚合功能

　　D. RIPv1 只支持报文的简单口令认证,而 RIPv2 支持 MD5 认证

15. 对路由器 A 配置 RIP 协议,并在接口 S0(IP 地址为 10.0.0.1/24)所在网段使能 RIP 路由协议,在全局配置模式下使用的第一条命令是(　　)。

　　A. rip　　　　　　　　　　　　　　B. rip 10.0.0.0

　　C. network 10.0.0.1　　　　　　　D. network 10.0.0.0

16. 当接口运行在 RIP-2 广播方式时,它可以接收的报文有(　　)。

　　A. RIP-1 广播报文　　　　　　　　B. RIP-1 组播报文

　　C. RIP-2 广播报文　　　　　　　　D. RIP-2 组播报文

四、简答题

1. 静态路由和动态路由的区别是什么?

2. 动态路由分为哪几类?

3. 如何进行 RIP 路由配置?

4. RIPv1 和 RIPv2 的区别是什么?

5. OSPF 的特点有哪些?

6.10　项目实训

实训要求：按图 6-26 拓扑结构搭建网络，并完成下面的具体要求。

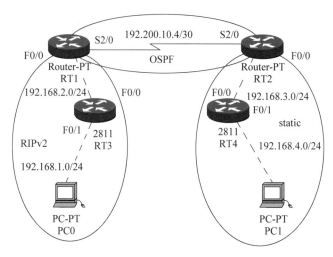

图 6-26　项目实训网络拓扑

RT1 的 S2/0 端口和 RT2 的 S2/0 端口运行 OSPF，RT1 的 F0/0 端口运行 RIPv2，RT3 运行 RIPv2，RT2 有指向 RT4 的 192.168.4.0/24 网段的静态路由，RT4 使用默认路由指向 RT2。需要在 RT1 上重新分配 OSPF 和 RIP 路由，在 RT2 上重新分配静态路由和直连路由。

(1) 路由器和 PC 的基本配置如表 6-6 所示。

实训操作录屏(6)

表 6-6　设备的名称、接口和 IP 等参数

设备名称	接　　口	IP 地址	子网掩码	默认网关
RT1	F0/0	192.168.2.2	255.255.255.0	不适用
	S2/0(DCE 接口)	192.200.10.5	255.255.255.252	不适用
RT2	F0/0	192.168.3.2	255.255.255.0	不适用
	S2/0	192.200.10.6	255.255.255.252	不适用
RT3	F0/0	192.168.2.1	255.255.255.0	不适用
	F0/1	192.168.1.1	255.255.255.0	不适用
RT4	F0/0	192.168.3.1	255.255.255.0	不适用
	F0/1	192.168.4.1	255.255.255.0	不适用
PC0	网卡	192.168.1.2	255.255.255.0	192.168.1.1
PC1	网卡	192.168.4.2	255.255.255.0	192.168.4.1

(2) 按基本配置、路由配置和路由引入三个层次配置各路由器，每个层次配置完成后逐个查看各路由器的路由表，并测试 PC0 与 PC1 的连通性。

7.1　项目导入

AAA 公司最终需与 Internet 通信,为了增强广域网接入时的安全性,通常在公司或企业接入广域网的路由器上进行验证。可进行 PPP 的 PAP 验证,也可以进行 PPP 的 CHAP 验证。

7.2　职业能力目标和要求

- 了解 PPP 协议、运行原理和验证方式。
- 掌握 PPP 协议的 CHAP 验证配置。
- 掌握 PPP 协议的 PAP 验证配置。
- 了解广域网接入的不同方式。

7.3　相关知识

7.3.1　PPP 协议

广域网协议包括 PPP 协议、HDLC 协议和帧中继(Frame Relay)协议等,本项目中主要学习 PPP 协议的配置。

PPP(Point to Point Protocol,点到点协议)是 IETF(Internet Engineering Task Force,因特网工程任务组)推出的点到点类型线路的数据链路层协议。PPP 协议是提供在点到点链路上承载网络层数据包的一种链路层协议,它提供了跨过同步和异步电路实现路由器到路由器(router-to-router)和主机到网络(host-to-network)的连接。PPP 定义了一整套的协议包括链路控制协议(Link Control Protocol,LCP;用于链路层参数的协商,以及建立、拆除和监控数据链路等)、网络层控制协议(Network Control Protocol,NCP;支持不同网络层协议,如 IP、IPX 等)和验证协议(PAP 和 CHAP,用来验证 PPP 身份合法性,在一定程度上保证链路的安全性)。PPP 由于能够提供用户验证、易于扩充和支持同异步而获得较广泛的应用。

1. PPP 运行过程及原理

(1) 创建 PPP 链路,进入 LCP 开启状态。

(2) 用户验证,使用验证协议 PAP 或 CHAP。

(3) 调用网络层协议,如分配 IP 地址等。经过这 3 个阶段后,一条完整的 PPP 链路就建立起来了。

(4) 链路保持,数据传输。

(5) 链路关闭,撤销连接。如有明确的 LCP 或 NCP 帧关闭这条链路,或发生了某些外部事件,该链路便关闭,并撤销连接。

2. PPP 的验证方式

PPP 支持两种验证方式:PAP(Password Authentication Protocol,口令验证协议)和 CHAP(Chaltenge Hands Authentication Protocol,挑战握手验证协议)。

(1) PAP 为两次握手验证,口令为明文。PAP 验证过程如下(验证流程如图 7-1 所示)。

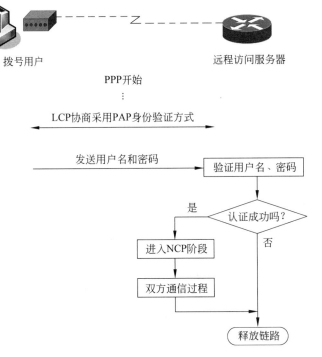

图 7-1　PAP 验证流程

① 被验证方发送用户名和口令到验证方。

② 验证方根据用户数据库查看是否有此用户以及口令是否正确,然后返回相应的响应。

(2) CHAP 为三次握手验证,口令为密文(密钥)。CHAP 验证过程如下(验证流程如图 7-2 所示)。

① 在接收到被验证方发送的包含其用户名的验证请求后,验证方向被验证方发送自己的主机名和一些随机产生的报文。

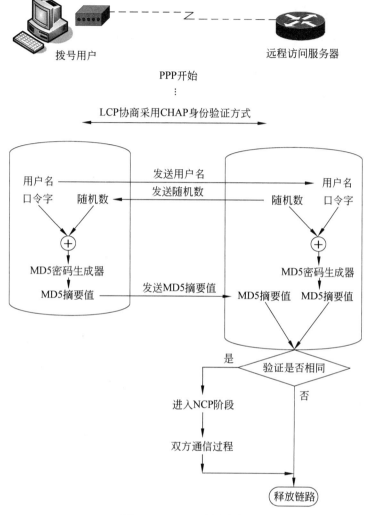

图 7-2 CHAP 验证流程

② 被验证方用自己的口令字和 MD5 算法对该随机报文进行加密,将生成的密文和自己的主机名一起发回验证方。

③ 验证方用自己保存的被验证方口令字和 MD5 算法对原随机报文加密,比较二者的密文,如相同则通过验证,否则验证失效。

7.3.2 CHAP 验证配置

1. PPP 的 CHAP 验证

(1)为对端路由器建立用户名和验证密码

命令格式:

PPP 的 CHAP 验证配置

```
Router(config)#username username password {0|7} password
```

说明   　　Username：用户名为对方设备使用 hostname 设置的设备名；路由器两端的验证密码须一致；0|7：0 是非密文输入，用 1～7 表示为密文输入，默认输入方式为明文输入，与其他厂家设备互联时，只能采用不加密方式输入。

例如，RT1 和 RT2 互为对方建立用户名和明文密码 star。

RT1(config)#username RT2 password star　　　//为 RT2 创建名为 RT2 的用户，并指定其使用
　　　　　　　　　　　　　　　　　　　　　　　明文密码 star

RT2(config)#username RT1 password star　　　//为 RT1 创建名为 RT1 的用户，并指定其使用
　　　　　　　　　　　　　　　　　　　　　　　明文密码 star

(2) 配置接口封装协议

配置 PPP，首先需要在接口封装 PPP 协议。

① 在接口封装 PPP 协议。

命令格式：

Router(config-if)#encapsulation ppp

② 去除接口的 PPP 协议的封装。

命令格式：

Router(config-if)#no encapsulation ppp

(3) 配置 PPP 的 CHAP 验证

① 指定 PPP 采用 CHAP 验证方式。

命令格式：

Router(config-if)#ppp authentication chap

② 取消 PPP CHAP 验证。

命令格式：

Router(config-if)#no ppp authentication chap

(4) 打开 CHAP 验证过程调试信息

命令格式：

Router#debug ppp authentication　　　　　　　//打开系统调试开关

其中，debug ppp authentication 在路由器物理层启动，链路尚未建立的情况下打开才有信息输出。本命令的实质是检验链路层协商建立的安全性，调试信息出现在链路协商的过程中。

2. CHAP 配置实例

【例 1】　图 7-3 是 RTA 与 RTB 配置 PPP 的 CHAP 认证网络拓扑。要求：路由器两端的验证密码为 sdlg，路由协议使用 RIPv2。

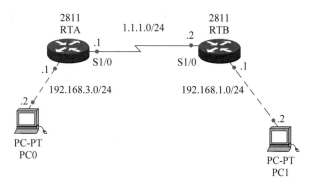

图 7-3 PPP 的 CHAP 认证网络拓扑

（1）基本配置

① RTA 的配置

```
Router(config)#host RTA
RTA(config)#int F0/0
RTA(config-if)#ip address 192.168.3.1 255.255.255.0
RTA(config-if)#no shutdown        //启动该端口
RTA(config-if)#exit
RTA(config)#int S1/0
RTA(config-if)#ip address 1.1.1.1 255.255.255.0
RTA(config-if)#clock rate 64000        //在 DCE 端配置时钟
RTA(config-if)#no shutdown        //启动该端口
```

② RTB 的配置

```
Router(config)#host RTB
RTB(config)#int F0/0
RTB(config-if)#ip address 192.168.1.1 255.255.255.0
RTB(config-if)#no shutdown        //启动该端口
RTB(config-if)#exit
RTB(config)#int S1/0
RTB(config-if)#ip address 1.1.1.2 255.255.255.0
RTA(config-if)#no shutdown        //启动该端口
```

③ PC 的配置

PC0 与 PC1 按表 7-1 进行配置。

表 7-1　PC 的配置

设 置 项 目	PC0	PC1
IP 地址	192.168.3.2	192.168.1.2
子网掩码	255.255.255.0	255.255.255.0
默认网关	192.168.3.1	192.168.1.1

（2）RIP 配置

① RTA 的配置

```
RTA(config-if)#exit
```

```
RTA(config)#router rip
RTA(config-router)#version 2
RTA(config-router)#net 192.168.3.0      //将 RIPv2 发布到网络 192.168.3.0
RTA(config-router)#net 1.1.1.0          //将 RIPv2 发布到网络 1.1.1.0
```

② RTB 的配置

```
RTB(config-if)#exit
RTB(config)#router rip
RTB(config-router)#version 2
RTB(config-router)#net 192.168.1.0      //将 RIPv2 发布到网络 192.168.1.0
RTB(config-router)#net 1.1.1.0          //将 RIPv2 发布到网络 1.1.1.0
```

(3) 查看路由表

① RTA 的路由表

```
Gateway of last resort is not set
     1.0.0.0/24 is subnetted, 1 subnets
C       1.1.1.0 is directly connected, Serial2/0
R    192.168.1.0/24 [120/1] via 1.1.1.2, 00:00:02, Serial2/0
C    192.168.3.0/24 is directly connected, FastEthernet0/0
```

② RTB 的路由表

```
Gateway of last resort is not set
     1.0.0.0/24 is subnetted, 1 subnets
C       1.1.1.0 is directly connected, Serial2/0
C    192.168.1.0/24 is directly connected, FastEthernet0/0
R    192.168.3.0/24 [120/1] via 1.1.1.1, 00:00:13, Serial2/0
```

信息解读：RTA 和 RTB 的路由表中包含到所有网段的路由信息。

(4) 测试连通性

结论：此时 RTA 和 RTB 互通，原因是它们拥有了可到达对方的路由。

(5) 配置 PPP 的 CHAP 验证

下面配置 PPP 的 CHAP 验证时，先配置 RTA 端(第①~⑥步)，再配置 RTB 端(第⑦步)。

① 为对端路由器建立用户名和验证密码。

```
RTA(config)#username RTB password sdlg
//为 RTB 创建名为 RTB 的用户(名字要一致)，并指定其使用明文密码 sdlg
```

② 在接口下封装 PPP 协议。

```
RTA(config)#int S1/0              //进入广域网端口
RTA(config-if)#enca ppp           //在 S1/0 接口下封装 PPP 协议
```

RTA 端封装 PPP 协议后，RTA、RTB 路由器同时出现系统提示：

```
%LINEPROTO-5-UPDOWN: Line protocol on Interface Serial1/0, changed state to down
```

信息解读：当在 RTA 路由器上封装 PPP 协议后，RTA、RTB 路由器同时提示 S1/0 端口协议为 down 状态,这是因为路由器 RTA 封装了 PPP 协议,而路由器 RTB 没有通过身份验证所导致的结果。

③ 启用 CHAP 验证。

```
RTA(config-if)#ppp authentication chap
```

④ 分别查看 RTA、RTB 的 S1/0 接口信息。

```
RTA#sh int S1/0
```

显示结果如下:

```
Serial1/0 is up, line protocol is down (disabled)
RTB#sh int S1/0
```

显示结果如下:

```
Serial1/0 is up, line protocol is down (disabled)
```

信息解读:RTA 和 RTB 路由器广域网端口协议均为 down 状态,原因同上。

⑤ 分别查看 RTA 和 RTB 的路由表。

RTA 的路由表显示结果如下:

```
Gateway of last resort is not set
C    192.168.3.0/24 is directly connected, FastEthernet0/0
```

RTB 的路由表显示结果如下:

```
Gateway of last resort is not set
C    192.168.1.0/24 is directly connected, FastEthernet0/0
```

信息解读:此时 RTA 和 RTB 路由器路由表中已经没有了对方的路由,因为 RTA 和 RTB 没有经过身份验证。要想让 RTA 和 RTB 实现通信,必须对两个设备进行 CHAP 验证成功。第⑦步将配置 RTB 路由器上的验证。

⑥ 测试连通性。

结论:此时 RTA 和 RTB 不能连通,原因是它们没有到达对方的路由。

⑦ 在 RTB 路由器上配置 CHAP。

```
RTB(config)#username RTA password sdlg      //为 RTA 创建名为"RTA"的用户,并指定其使用
                                               明文密码"sdlg"
RTB(config)#int S1/0                        //进入广域网端口
RTB(config-if)#enca ppp                     //在 S1/0 接口下封装 PPP 协议
RTB(config-if)#ppp authentication chap      //启用 CHAP 验证
```

在完成上面的配置后,RTA 与 RTB 上均自动出现如下的提示信息:

```
%LINEPROTO-5-UPDOWN: Line protocol on Interface Serial1/0, changed state to up
```

信息解读:两台路由器的广域网端口协议为启动状态。

⑧ 分别查看 RTA 和 RTB 的路由表(以 RTA 为例)。

```
Gateway of last resort is not set
     1.0.0.0/8 is variably subnetted, 2 subnets, 2 masks
C       1.1.1.0/24 is directly connected, Serial1/0
C       1.1.1.2/32 is directly connected, Serial1/0
R    192.168.1.0/24 [120/1] via 1.1.1.2, 00:00:05, Serial1/0
C    192.168.3.0/24 is directly connected, FastEthernet0/0
```

信息解读:RTA 和 RTB 的路由表中包含到所有网段的路由信息,且多出一条目标地址为 1.1.1.2/32 的直连路由,这是由于配置了验证后增加的点到点的路由。

⑨ 测试连通性。

结论:此时 PC0 和 PC1 互通,原因是它们拥有了可到达对方的路由。

⑩ 用 debug ppp authentication 命令进行调试。

打开 debug 调试功能,在路由器上执行 debug 命令(以 RTA 为例):

```
RTA#debug ppp authentication
```

系统响应如下:

```
PPP authentication debugging is on
```

查看验证过程。要想看到 2 台路由器的验证过程,可以将 RTB 路由器上将广域网接口 S1/0 断开后再接上,此时在 RTA、RTB 路由器上即可看到 CHAP 验证过程。

RTA 的 CHAP 验证过程如下所示。

```
%LINK-5-CHANGED: Interface Serial1/0, changed state to down
//RTB 的 S1/0 端口断开后,RTA 物理接口关掉
%LINEPROTO-5-UPDOWN: Line protocol on Interface Serial1/0, changed state to down
//RTB 的 S1/0 端口断开后,RTA 的链路层协议关掉
%LINK-5-CHANGED: Interface Serial1/0, changed state to up
//RTB 的 S1/0 端口打开,RTA 的物理接口启动
Serial1/0 IPCP: I CONFREQ [Closed] id 1 len 10
Serial1/0 IPCP: O CONFACK [Closed] id 1 len 10
Serial1/0 IPCP: I CONFREQ [REQsent] id 1 len 10
Serial1/0 IPCP: O CONFACK [REQsent] id 1 len 10
Serial1/0 IPCP: O CONFREQ [Closed] id 1 len 10
Serial1/0 IPCP: I CONFACK [Closed] id 1 len 10
Serial1/0 IPCP: O CONFREQ [Closed] id 1 len 10
Serial1/0 IPCP: I CONFACK [REQsent] id 1 len 10
%LINEPROTO-5-UPDOWN: Line protocol on Interface Serial1/0, changed state to up
//表明链路层协议已经启动
```

RTB 的 CHAP 验证过程如下所示。

```
RTB(config-if)#shut
%LINK-5-CHANGED: Interface Serial1/0, changed state to administratively down
//表明物理接口已经关掉
%LINEPROTO-5-UPDOWN: Line protocol on Interface Serial1/0, changed state to down
//表明链路层协议已经关掉
```

```
RTB(config-if)#no shut
%LINK-5-CHANGED: Interface Serial1/0, changed state to up      //表明物理接口已经启动
RTB(config-if)#
%LINEPROTO-5-UPDOWN: Line protocol on Interface Serial1/0, changed state to up
//表明链路层协议已经启动
```

提示　　　　RTA 的 CHAP 验证过程中,"％LINK-5-CHANGED：Interface Serial1/0,changed state to up"与"％ LINEPROTO-5-UPDOWN：Line protocol on Interface Serial1/0, changed state to up"之间的代码是协商验证的过程。

7.3.3　PAP 验证配置

1. PPP 的 PAP 验证配置

PAP 验证也有验证方和被验证方,且验证方与被验证方配置方法不同。

PPP 的 PAP 验证配置

(1) 被验证方的配置

① PAP 验证配置命令:

```
Router(config-if)#ppp pap sent-username username password{0|7} password
```

功能:向验证方发送请求验证的用户名和密码。

② 取消 PAP 验证命令:

```
Router(config-if)#no PPP PAP sent-username
```

(2) 验证方的配置

① 创建用户数据库记录:

```
Router(config-if)#username username password {0|7} password
```

功能:为被验证方创建用户数据库记录,用户名与密码都要与对方(被验证方)保持一致。

② 设定 PPP 的验证方式为 PAP:

```
Router(config-if)#ppp authentication pap
```

2. 配置实例

【例 2】　将例 1 中的验证方式修改为 PAP。

基本配置与 RIP 配置与例 1 中相同,验证配置如下。

(1) RTA 配置

```
RTA#conf t
RTA(config)#interface S1/0
RTA(config-if)#encapsulation ppp                    //接口下封装 PPP 协议
RTA(config-if)#ppp pap sent-username RTA password 0 star   //设置 PAP 认证的用户
                                                           名和密码
```

（2）RTB 配置

```
RTB#conf t
RTB(config)#username RTA password 0 star          //在验证方配置被验证方用户名和密码
RTB(config)#interface S1/0
RTB(config-if)#encapsulation ppp                  //接口下封装 PPP 协议
RTB(config-if)#ppp authenticaion pap              //PPP 启用 PAP 认证方式
```

（3）用 debug ppp authentication 命令进行调试

① 打开 debug 调试功能

在路由器上执行 debug 命令(以 RTA 为例)：

```
RTA#debug ppp authentication
```

系统响应如下：

```
PPP authentication debugging is on
```

② 查看验证过程

要想看到两台路由器的验证过程,可以将 RTB 路由器上的广域网接口 S1/0 断开后再接上,此时在 RTA、RTB 路由器上即可看到 CHAP 验证过程。

RTA 的 PAP 验证过程如下所示。

```
%LINK-5-CHANGED: Interface Serial1/0, changed state to down
//RTB 的 S1/0 端口断开后,RTA 物理接口关掉
%LINEPROTO-5-UPDOWN: Line protocol on Interface Serial1/0, changed state to down
//RTB 的 S1/0 端口断开后,RTA 的链路层协议关掉
%LINK-5-CHANGED: Interface Serial1/0, changed state to up
//RTB 的 S1/0 端口打开,RTA 的物理接口启动
Serial1/0 Using hostname from interface PAP
Serial1/0 Using password from interface PAP
Serial1/0 PAP: O AUTH-REQ id 17 len 15
Serial1/0 PAP: Phase is FORWARDING, Attempting Forward
%LINEPROTO-5-UPDOWN: Line protocol on Interface Serial1/0, changed state to up
//表明链路层协议已经启动
```

RTB 的 PAP 验证过程如下所示。

```
RTB(config-if)#shut
%LINK-5-CHANGED: Interface Serial1/0, changed state to administratively down
//表明物理接口已经关掉
%LINEPROTO-5-UPDOWN: Line protocol on Interface Serial1/0, changed state to down
//表明链路层协议已经关掉
RTB(config-if)#no shut
%LINK-5-CHANGED: Interface Serial1/0, changed state to up
//表明物理接口已经启动
RTB(config-if)#
%LINEPROTO-5-UPDOWN: Line protocol on Interface Serial1/0, changed state to up
//表明链路层协议已经启动
```

提示　　RTA 的 PAP 验证过程中,"%LINK-5-CHANGED: Interface Serial1/0, changed state to up"与"% LINEPROTO-5-UPDOWN: Line protocol on Interface Serial1/0, changed state to up"之间的代码是协商验证的过程。

7.4　项目设计与准备

1. 项目设计

公司总部以及公司分部最终需与 Internet 通信,为了增强广域网接入时的安全性,在公司外网接入路由器 RT2 和公网路由器 RT4 之间添加 PPP 协议的 CHAP 验证,在 RT4 与 RT5 间添加 PPP 协议的 PAP 验证。

2. 项目准备

(1) 方案一:真实设备操作(以组为单位,小组成员协作,共同完成实训)。

- Cisco 交换机、配置线、台式机或笔记本电脑。
- 项目 6 的配置结果。

(2) 方案二:在模拟软件中操作(以组为单位,成员相互帮助,各自独立完成实训)。

- 每人 1 台装有 Cisco Packet Tracer 6.2 的计算机。
- 项目 6 的配置结果。

7.5　项目实施

1. 为 RT2 和 RT4 之间添加 PPP 协议的 CHAP 验证,路由器两端的验证密码为 sdlg

1) 在接口下封装 PPP 协议

(1) RT2 在接口下封装 PPP 协议

```
RT2#conf t
RT2(config)#int S1/0
RT2(config-if)#encap ppp
```

RT2 与 RT4 自动提示如下代码:

```
%LINEPROTO-5-UPDOWN: Line protocol on Interface Serial1/0, changed state to down
```

结果:RT2 和 RT4 的 S1/0 端口上的协议均处于关闭状态

(2) RT4 在接口下封装 PPP 协议

```
RT4#conf t
RT4(config)#int S1/0
RT4(config-if)#encap ppp
```

RT2 与 RT4 自动提示如下代码:

```
%LINEPROTO-5-UPDOWN: Line protocol on Interface Serial1/0, changed state to up
```

结果：RT2 和 RT4 的 S1/0 端口上的协议均处于启动状态,代表一切正常。

(3) 查看 RT2、RT4 的 S1/0 接口信息

① 查看 RT2 的 S1/0 接口信息

操作：

```
RT2#sh int S1/0
```

显示结果：

```
Serial1/0 is up, line protocol is up (connected)
```

② 查看 RT4 的 S1/0 接口信息

操作：

```
RT4#sh int S1/0
```

显示结果：

```
Serial1/0 is up, line protocol is up (connected)
```

结果：RT2 和 RT4 的 S1/0 端口和端口上的协议均处于启动状态,代表一切正常。

2) 配置 PPP 的 CHAP 验证

(1) 在 RT2 路由器上配置 CHAP

```
RT2(config)#username RT4 password sdlg
RT2(config)#int S1/0
RT2(config-if)#ppp authentication chap
```

提示信息如下：

① RT2

```
%LINEPROTO-5-UPDOWN: Line protocol on Interface Serial1/0, changed state to down
```

② RT4

```
%LINEPROTO-5-UPDOWN: Line protocol on Interface Serial1/0, changed state to down
```

信息解读：当在 RT2 路由器上设置完 CHAP 验证时,RT2、RT4 路由器同时提示 S1/0 端口协议为关闭状态。

原因：路由器 RT2 配置了 CHAP 验证,而路由器 RT4 没有通过身份验证所导致的结果。

(2) 查看 RT2、RT4 的 S1/0 接口信息

① 查看 RT2 的 S1/0 接口信息

操作：

```
RT2#sh int S1/0
```

显示结果：

```
Serial1/0 is up, line protocol is down (disabled)
```

② 查看 RT4 的 S1/0 接口信息

操作：

```
RT4#sh int S1/0
```

显示结果：

```
Serial1/0 is up, line protocol is down (disabled)
```

信息解读：RT2 和 RT4 路由器广域网端口协议均为关闭状态。

（3）在 RT4 路由器上配置 CHAP

```
RT4(config)#username RT2 password sdlg
RT4(config)#int S1/0
RT4(config-if)#ppp authentication chap
```

在完成上面的配置后，两台设备均自动提示信息如下：

① RTA

```
%LINEPROTO-5-UPDOWN: Line protocol on Interface Serial1/0, changed state to up
```

② RTB

```
%LINEPROTO-5-UPDOWN: Line protocol on Interface Serial1/0, changed state to up
```

信息解读：广域网端口协议为启动状态

2. 为 RT4 和 RT5 之间添加 PPP 协议的 PAP 验证，路由器两端的验证密码为 rjxy

（1）RT4 配置

```
RT4#conf t
RT4(config)#interface S1/1
RT4(config-if)#encapsulation ppp             //接口下封装 PPP 协议
```

RT2 与 RT4 自动提示如下代码：

```
LINEPROTO-5-UPDOWN: Line protocol on Interface Serial1/1, changed state to down
RT4(config-if)#ppp pap sent-username RT4 password 0 rjxy
                                 //设置 PAP 认证的用户名和密码
```

（2）RT5 配置

```
RT5#conf t
RT5(config)#username RT4 password 0 rjxy     //在验证方配置被验证方用户名和密码
RT5(config)#interface S1/1
RT5(config-if)#encapsulation ppp             //接口下封装 PPP 协议
```

RT2 与 RT4 自动提示如下代码：

```
%LINEPROTO-5-UPDOWN: Line protocol on Interface Serial1/1, changed state to up
RT5(config-if)#ppp authenticaion pap         //PPP 启用 PAP 认证方式
```

7.6 项目验收

7.6.1 CHAP配置验收

用debug ppp authentication命令进行调试,可以通过此命令看到2台路由器的验证过程。

(1) 首先关闭RT4路由器上广域网S1/0

```
RT4(config-if)#shut
```

(2) 在RT2路由器的特权模下进行调试

```
RT2#debug ppp authentication
```

(3) 打开RT4路由器的S1/0端口

```
RT4(config-if)#no shut
```

此时RT2路由器出现如下信息(CHAP验证过程):

```
%LINK-5-CHANGED: Interface Serial1/0, changed state to up
Serial1/0 IPCP: I CONFREQ [Closed] id 1 len 10
Serial1/0 IPCP: O CONFACK [Closed] id 1 len 10
Serial1/0 IPCP: I CONFREQ [REQsent] id 1 len 10
Serial1/0 IPCP: O CONFACK [REQsent] id 1 len 10
Serial1/0 IPCP: O CONFREQ [Closed] id 1 len 10
Serial1/0 IPCP: I CONFACK [Closed] id 1 len 10
Serial1/0 IPCP: O CONFREQ [Closed] id 1 len 10
Serial1/0 IPCP: I CONFACK [REQsent] id 1 len 10
%LINEPROTO-5-UPDOWN: Line protocol on Interface Serial1/0, changed state to up
```

7.6.2 PAP配置验收

用debug ppp authentication命令进行调试,可以通过此命令看到2台路由器的验证过程。

(1) 首先关闭RT4路由器上广域网S1/1

```
RT4(config-if)#shut
```

(2) 在RT5路由器的特权模下进行调试

```
RT5#debug ppp authentication
```

(3) 打开RT4路由器的S1/1端口

```
RT4(config-if)#no shut
```

此时RT5路由器出现如下信息(PAP验证过程):

```
%LINK-5-CHANGED: Interface Serial1/1, changed state to up
```

```
Serial1/1 PAP: I AUTH-REQ id 17 len 15
Serial1/1 PAP: Authenticating peer
Serial1/1 PAP: Phase is FORWARDING, Attempting Forward
%LINEPROTO-5-UPDOWN: Line protocol on Interface Serial1/1, changed state to up
Serial1/1 PAP: I AUTH-REQ id 17 len 15
Serial1/1 PAP: Authenticating peer
Serial1/1 PAP: Phase is FORWARDING, Attempting Forward
```

7.7 项目小结

目前最流行的 WAN 技术的工作方式以及在 Cisco 路由器上比较常用的广域网协议配置包括 PPP、HDLC、帧中继和 DDN 等。PPP CHAP 认证的配置中对端路由器验证密码要一致。

7.8 知识扩展

1. 广域网技术基础

广域网(WAN)是使用电信业务网提供的数据链路在广阔的地理区域以一定的带宽进行互联的网络。电信业务网是电信运营商面向广大公众提供电信业务的网络。为了能给用户提供多种电信业务,满足不同用户的电信需求,电信运营商建立了多种电信业务网络。

目前可以利用电信传输网提供的广域网接入方式主要有以下几种。

(1)电路交换:由 ISP 为企业远程网络间通信提供的临时数据传输通道,其操作特性类似电话拨号技术,如图 7-4 所示。

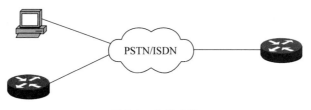

图 7-4 电路交换

典型的电路交换技术:PSTN 模拟信号、ISDN 数字拨号。

(2)分组交换:由 ISP 为企业多个远程节点间通信提供的一种共享物理链路的 WAN 技术,如图 7-5 所示。

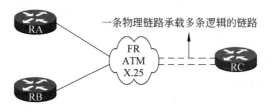

图 7-5 分组交换

典型分组交换技术：FR、ATM、X.25。

（3）专线技术：由 ISP 为企业远程网络节点之间通信提供的点到点专有线路连接的 WAN 链路技术，如图 7-6 所示。

图 7-6　专线技术

典型的专线技术：DDN 专线、E1 专线、POS 专线、以太网专线。

（4）虚拟专用网：通过一个公用网络(通常是因特网)建立一个临时的、安全的连接，是一条穿过混乱的公用网络的安全、稳定的隧道，如图 7-7 所示。

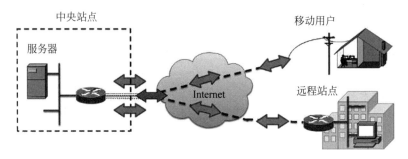

图 7-7　虚拟专用网

2. HDLC 协议及配置

HDLC(High-level Data Link Control)协议是高级数据链路控制协议，它是 Cisco 串行线路的默认封装协议，与其他供应商设备部兼容，正常情况下，它是不用配置的。HDLC 配置命令如下：

```
Encapsulation hdlc
```

其他配置和验证方法同 PPP 配置，此处不再详述。

3. DDN 专线连接的配置

在实际过程中，Cisco 路由器接 DDN 专线时，一般采用 HDLC 协议封装。同步串口需要通过 V.35 或 RS-232 DTE 线缆连接 CSU/DSU(通信服务单元/数据服务单元)，此时 Cisco 路由器为 DTE，CSU/DSU 为 DCE，由 DCE 端提供时钟。如果将 2 台路由器通过 V.35 线缆进行背对背直接相连，则必须由连接 DCE 线缆的一方路由器提供同步时钟。

以 RT2 与 RT4 背对背连接配置为例进行说明。

（1）RT2 配置的主要内容：

```
RT2(config)#interface s1/0
RT2(config-if)#ip address 202.0.0.1 255.255.255.248
RT2(config-if)#enca hdlc              //封装 HDLC 协议
RT2(config-if)#clock rate 64000       //在 DCE 端配置同步时钟
```

（2）RT4 配置：

```
RT4(config)#interface s1/0
RT4(config-if)#ip address 202.0.0.6 255.255.255.248
RT4(config-if)#enca hdlc              //封装 HDLC 协议
```

7.9　练习题

一、填空题

1. 广域网协议包括_____、_____和_____等。
2. PPP 协议是提供在_____链路上承载网络层数据包的一种_____协议。
3. PPP 定义了一整套的协议包括_____、_____和_____。
4. PPP 支持两种验证方式：_____和_____。
5. PAP 为_____握手验证，CHAP 为_____握手验证。

二、简答题

1. 广域网协议有哪些？
2. PPP 协议的 PAP 和 CHAP 两种认证方式有什么特点？ 它们是被如何应用的？
3. PPP 做广域网链接时需要注意什么？

7.10　项目实训

　　实训要求：根据图 7-8 搭建网络，并按图中所标识的左半部分配置 OSPF 协议，采用 CHAP 验证；右半部分配置 RIPv2 协议，采用 PAP 验证，使 3 台 PC 相互能 ping 通。串行链路的时钟频率均要求由链路左侧路由器提供。

实训操作录屏(7)

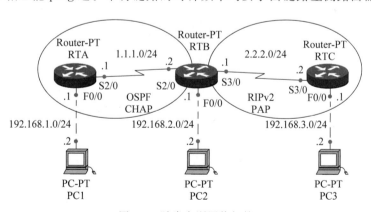

图 7-8　随堂实训网络拓扑

1. 基本配置

配置 PC 及路由器各接口 IP。

2. 路由配置

左半部分配置 OSPF 协议,右半部分配置 RIPv2 协议,并相互引入,使 3 台 PC 相互能通信。

3. 验证配置

RTA 与 RTB 间采用 CHAP 验证,RTB 与 RTC 间采用 PAP 验证,并测试 3 台 PC 的连通性。

项目 8
控制子网间的访问

8.1 项目导入

通过以上 7 个项目的实施完成，AAA 公司总部路由器 RT1、公司外网接入路由器 RT2、公司分部路由器 RT3 已经路由可达，总部和分部之间可以相互通信，但是考虑到网络的安全问题，需要对各部分之间的相互访问进行不同程度的控制，如：禁止公司分部访问公司总部的财务部，禁止总公司的市场部访问分部，只允许信息技术部的工作人员通过 Telnet 访问设备等。

如何实现这些不同的控制目标呢？很简单，可以在相应路由器上配置访问控制列表来完成。

8.2 职业能力目标和要求

- 掌握 ACL 的工作原理及类型。
- 掌握 ACL 的配置及删除方法。
- 能根据实际工作的需求在合适的位置部署相应的访问控制列表，以实现对网络中的访问数据流的控制，达到限制非法的未授权的数据服务，提高网络的安全性。

8.3 相关知识

8.3.1 ACL 的概念及用途

什么是 ACL

访问控制列表技术是一种重要的软件防火墙技术，配置在网络互联设备上，为网络提供安全保护功能。访问控制列表中包含了一组安全控制和检查的命令列表，一般应用在交换机或者路由器接口上，这些指令列表告诉路由器哪些数据包可以通过，哪些数据包需要拒绝。至于什么样特征的数据包被接收还是被拒绝，可以由数据包中携带的源地址、目的地址、端口号、协议等包的特征信息来决定。

访问控制列表技术通过对网络中所有的输入和输出访问数据流进行控制，过滤掉网络中非法的未授权的数据服务，限制通过网络中的流量，是对通信信息起到控制的手段，用来提高网络的安全性能。

1. 访问控制列表的含义

访问控制列表(Access Control Lists,ACL)也称为访问列表(Access Lists),使用包过滤技术,在路由器上读取经过路由器接口上的数据报文的第三层及第四层包头中的信息,如源地址、目的地址、源端口、目的端口等,根据预先定义好的规则对包进行过滤,从而达到访问控制的目的。

2. ACL 用途

ACL 的用途很多,主要包括以下几项。

(1) 限制网络流量、提高网络性能。

(2) 提供对通信流量的控制手段。

(3) 提供网络访问的基本安全手段。

(4) 在路由器(交换机)接口处,决定哪种类型的通信流量被转发、哪种被阻塞。

8.3.2 ACL 的工作过程

ACL 的工作分入站访问控制操作过程和出站访问控制操作过程这两种情况,下面分别介绍。

1. 入站访问控制操作过程

(1) 相关内容

相对网络接口来说,从网络上流入该接口的数据包,为入站数据流,对入站数据流的过滤控制称为入站访问控制。如果一个入站数据包被访问控制列表禁止(deny),那么该数据包被直接丢弃(discard)。只有那些被 ACL 允许(permit)的入站数据包才进行路由查找与转发处理。入站访问控制节省了那些不必要的路由查找、转发的开销。

ACL 常用协议及端口号

(2) 工作原理

当数据包流入路由器的入站接口时,路由器首先检查接该口是否应用了 ACL,如果有,则利用该数据包的源地址或目标地址依次对比访问控制列表中的列表项,即逻辑测试,若测试结果允许(permit)该数据包流入,则转到路由表中进行路由查找,若是查找到,则选择该网络接口将数据包转发出去,否则就将该数据包丢弃;若是逻辑测试结果为拒绝(denny),则直接丢弃该数据包,而不再查找路由表。其工作原理逻辑图如图 8-1 所示。

2. 出站访问控制操作过程

(1) 相关内容

① 从网络接口流出到网络的数据包称为出站数据流。

② 出站访问控制是对出站数据流的过滤控制。

③ 那些被允许的入站数据流需要进行路由转发处理。

④ 在转发之前,交由出站访问控制进行过滤控制操作。

(2) 工作原理

当数据包流入路由器的入站接口时,路由器首先查找路由表,若没有找到相应的路由信息,则直接丢弃数据包;若找到,则选择相应的网络接口,检查接该口是否应用了 ACL。如果已经应用了 ACL,则利用该数据包的源地址或目标地址依次对比访问控制列表中的列表

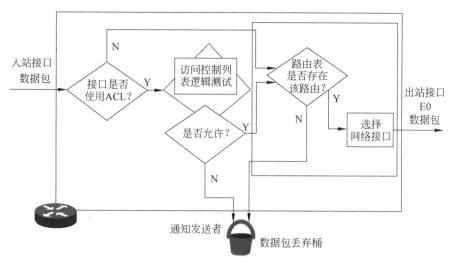

图 8-1 入站访问控制操作过程原理

项;若测试结果允许(permit)该数据包流入,则将数据包从该接口转发出去;若是逻辑测试结果拒绝(denny),则直接丢弃该数据包。其工作原理逻辑图如图 8-2 所示。

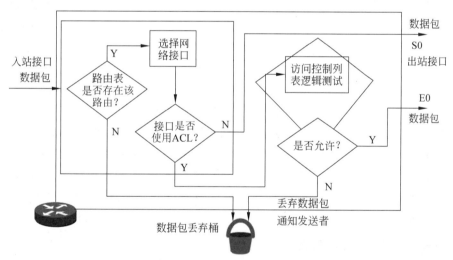

图 8-2 出站访问控制操作过程原理

3. ACL 的逻辑测试过程

无论是入站访问控制还是出站访问控制,当发现该接口上使用了 ACL 时,都要经过下面的逻辑测试过程。

按照规则的顺序依次进行匹配判断,如果匹配第一条规则,则使用该规则规定的动作(permit 或 deny)来处理数据报文,而不再继续匹配后面的所有规则;如果不匹配,则依次往下进行匹配判断。若发现匹配成功,则不再继续匹配。若所有规则都测试完毕,仍没有发现相匹配的规则,则使用默认规则丢弃该数据报文。其工作原理逻辑图如图 8-3 所示。

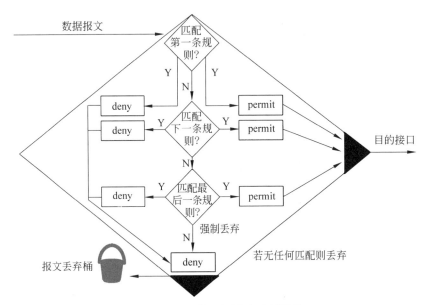

图 8-3　ACL 的逻辑测试过程原理

8.3.3　ACL 分类

按照使用方式习惯不同,Cisco ACL 可以分为编号方式和命名方式两种情况。大多数情况下,都会使用编号的访问控制列表,这里主要学习用这种方式配置访问控制列表的方法。

ACL 的分类

编号的访问控制列表有两种类型,一种是编号的标准访问控制列表(Standard IP ACL),另一种是编号的扩展访问控制列表(Extended IP ACL)。

编号的访问控制列表使用不同的编号区别不同的访问控制列表,其中编号的标准访问控制列表的编号取值范围为 1～99;编号的扩展访问控制列表编号取值范围为 100～199。这两种 ACL 的区别是:标准的 ACL 只匹配、检查数据包头中的源地址信息;扩展 ACL 不仅仅匹配检查数据包中源地址信息,还检查数据包的目的地址、特定协议类型、端口号等。扩展的 ACL 提高了对数据流的检查细节,为网络访问提供更多的访问控制功能。

1. 编号的标准访问控制列表

编号的标准 ACL 对数据包过滤的示意图如图 8-4 所示。

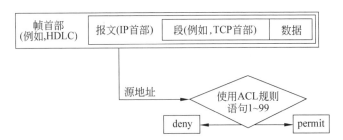

图 8-4　标准 ACL 对数据包过滤的示意图

1）编号的标准 ACL 的配置

（1）配置步骤

① 使用 access-list 命令创建访问控制列表。

```
Router(config)#access-list access-list-number {permit|deny} source [source-
wildcard]
```

- 为访问控制列表增加一条测试语句。
- 标准 IP ACL 的参数 access-list-number 取值范围为 1～99。
- 默认的反转掩码为 0.0.0.0。
- 默认包含拒绝所有网段。
- "no access-list access-list-number"命令用于删除指定号码的 ACL。

命名的 ACL
及配置步骤

② 使用 ip access-group 命令把访问控制列表应用到某接口。

```
Router(config-if)#ip access-group access-list-number {in|out}
```

- 在特定接口上启用 ACL。
- 设置测试为入站(in)控制还是出站(out)控制。
- 建议在靠近目的地址的网络接口出站方向上设置标准 ACL。

编号的标准的访问控制列表只对源地址进行过滤,这样不会影响其他的访问。例如:
禁止 PC0 访问 PC1,用在 G0/0 口上,不影响 PC0 访问 PC2,如图 8-5 所示。

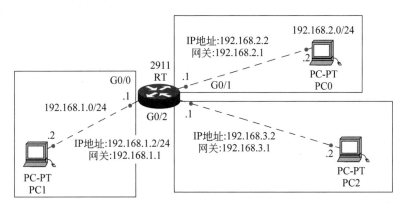

图 8-5　标准 ACL 对数据包过滤示意图

- "no ip access-group access-list-number"命令在特定接口禁用 ACL。

（2）说明

① host 关键字。

测试条件：检查所有的地址位(match all)。

一个 IP host 关键字的示例如下。

例如,172.30.16.29 0.0.0.0 表示检查所有的地址位。

可以使用关键字 host 将上语句简写为:host 172.30.16.29。

② any 关键字。

测试条件:忽略所有的地址位(match any)。

- 接受任何地址:0.0.0.0 255.255.255.255。
- 可以使用关键字 any 将上语句简写为:any。

2) 编号的标准 ACL 实例。

【例1】 如图 8-6 所示,在路由器 RT 上配置只允许 192.168.1.0/24 网段和 192.168.2.2/24 主机访问 192.168.3.0/24 网段的编号的标准 ACL。

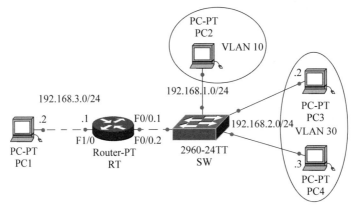

图 8-6 例1网络拓扑

(1) 基本配置

① 交换机配置。

```
Switch>en
Switch#conf t
Switch(config)#vlan 10
Switch(config-vlan)#vlan 20
Switch(config-vlan)#int F0/2
Switch(config-if)#switchport access vlan 10
Switch(config-if)#exit
Switch(config)#int range F0/3-4
Switch(config-if-range)#switchport access vlan 20
Switch(config-if-range)#int F0/1
Switch(config-if)#switchport mode trunk
```

② 路由器配置。

```
Router>en
```

```
Router#conf t
Router(config)#int F0/0
Router(config-if)#no shut
Router(config-if)#int F0/0.1
Router(config-subif)#encapsulation dot1q 10
Router(config-subif)#ip add 192.168.1.1 255.255.255.0
Router(config-subif)#int F0/0.2
Router(config-subif)#encapsulation dot1q 20
Router(config-subif)#ip add 192.168.2.1 255.255.255.0
Router(config-subif)#int F1/0
Router(config-if)#ip add 192.168.3.1 255.255.255.0
Router(config-if)#no shut
```

③ PC 配置。

PC1：IP 为 192.168.3.2，掩码为 255.255.255.0，网关为 192.168.3.1。

PC2：IP 为 192.168.1.2，掩码为 255.255.255.0，网关为 192.168.1.1。

PC3：IP 为 192.168.2.2，掩码为 255.255.255.0，网关为 192.168.2.1。

PC4：IP 为 192.168.2.3，掩码为 255.255.255.0，网关为 192.168.2.1。

（2）测试连通性

结论：此时 PC 相互都能 ping 通。

（3）ACL 访问控制列表配置

① 创建访问控制列表。

这里创建标准访问控制列表，使用编号 1。

```
Router(config)#access-list 1 permit 192.168.1.0 0.0.0.255
Router(config)#access-list 1 permit 192.168.2.2 0.0.0.0
//192.168.2.2  0.0.0.0 也可以写成 host 192.168.2.2
Router(config)#access-list 1 deny 192.168.2.0 0.0.0.255
//此句功能为拒绝除 192.168.2.2 之外的该网段中的其他主机访问。该句功能包含在下句中，因
  此，不写也可以
Router(config)#access-list 1 deny any
//any 也可以用 0.0.0.0 255.255.255.255 代替。系统默认包含拒绝所有网段通过，因此，此句不
  写也可以
```

② 把访问控制列表应用到接口上。

因最好靠近目的地址的网络接口上设置标准 ACL，这里把访问控制列表应用到 F1/0 接口的 out 方向上。

```
Router(config)#int F1/0
Router(config-if)#ip access-group 1 out
```

（4）再次测试连通性

结论：此时 PC2、PC3 能 ping 通 PC1，但 PC4 不能 ping 通 PC1，原因是访问控制列表已生效。PC4 ping PC1 的结果：Destination host unreachable；PC1 ping PC4 的结果：Requst time out。

2. 编号的扩展访问控制列表

扩展 IP ACL(编号: 100~199)可以测试 IP 报文的源、目的地址、协议、端口号。扩展 ACL 对数据包过滤的示意图如图 8-7 所示。

编号的扩展 ACL

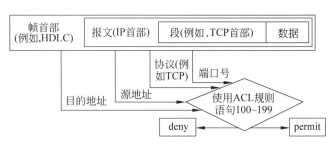

图 8-7 扩展 ACL 对数据包过滤示意图

1) 编号的扩展的 ACL 配置

(1) 创建访问控制列表

```
Router(config)#access-list access-list-number {permit|deny} protocol source
source-wildcard [operator port]destination destination-wildcard [operator port]
[established][log]
```

- access-list-number(编号): 100~199。
- protocol(协议): 用于指示 IP 及所承载的上层协议,包括 IP、TCP(HTTP、FTP、SMTP)、UDP(DNS、SNMP、TFTP)、OSPF、ICMP、AHP、ESP 等。
- operator(操作): 表示当协议类型为 TCP/UDP 时,支持端口比较,包括 Eq(等于)、lt(小于)、gt(大于)和 neq(不等于)4 种情况。
- Port(端口): 表示比较的 TCP/UDP 端口,可以用端口号形式表示,也可以用对应的协议(或服务名称)形式表示。常用的协议(服务)与端口的对应关系如表 8-1 所示。

表 8-1 常用的协议(服务)与端口的对应关系表

端口号	关键字	描 述	TCP/UDP
20	FTP-DATA	文件传输协议(数据)	TCP
21	FTP	文件传输协议	TCP
23	TELNET	终端连接	TCP
25	SMTP	简单邮件传输协议	TCP
53	DNS	域名服务器	TCP/UDP
69	TFTP	普通文件传输协议	UDP
80	WWW	万维网	TCP

- Establisted: 用于 TCP 入站访问控制列表,意义在于允许 TCP 报文在建立了一个确定的连接后,后继报文可以通过。
- Log: 向控制台发送一条规则匹配的日志信息。

（2）把访问控制列表应用到某接口

```
Router(config-if)#ip access-group access-list-number {in|out}
```

根据减少不必要通信流量的通行准则，应该尽可能地把 ACL 放置在靠近被拒绝的通信流量的来源处，建议靠近源地址的网络接口上设置扩展 ACL。

2）编号的扩展 ACL 实例

【例 2】　按图 8-8 搭建网络，在路由器上配置满足下列条件的访问控制列表。

- 允许 VLAN 10 中 PC 访问服务器的 WWW 服务，但不允许访问 FTP 服务。
- 允许 VLAN 20 中 PC 访问服务器的 FTP 服务，但拒绝访问服务器的 WWW 服务。
- 禁止 2 个 VLAN 中的 PC ping 服务器，但服务器可以 ping 通 PC。

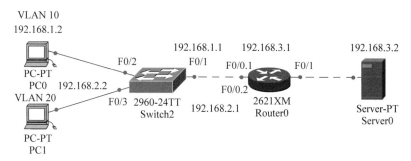

图 8-8　例 2 网络拓扑

（1）基本配置

① 交换机配置。

```
Switch>en
Switch#conf t
Switch(config)#vlan 10
Switch(config-vlan)#int F0/2
Switch(config-if)#switchport access vlan 10
Switch(config-if)#exit
Switch(config)#vlan 20
Switch(config-vlan)#int F0/3
Switch(config-if)#switchport access vlan 20
Switch(config-if)#int F0/1
Switch(config-if)#switchport mode trunk
```

② 路由器配置。

```
Router>en
Router#conf t
Router(config)#int F0/0
Router(config-if)#no shut
Router(config-if)#int F0/0.1
Router(config-subif)#encapsulation dot1Q 10
Router(config-subif)#ip add 192.168.1.1 255.255.255.0
```

```
Router(config-subif)#int F0/0.2
Router(config-subif)#encapsulation dot1Q 20
Router(config-subif)#ip add 192.168.2.1 255.255.255.0
Router(config-subif)#int F1/0
Router(config-if)#ip add 192.168.3.1 255.255.255.0
Router(config-if)#no shut
```

③ PC 与服务器配置。PC0、PC1、Server0 的网络配置如下。

PC0：IP 为 192.168.1.2,掩码为 255.255.255.0,网关为 192.168.1.1。

PC1：IP 为 192.168.2.2,掩码为 255.255.255.0,网关为 192.168.2.1。

Server0：IP 为 192.168.3.2,掩码为 255.255.255.0,网关为 192.168.3.1。

(2) 测试验证

① ping 测试。此时,PC 及服务器相互都能 ping 通。

② WWW 服务测试。2 台 PC 通过 Web 浏览器(在地址栏中输入服务器 IP 为 192.168.3.2)可以访问服务器上的 WWW 服务,如图 8-9 所示。

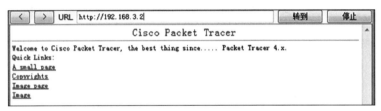

图 8-9　测试 WWW 服务(1)

③ FTP 服务测试。使用 FTP 命令登录 Server0 服务器前,应该先按图 8-10 所示,在服务器上完成以下操作。

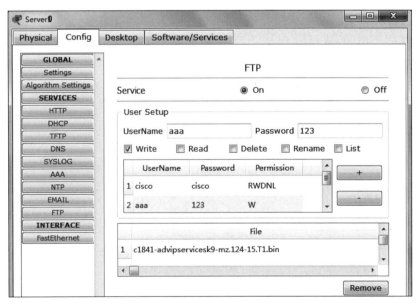

图 8-10　FTP 服务器的基本设置

在用户工作区中单击 FTP 服务器,选择 Config 选项卡,在 SERVICES 下面列表中选择 FTP,在右侧 FTP 配置窗口中输入用户名和密码,并为该用户指定权限(这里 UserName 为 aaa,Password 为 123,权限为 Write),单击增加用户按钮 (用户列表中会出现新增加的用户信息)即可。

此时,2 台 PC 在 Command Prompt 窗口中通过 FTP 命令可以访问服务器上的 FTP 服务。登录操作过程如下:

```
PC>ftp 192.168.3.2   //用户在"PC>"提示符后面输入 ftp 192.168.3.2
Trying to connect...192.168.3.2
Connected to 192.168.3.2
220-Welcome to PT Ftp server
Username:aaa         //用户在 Username 提示符后面输入 FTP 服务器上定义的用户名 aaa
331-Username ok, need password
Password:            //用户在 Password 提示符后面输入 FTP 服务器上定义的用户密码 123
230-Logged in
(passive mode On)
ftp>                 //登录成功后,提示符变成"ftp>"
```

说明　若要退出 FTP 服务,可使用 Ctrl+C 组合键或者输入 quit 命令。

(3) 访问控制列表设置

① 创建访问控制列表。创建扩展访问控制列表,编号使用 105。

```
Router(config)#access-list 105 deny tcp 192.168.1.0 0.0.0.255 host 192.168.3.2 eq ftp
```
//此句禁止 VLAN 10 中 PC 访问服务器的 FTP 服务。此时的 FTP 也可以用端口号 21 来代替
```
Router(config)#access-list 105 deny tcp 192.168.2.0 0.0.0.255 host 192.168.3.2 eq 80
```
//此句禁止 VLAN 20 中 PC 访问服务器的 WWW 服务。此时的端口号 80 也可以用服务名 WWW 来代替
```
Router(config)#access-list 105 deny icmp 192.168.1.0 0.0.0.255 host 192.168.3.2 echo
```
//此句禁止 VLAN 10 中 PC ping 服务器。此时是在限定 ping 命令的请求数据包,若用这种控制法,
　PC0 ping 服务器的结果为:Destination host unreachable。此句也可写成 access-list
　105 deny icmp 192.168.3.2 0.0.0.0 192.168.1.0 0.0.0.255 echo-reply,此时是在限定
　PC0 ping 服务器的返回数据包,若用这种控制法,PC0 ping 服务器的结果为:Requst time out。
　下面一句与此相同
```
Router(config)#access-list 105 deny icmp 192.168.2.0 0.0.0.255 host 192.168.3.2 echo
```
//此句禁止 VLAN 20 中 PC ping 服务器
```
Router(config)#access-list 105 permit ip any any      //此句允许所有数据包通过
```

② 把访问控制列表应用到接口上。因此处靠近源地址的网络接口 F0/0 已进行子接口划分,不方便进行控制,所以此处适合将访问控制列表应用于 F1/0 的 out 方向上。

```
Router(config-if)#int F1/0
Router(config-if)#ip access-group 105 out
```

(4) 再次测试验证

① ping 测试。PC0 和 PC1 不再能 ping 通服务器(显示结果为：Destination host unreachable),但服务器仍可以 ping 通 PC。

② WWW 服务测试。PC0 能访问服务器的 WWW 服务,但 PC1 不能访问服务器的 WWW 服务,显示结果如图 8-11 所示。

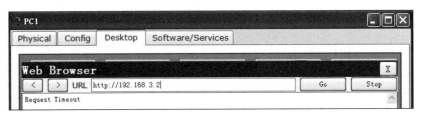

图 8-11   测试 WWW 服务(2)

③ FTP 服务测试。PC1 能访问服务器的 FTP 服务,但 PC0 不能访问服务器的 FTP 服务,显示结果如下:

```
PC>ftp 192.168.3.2
Trying to connect...192.168.3.2          //尝试连接 IP 地址为 192.168.3.2 的 FTP 服务器
%Error opening ftp://192.168.3.2/ (Timed out)     //登录 FTP 服务器失败,连接超时
Packet Tracer PC Command Line 1.0
PC>(Disconnecting from ftp server)       //断开与 FTP 服务器的连接
Packet Tracer PC Command Line 1.0
PC>
```

8.4   项目设计与准备

1. 项目设计

通过对图 8-12 所示的网络拓扑分析可知,禁止分部访问总公司的财务部的要求指明了网络源地址及目标地址,所有可以考虑使用扩展的 ACL 来进行控制。同时为了防止不必要的网络流量占用宝贵的网络带宽,应将分部对财务部网段访问的数据流在流出最近的路由器时过滤掉,故应在 RT3 上使用扩展的 ACL。而分部可以被除了市场部外的所有部门访问,则最简单的办法是在公司分部路由器 RT3 上配置标准的 ACL,即可禁止公司总部的市场部访问公司分部,又不影响其他网络对分部的访问。

对应到子网访问控制,该项目的要求是:在 RT3 的上配置扩展的 ACL,禁止从源网段 10.0.1.0/27 到目标网段为 10.0.0.128/26 的数据流出 RT3 的 F0/1 接口;在 RT3 上配置标准的 ACL 禁止网段 10.0.0.0/25 的数据流出 F0/0 接口。

2. 项目准备

(1) 方案一:真实设备操作(以组为单位,小组成员协作,共同完成实训)。

• Cisco 交换机、配置线、台式机或笔记本电脑。

• 项目 7 的配置结果。

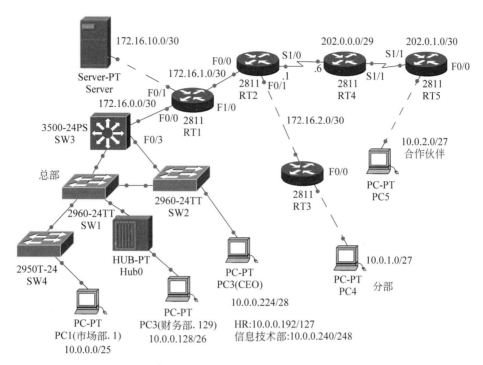

图 8-12 ACL 应用网络拓扑

（2）方案二：在模拟软件中操作（以组为单位，成员相互帮助，各自独立完成实训）。

- 每人 1 台装有 Cisco Packet Tracer 6.2 的计算机。
- 项目 7 的配置结果。

8.5 项目实施

任务 8-1 禁止分部访问公司总部的财务部

1. RT3 上配置扩展的访问控制列表

```
RT3#conf t
RT3(config)#access-list 101 deny ip 10.0.1.0 0.0.0.31 10.0.0.128 0.0.0.63
//禁止 10.0.1.0/27 网络访问访问公司总部的 10.0.0.128/26 网络
RT3(config)#access-list 101 permit ip any any
//允许其他所有的网络访问。此条规则必须添加，否则所有的数据包都会被系统默认在所有规则后
   添加的 deny any 规则丢弃
```

2. 将访问控制列表应用到接口上

```
RT3(config)#int F0/1
RT3(config-if)#ip access-group 101 out          //将访问控制列表应用到接口 F0/0 上
RT3(config-if)#
```

任务 8-2　禁止公司总部的市场部访问分部

1. RT3 上配置扩展的访问控制列表

```
RT3#conf terminal
RT3(config)#access-list 1 deny 10.0.0.0 0.0.0.127
//禁止公司总部的 10.0.0.0/25 网络访问 10.0.1.0/27 网络
RT3(config)#access-list 1 permit any     //允许其他所有的网络访问
```

2. 将访问控制列表应用到接口上

```
RT3(config)#int F0/1
RT3(config-if)#ip access-group 1 out     //将访问控制列表应用到接口 F0/1 上
RT3(config-if)#
```

任务 8-3　只允许信息技术部的工作人员通过 Telnet 访问设备

1. 在 RT1 上配置标准的 ACL,只允许信息技术部的工作人员通过 Telnet 访问

（1）配置访问控制列表

```
RT1#conf terminal
RT1(config)#access-list 10 permit 10.0.0.240 0.0.0.15
//允许信息技术部的网络 10.0.0.240/28 访问
```

（2）将访问控制列表应用到 VTY 虚拟终端上

```
RT1(config)#line vty 0 4
RT1(config-line)#access-class 10 in     //将访问控制列表应用到 VTY IN 方向上
```

2. 在 RT3 上配置标准的 ACL,只允许信息技术部的工作人员通过 Telnet 访问

（1）配置访问控制列表

```
RT3#conf terminal
RT3(config)#access-list 10 permit 10.0.0.240 0.0.0.15
//允许信息技术部的网络 10.0.0.240/28 访问
```

（2）将访问控制列表应用到 VTY 虚拟终端上

```
RT3(config)#line vty 0 4
RT3(config-line)#access-class 10 in     //将访问控制列表应用到 VTY IN 方向上
```

3. 在 SW3 上配置标准的 ACL,只允许信息技术部的工作人员通过 Telnet 访问

（1）配置访问控制列表

```
SW3#conf terminal
SW3(config)#access-list 10 permit 10.0.0.240 0.0.0.15
//允许信息技术部的网络 10.0.0.240/28 访问
```

（2）将访问控制列表应用到 VTY 虚拟终端上

```
SW3(config)#line vty 0 4
SW3(config-line)#access-class 10 in     //将访问控制列表应用到 VTY IN 方向上
```

4. 在 SW2 上配置标准的 ACL,只允许信息技术部的工作人员通过 Telnet 访问

(1) 配置访问控制列表

```
SW2#conf terminal
SW2(config)#access-list 10 permit 10.0.0.240 0.0.0.15
//允许信息技术部的网络 10.0.0.240/28 访问
```

(2) 将访问控制列表应用到 VTY 虚拟终端上

```
SW2(config)#line vty 0 4
SW2(config-line)#access-class 10 in        //将访问控制列表应用到 VTY IN 方向上
```

5. 在 SW1 上配置标准的 ACL,只允许信息技术部的工作人员通过 Telnet 访问

(1) 配置访问控制列表

```
SW1#conf terminal
SW1(config)#access-list 10 permit 10.0.0.240 0.0.0.15
//允许信息技术部的网络 10.0.0.240/28 访问
```

(2) 将访问控制列表应用到 VTY 虚拟终端上

```
SW1(config)#line vty 0 4
SW1(config-line)#access-class 10 in        //将访问控制列表应用到 VTY IN 方向上
```

6. 检验测试

在配置 ACL 之前,分部 PC4 能 ping 通财务部 PC2,市场部能 ping 通分部,所有部门都可以通过 Telnet 访问设备。配置 ACL 后,若分部与财务部、市场部与分部之间不能相互访问,只有信息技术部可以访问设备,说明配置正确,达到了要求;否则配置有误,需再次修改。

8.6   项目验收

1. 分部到财务部的访问控制

(1) 查看

① RT3 的访问控制列表。

操作:

```
RT3#show ip access-lists
```

结果:

```
Extended IP access list 101
    deny ip 10.0.1.0 0.0.0.31 10.0.0.128 0.0.0.63 (4 match(es))
    permit ip any any (16 match(es))
```

② 接口 F0/1 上 ACL 应用情况。

操作:

```
RT3#show ip interface F0/1
```

结果:

```
FastEthernet0/1 is up, line protocol is up (connected)
Internet address is 172.16.2.2/30
  Broadcast address is 255.255.255.255
  Address determined by setup command
  MTU is 1500
  Helper address is not set
  Directed broadcast forwarding is disabled
  Outgoing access list is 101
  Inbound  access list is not set
  Proxy ARP is enabled
  Security level is default
  Split horizon is enabled
  ICMP redirects are always sent
ICMP unreachables are always sent
  ICMP mask replies are never sent
  IP fast switching is disabled
  IP fast switching on the same interface is disabled
  IP Flow switching is disabled
  IP Fast switching turbo vector
  IP multicast fast switching is disabled
  IP multicast distributed fast switching is disabled
  Router Discovery is disabled
  IP output packet accounting is disabled
  IP access violation accounting is disabled
  TCP/IP header compression is disabled
  RTP/IP header compression is disabled
  Probe proxy name replies are disabled
  Policy routing is disabled
  Network address translation is disabled
  WCCP Redirect outbound is disabled
  WCCP Redirect exclude is disabled
  BGP Policy Mapping is disabled
```

以上说明已经成功创建并应用了 ACL。

(2) 在 PC4 上测试与总部的财务部 PC2(代表财务部网段的任一台主机)的连通性

操作:

```
ping 10.0.0.129
```

结果:

```
Pinging 10.0.0.129 with 32 bytes of data:

Reply from 10.0.1.30: Destination host unreachable.
Reply from 10.0.1.30: Destination host unreachable.
Reply from 10.0.1.30: Destination host unreachable.
Reply from 10.0.1.30: Destination host unreachable.
```

```
Ping statistics for 10.0.0.129:
    Packets: Sent=4, Received=0, Lost=4 (100% loss)
```

原因：因当目标地址 IP 为 10.0.0.129 的数据包到达路由器 RT3 时，路由器查找路由表，发现应将该数据包交给 F0/1 进行转发，在转发前判断发现该接口 out 方向上使用了 ACL，而逻辑测试的结果是 deny，故将数据包丢弃。RT3 认为该目标网络是不可达到的，故由 F0/0(10.0.1.30)回复源主机为"Destination host unreachable."，即不能 ping 通。

2. 总公司的市场部到分部的访问控制

(1) 查看

① RT3 的访问控制列表。

操作：

```
RT3#show ip access-lists
```

结果：

```
Extended IP access list 101
  deny ip 10.0.1.0 0.0.0.31 10.0.0.128 0.0.0.63 (4 match(es))
  permit ip any any (16 match(es))
Standard IP access list 1
  deny 10.0.0.0 0.0.0.127 (8 match(es))
  permit any (308 match(es))
```

② 接口 F0/0 上 ACL 的应用情况。

操作：

```
RT3#show ip interface f0/0
```

结果：

```
FastEthernet0/0 is up, line protocol is up (connected)
  Internet address is 10.0.1.30/27
  Broadcast address is 255.255.255.255
  Address determined by setup command
  MTU is 1500
  Helper address is not set
  Directed broadcast forwarding is disabled
  Outgoing access list is 1
  Inbound access list is not set
  Proxy ARP is enabled
  Security level is default
  Split horizon is enabled
  ICMP redirects are always sent
  ICMP unreachables are always sent
  ICMP mask replies are never sent
  IP fast switching is disabled
  IP fast switching on the same interface isdisabled
  IP Flow switching is disabled
  IP Fast switching turbo vector
```

```
IP multicast fast switching is disabled
IP multicast distributed fast switching is disabled
Router Discovery is disabled
IP output packet accounting is disabled
IP access violation accounting is disabled
TCP/IP header compression is disabled
RTP/IP header compression is disabled
Probe proxy name replies are disabled
Policy routing is disabled
Network address translation is disabled
WCCP Redirect outbound is disabled
WCCP Redirect exclude is disabled
BGP Policy Mapping is disabled
```

以上说明已经成功创建并应用了 ACL。

(2) 在 PC1 上测试与分部 PC4(代表分部网段的任一台主机)的连通性

操作:

```
ping 10.0.1.1
```

结果:

```
PC>ping 10.0.1.1
Pinging 10.0.1.1 with 32 bytes of data:

Reply from 172.16.2.2: Destination host unreachable.
Reply from 172.16.2.2: Destination host unreachable.
Reply from 172.16.2.2: Destination host unreachable.
Reply from 172.16.2.2: Destination host unreachable.

Ping statistics for 10.0.1.1:
    Packets: Sent4, Received=0, Lost=4 (100% loss)
```

原因:因当源地址 IP 为 10.0.0.1 的数据包到达路由器 RT3 时,路由器查找路由表,发现应将该数据包交给 F0/0 进行转发,在转发前判断并发现该接口 out 方向上使用了 ACL,而逻辑测试的结果是 deny,故将数据包丢弃。RT3 认为该目标网络是不可达到的,故由 F0/1(172.16.2.2)回复源主机为"Destination host unreachable",即无法 ping 通。

3. 只允许信息技术部通过 Telnet 访问网络设备(**RT1、RT3、SW3、SW2、SW1**)

 由于篇幅限制,本部分测试验收以 RT1 为例,其他设备(RT3、SW3、SW2、SW1)与此相同,不再一一列举。

(1) 查看
① RT1 的访问控制列表。
操作:

```
RT1#show ip access-lists
```

结果：

```
Standard IP access list 10
    permit 10.0.0.240 0.0.0.15
```

② 接口 VTY 用户上 ACL 的应用情况。

操作：

```
RT1#show running-config
```

结果：

```
...
line vty 0 4
access-class 10 in
password 000000
login
...
```

说明在 VTY 0 4 上已经配置并应用了访问控制列表 10。

（2）从信息技术部的主机 10.0.0.241（代表该部门任意一台主机）、市场部的主机 PC1（代表该部门任意一台主机）登录 RT1

应用 ACL 前情况如下。

操作：

```
telnet 172.16.0.2
```

结果：

```
PC>telnet 172.16.0.2
Trying 172.16.0.2 ...Open
User Access Verification
Password:
```

说明可以登录到 RT1 设备上。

应用 ACL 之后，分别从 10.0.0.241 主机、PC1 上登录 RT1。10.0.0.241 主机登录结果如下：

```
PC>telnet 172.16.0.2
Trying 172.16.0.2 ...Open
User Access Verification
Password:
```

说明仍然可以登录。

PC1 主机登录结果如下：

```
PC>telnet 172.16.0.2
Trying 172.16.0.2 ...
%Connection refused by remote host
PC>
```

说明登录被拒绝,非信息技术部的主机无法登录网络设备,达到了访问控制要求。

8.7 项目小结

1. ACL 的处理过程

(1)语句排序

一旦某条语句匹配,后续语句不再处理。

(2)隐含拒绝

如果所有语句执行完毕没有匹配条目默认丢弃数据包。

2. 要点

ACL 能执行两个操作:允许或拒绝。语句自上而下执行。一旦发现匹配,后续语句就不再进行处理——因此先后顺序很重要。如果没有找到匹配,ACL 末尾不可见的隐含拒绝语句将丢弃分组。一个 ACL 应该至少有一条 permit 语句;否则所有流量都会丢弃,因为每个 ACL 末尾都有隐藏的隐含拒绝语句。

8.8 知识拓展

8.8.1 命名的访问控制列表

在使用编号的访问控制列表时,如果需要取消一条 ACL 规则,需在指定接口上使用 no access-list number 命令即可完成。但如果需要修改其中的某一条指令时,却无法直接进行,需要取消全部重新编制才能达到目的,在应用的过程中很不方便。此外针对同一个协议,在同一接口上超过 100 条 ACL 规则时,编号 ACL 将出现超过限度溢出的情况。

命名 ACL 很好地解决这一问题,命名 ACL 不使用编号而使用字符串来定义规则。在网络管理过程中,随时根据网络变化修改某一条规则,调整用户访问权限。命名的 ACL 也包括标准和扩展两种类型,语句指令格式与编号的 ACL 相似,配置步骤与编号的 ACL 完全相同。这里只给出命令格式,配置步骤直接在例子中给出。

1. 命名的标准访问控制列表

相关命令:

```
Router#sh access-lists                                //查看已有的访问控制列表
Router(config)#ip access-list standard name           //创建命名的标准访问控制列表
Router(config-std-nacl)#{deny|permit}  {source source-wildcard}
//向命名的标准访问控制列表中添加控制规则
Router#no ip access-list standard name                //删除命名的标准访问控制列表
```

【例3】 用命名的标准 ACL 改写例1。

(1)使用 ip access-list 命令创建访问控制列表

```
Router>en
Router#sh access-lists                                //查看原有访问控制列表
```

显示结果如下：

```
Standard IP access list 1
    permit 192.168.1.0 0.0.0.255
    permit host 192.168.2.2
Router#conf t
Router(config)#no access-list 1                    //删除原有访问控制列表
Router(config)#ip access-list standard l3          //创建命名的标准访问控制列表
Router(config-std-nacl)#permit 192.168.1.0 0.0.0.255   //向 l3 中添加控制规则
Router(config-std-nacl)#permit host 192.168.2.2    //向 l3 中添加控制规则
```

（2）把访问控制列表应用到 F1/0 接口上

```
Router(config-std-nacl)#int F1/0
Router(config-if)#ip access-group l3 out
```

（3）测试验证

配置命令的访问控制列表前后的测试情况同编号的访问控制，这里不再赘述。

2. 命名的扩展 ACL

```
Router(config)#ip access-list extended name
Router(config-ext-nacl)#{deny|permit} protocol {source source-wildcard}
{operator port} {destination destination-wildcard} {operator port}
Router#no ip access-list extended name                //删除命名的扩展访问控制列表
```

【例 4】　先用命名的扩展 ACL 改写例 2，然后再取消对 2 台 PCping 服务器的限制。

（1）用命名的扩展 ACL 改写例 2

① 使用 ip access-list 命令创建访问控制列表。

```
Router(config)#no access-list 105
Router(config)#ip access-list extended l4
Router(config-ext-nacl)#deny tcp 192.168.1.0 0.0.0.255 host 192.168.3.2 eq21
Router(config-ext-nacl)#deny tcp 192.168.2.0 0.0.0.255 host 192.168.3.2 eq 80
Router(config-ext-nacl)#deny icmp 192.168.1.0 0.0.0.255 host 192.168.3.2 echo
Router(config-ext-nacl)#deny icmp 192.168.2.0 0.0.0.255 host 192.168.3.2 echo
Router(config-ext-nacl)#permit ip any any
```

② 使用 ip access-group 命令把访问控制列表应用到 F5/0 接口上。

```
Router(config-ext-nacl)#int F1/0
Router(config-if)#ip access-group l4 out
```

③ 测试验证。

同例 2，此处略。

（2）取消对 2 台 PC ping 服务器的限制

① 删除访问控制。

```
Router(config)#ip access-list extended l4
Router(config-ext-nacl)#no deny icmp 192.168.1.0 0.0.0.255 host 192.168.3.2 echo
Router(config-ext-nacl)#no deny icmp 192.168.2.0 0.0.0.255 host 192.168.3.2 echo
```

② 测试验证。

此时,2 台 PC 可以 ping 通服务器。

8.8.2　子网掩码、反掩码与通配符掩码

1. 使用情况

在 OSPF 中常使用反掩码,ACL 中常使用通配符掩码,其他情况多使用子网掩码(但也有例外,像 Cisco 3550 交换机的 ACL 中用的就是子网掩码)。

2. 通配符掩码(或反掩码)和子网掩码的区别

路由器使用的通配符掩码(或反掩码)与源或目标地址一起来分辨匹配的地址范围,它跟子网掩码刚好相反。它不像子网掩码告诉路由器 IP 地址的哪一位属于网络号一样,通配符掩码告诉路由器为了判断出匹配,它需要检查 IP 地址中的多少位。这个地址掩码对使我们可以只使用两个 32 位的号码来确定 IP 地址的范围,这是十分方便的,因为如果没有掩码,则不得不对每个匹配的 IP 客户地址加入一个单独的访问列表语句,这将造成很多额外的输入和路由器大量额外的处理过程,所以地址掩码相当有用。

在子网掩码中,将掩码的一位设成 1,表示 IP 地址对应的位属于网络地址部分。相反,在访问列表中将通配符掩码中的一位设成 1,表示 IP 地址中对应的位既可以是 1 又可以是 0。有时,可将其称作"无关"位,因为路由器在判断是否匹配时并不关心它们。掩码位设成 0,则表示 IP 地址中相对应的位必须精确匹配。

3. 通配符掩码与反掩码的小区别

在配置路由协议的时候(如 OSPF、EIGRP)使用的反掩码必须是连续为 1,即网络地址,而在配置 ACL 的时候可以使用不连续的 1,只需对应的位置匹配即可。例如:

```
route ospf 100
network 192.168.1.0 0.0.0.255
network 192.168.2.0 0.0.0.255
access-list 1 permit 198.78.46.0 0.0.11.255
```

8.9　练习题

一、填空题

1. any 的含义是_____。

2. host 的含义是_____。

3. 标准 ACL 应该靠近_____。

4. 当应用访问控制列表时,_____为参照体区分 in 和 out 方向。

5. ACL 最后一条隐含_____。

6. ACL 分为_____和_____两种类型。

7. 反向访问控制列表格式在配置好的扩展访问列表最后加上_____即可。

8. _____命令启用路由器对自身产生的数据包进行策略路由。

二、单项选择题

1. 访问控制列表配置中,操作符 gt portnumber 表示控制的是(　　　)。

A．端口号小于此数字的服务　　　　　B．端口号大于此数字的服务

C．端口号等于此数字的服务　　　　　D．端口号不等于此数字的服务

2．某台路由器上配置了如下一条访问列表"access-list 4 deny 202.38.0.0 0.0.255.255
access-list 4 permit 202.38.160.1 0.0.0.255"，表示（　　　　）。

A．只禁止源地址为 202.38.0.0 网段的所有访问

B．只允许目的地址为 202.38.0.0 网段的所有访问

C．检查源 IP 地址，禁止 202.38.0.0 大网段的主机，但允许其中的 202.38.160.0 小
网段上的主机

D．检查目的 IP 地址，禁止 202.38.0.0 大网段的主机，但允许其中的 202.38.160.0
小网段的主机

3．以下情况可以使用访问控制列表准确描述的是（　　　　）。

A．禁止有 CIH 病毒的文件到我的主机

B．只允许系统管理员可以访问我的主机

C．禁止所有使用 Telnet 的用户访问我的主机

D．禁止使用 UNIX 系统的用户访问我的主机

4．配置如下两条访问控制列表：

```
access-list 1 permit 10.110.10.1 0.0.255.255
access-list 2 permit 10.110.100.100 0.0.255.255
```

访问控制列表 1 和访问控制列表 2 所控制的地址范围的关系是（　　　　）。

A．访问控制列表 1 和访问控制列表 2 的范围相同

B．访问控制列表 1 的范围在访问控制列表 2 的范围内

C．访问控制列表 2 的范围在访问控制列表 1 的范围内

D．访问控制列表 1 和访问控制列表 2 的范围没有包含关系

5．如下访问控制列表的含义是（　　　　）。

```
access-list 100 deny icmp 10.1.10.10 0.0.255.255 any host-unreachable
```

A．规则序列号是 100，禁止到 10.1.10.10 主机的所有主机不可达报文

B．规则序列号是 100，禁止到 10.1.0.0/16 网段的所有主机不可达报文

C．规则序列号是 100，禁止从 10.1.0.0/16 网段来的所有主机不可达报文

D．规则序列号是 100，禁止从 10.1.10.10 主机来的所有主机不可达报文

6．如下访问控制列表的含义是（　　　　）。

```
access-list 102 deny udp 129.9.8.10 0.0.0.255 202.38.160.10 0.0.0.255 gt 128
```

A．规则序列号是 102，禁止从 202.38.160.0/24 网段的主机到 129.9.8.0/24 网段
的主机使用端口大于 128 的 UDP 协议进行连接

B．规则序列号是 102，禁止从 202.38.160.0/24 网段的主机到 129.9.8.0/24 网段
的主机使用端口小于 128 的 UDP 协议进行连接

C．规则序列号是 102，禁止从 129.9.8.0/24 网段的主机到 202.38.160.0/24 网段
的主机使用端口小于 128 的 UDP 协议进行连接

D. 规则序列号是 102,禁止从 129.9.8.0/24 网段的主机到 202.38.160.0/24 网段的主机使用端口大于 128 的 UDP 协议进行连接

7. 如果在一个接口上使用了 access group 命令,但没有创建相应的访问控制列表,在此接口上下面描述正确的是(　　)。

A. 发生错误 　　　　　　　　　　　B. 拒绝所有的数据包 in

C. 拒绝所有的数据包 out 　　　　　D. 拒绝所有的数据包 in、out

E. 允许所有的数据包 in、out

8. 在访问控制列表中地址和掩码为 168.18.64.0 0.0.3.255 表示的 IP 地址范围是(　　)。

A. 168.18.67.0～168.18.70.255 　　B. 168.18.64.0～168.18.67.255

C. 168.18.63.0～168.18.64.255 　　D. 168.18.64.255～168.18.67.255

9. 标准访问控制列表的数字标识范围是(　　)。

A. 1～50 　　　B. 1～99 　　　　C. 1～100 　　　　D. 1～199

E. 由网管人员规定

10. 标准访问控制列表以(　　)作为判别条件

A. 数据包的大小 　　　　　　　　B. 数据包的源地址

C. 数据包的端口号 　　　　　　　D. 数据包的目的地址

三、多项选择题

1. 配置访问控制列表必须要做的配置是(　　)。

A. 设定时间段 　　　　　　　　　B. 指定日志主机

C. 定义访问控制列表 　　　　　　D. 在接口上应用访问控制列表

2. 下列关于地址池的描述,正确的说法是(　　)。

A. 只能定义一个地址池

B. 地址池中的地址必须是连续的

C. 当某个地址池已和某个访问控制列表关联时,不允许删除这个地址池

D. 以上说法都不正确

3. 下面能够表示"禁止从 129.9.0.0 网段中的主机建立与 202.38.16.0 网段内的主机的 WWW 端口的连接"的访问控制列表是(　　)。

A. access-list 101 deny tcp 129.9.0.0 0.0.255.255 202.38.16.0 0.0.0.255 eq www

B. access-list 100 deny tcp 129.9.0.0 0.0.255.255 202.38.16.0 0.0.0.255 eq 80

C. access-list 100 deny ucp 129.9.0.0 0.0.255.255 202.38.16.0 0.0.0.255 eq www

D. access-list 99 deny ucp 129.9.0.0 0.0.255.255 202.38.16.0 0.0.0.255 eq 80

4. 使用访问控制列表可带来的好处是(　　)。

A. 保证合法主机进行访问,拒绝某些不希望的访问

B. 通过配置访问控制列表,可限制网络流量,进行通信流量过滤

C. 实现企业私有网的用户都可访问 Internet

D. 管理员可根据网络时间情况实现有差别的服务

5. 访问控制列表可实现的要求有(　　)。

A. 允许 202.38.0.0/16 网段的主机可以使用协议 HTTP 访问 129.10.10.1

B. 不让任何机器使用 Telnet 登录

C. 使某个用户能从外部远程登录

D. 让某公司的每台机器都可经由 SMTP 发送邮件

E. 允许在晚上 8:00—12:00 访问网络

F. 有选择地只发送某些邮件而不发送另一些文件

6. 扩展访问列表可以用来定义数据包过滤规则的字段是(　　)。

A. 源 IP 地址　　　　　B. 目的 IP 地址　　　C. 端口号　　　　　D. 协议类型

E. 日志功能

四、简答题

1. 什么是 IP 访问控制列表?它有什么作用?

2. 简述入站访问、出站访问控制、逻辑测试的过程。

3. 如何配置基本访问控制列表?

4. 如何配置动态访问控制列表?

5. 简述命名的访问控制列表的优点。

8.10　项目实训

实训操作录屏(8)

实训要求:根据图 8-13 所示的拓扑结构搭建网络,分别采用编号的访问控制列表和命名的访问控制列表完成下面的各项实训任务,并验证结果的正确性。

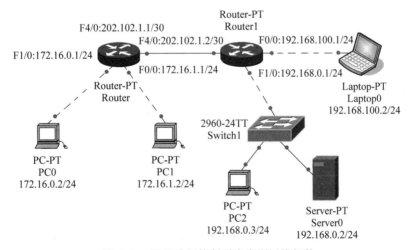

图 8-13　配置访问控制列表实训网络拓扑

(1) 允许 172.16.0.0/24 网络访问 192.168.100.0/24 网段所有主机,但是只允许其访问 192.168.0.0/24 网段中的 Server0 的 WWW 务。

(2) 禁止 172.16.1.0/24 网段主机访问 192.168.100.0/24 网络,只禁止 172.16.1.0/24 网段主机访问 192.168.0.0/24 网段中的 Server0 的 FTP 服务。

项目 9
转换网络地址

9.1 项目导入

AAA 公司总部根据业务需求,要求内部网络主机能够连入互联网,同时还要发布内部服务器上的 WWW 服务到 Internet,具体要求为:总部、分部所有主机能通过申请到的一组公网地址(202.0.0.0/29)访问 Internet,并要求将公司总部的 WWW 服务器发布到 Internet,提供合作伙伴访问;合作伙伴通过其申请到的唯一公网地址(202.0.1.2/30)接入 Internet。

由申请到的公网地址(202.0.0.0/29)可知,公司能用的外网 IP 有 6 个,而公司总部拥有 210 台主机需要连接到 Internet,1 台服务器要发布服务,要解决该地址矛盾的问题,需要引出网络地址转换 NAT(Network Address Translation)。

9.2 职业能力目标和要求

- 了解公有地址、私有地址、地址池、内部本地地址、内部全局地址、外部本地地址和外部全局地址的含义。
- 理解 NAT 原理及分类。
- 在合适的位置部署相应类型的网络地址转换 NAT。

9.3 相关知识

NAT 是一个 IETF 标准,允许一个机构以一个地址出现在 Internet 上。NAT 技术使得一个私有网络可以通过 Internet 注册 IP 连接到外部世界,位于内部网络和外部网络中的 NAT 路由器在发送数据包之前,负责把内部 IP 地址翻译成外部合法 IP 地址。NAT 将每个局域网节点的 IP 地址转换成一个合法 IP 地址,反之亦然。它也可以应用到防火墙技术里,把个别 IP 地址隐藏起来不被外界发现,对内部网络设备起到保护的作用;同时,它还帮助网络可以超越地址的限制,合理地安排网络中的公有 Internet 地址和私有 IP 地址的使用。

9.3.1 NAT 基础

1. 公有地址和私有地址

私有地址是指内部网络(局域网内部)的主机地址,而公有地址是局域网的外部地址(在因特网上的全球唯一的 IP 地址)。因特网地址分配组织规定以下的三个网络地址保留用做私有地址。

- A 类网络的私有地址:10.0.0.0~10.255.255.255。
- B 类网络的私有地址:172.16.0.0~172.31.255.255。
- C 类网络的私有地址:192.168.0.0~192.168.255.255。

因为私有地址在 Internet 上是无法路由的,所以局域网内部的私有地址是不能访问外网的,必须通过转换成公有地址才可以访问 Internet。

2. 地址池

地址池是由一些外部地址(全球唯一的 IP 地址)组合而成的,我们称这样的一个地址集合为地址池。在内部网络的数据包通过地址转换达到外部网络时,将会选择地址池中的某个地址作为转换后的源地址,这样可以有效利用用户的外部地址,提高内部网络访问外部网络的能力。

3. 术语

(1) 内部本地(Inside Local)地址:在内部网络使用的地址,一般是 RFC1918 地址。

(2) 内部全局(Inside Global)地址:用来代替一个或多个本地 IP 地址的、对外的、向 NIC 注册过的地址。

(3) 外部本地(Outside Local)地址:一个外部主机相对于内部网络所用的 IP 地址。不一定是合法的地址。

(4) 外部全局(Outside Global)地址:外部网络主机的合法 IP 地址。

9.3.2 NAT 原理及分类

1. 分类

根据针对转换参数所对应的 TCP/IP 层不同,地址转换分为基本的 NAT 和 NAPT 两大类,每一大类又包括静态和动态两种方式,共 4 种情况。各种情况的特点及适用条件如表 9-1 所示。

表 9-1　NAT 分类

类　别	转换对象	方式	特　　点	使 用 条 件
NAT(网络地址转换)	网络地址	静态	内部本地地址和内部全局地址的一对一永久映射	外部网络需要通过固定的全局可路由的地址访问内部主机
		动态	内部本地地址和内部全局地址池一对一临时映射关系,过一段时间没有用的就会删除映射关系	同时与外部通信的内部主机数量小于等于可用内部全局地址数量

续表

类　别	转换对象	方式	特　　　点	使 用 条 件
NAPT(网络地址端口转换)	网络地址＋TCP/UDP端口号	静态	"内部本地地址＋端口号"和"内部全局地址＋端口号"的一对一永久映射	全局地址极缺时,外部网络需要通过固定的全局可路由地址和固定端口访问内部主机,如 WWW 服务等
		动态	① "内部本地地址＋端口号"和"内部全局地址＋端口号"的一对一临时映射关系,过一段时间没有使用的就会删除映射关系 ② 内部本地地址和内部全局地址的多对一临时映射	同时与外网通信的内部主机数量大于等于可用内部全局地址数量(特别适用于内部全局地址数量极少甚至只有一个外部接口地址是合法的情况)

2. 原理

1) 基本的静态 NAT 的工作原理

静态 NAT 的工作原理如图 9-1 所示,具体工作过程包括以下 5 步。

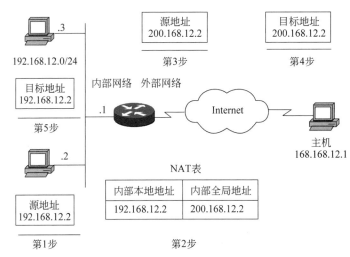

图 9-1　基本的静态 NAT 的工作原理

第 1 步:内部主机 192.168.12.2 发起一个到外部主机 168.168.12.1 的连接。

第 2 步:当路由器收到以 192.168.12.2 为源地址的第一个数据包时,引起路由器检查 NAT 映射表,查找到内部本地地址 192.168.12.2 到内部全局地址 200.168.12.2 的一对一映射。

第 3 步:路由器用 192.168.12.2 对应的 NAT 转换记录中的全局地址替换数据包源地址,经过转换后,数据包的源地址变为 200.168.12.2,然后转发该数据包。

静态 NAT 的工作原理

第 4 步:168.168.12.1 主机接收到数据包后,将向 200.168.12.2 发生响应数据包。

第 5 步：当路由器接收到内部全局地址的数据包时,将以内部全局地址 200.168.12.2 为关键字查找 NAT 记录表,将数据包的目的地址转换成为内部本地地址 192.168.12.2 并转发给主机 192.168.12.2。

192.168.12.2 接收应答包,并继续保持会话。第 1～5 步将一直重复,直到会话结束。

2）基本的动态 NAT 的工作原理

动态 NAT 的工作原理如图 9-2 所示,具体工作过程包括以下 5 步。

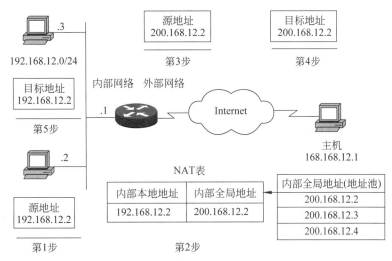

图 9-2　基本的动态 NAT 的工作原理

第 1 步：内部主机 192.168.12.2 发起一个到外部主机 168.168.12.1 的连接。

第 2 步：当路由器收到以 192.168.12.2 为源地址的第一个数据包时,引起路由器检查 NAT 映射表,若没有配置静态映射,就进行动态映射,路由器从内部全局地址池中随机选择一个有效地址,并在 NAT 映射表中创建 NAT 转化记录。

动态 NAT 的
工作原理

第 3 步：路由器用 192.168.12.2 对应的 NAT 转换记录中的全局地址替换数据包源地址,经过转换后,数据包的源地址变为 200.168.12.2,然后转发该数据包。

第 4 步：168.168.12.1 主机接收到数据包后,将向 200.168.12.2 发生响应数据包。

第 5 步：当路由器接收到内部全局地址的数据包时,将以内部全局地址 200.168.12.2 为关键字查找 NAT 记录表,将数据包的目的地址转换成为内部本地地址 192.168.12.2 并转发给主机 192.168.12.2。

192.168.12.2 接收应答包,并继续保持会话。第 1～5 步将一直重复,直到会话结束。

说明

　　　　在基本的 NAT 中,内部地址与外部地址存在一一对应关系,即一个外部地址在同一时刻只能被分配给一个内部地址,它只解决了公网和私网的通信问题,并没有解决公有地址不足的问题。

3) 静态 NAPT 工作原理

静态 NAPT 的工作原理如图 9-3 所示,具体工作过程包括以下 5 步。

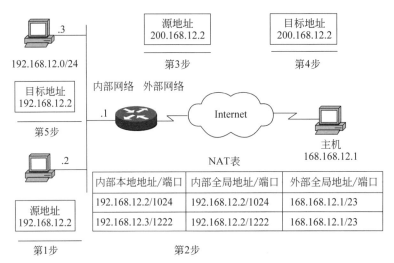

图 9-3　静态 NAPT 工作原理

第 1 步:内部主机 192.168.12.2 发起一个到外部主机 168.168.12.1 的连接。

静态 NAPT 的工作原理

第 2 步:当路由器收到以 192.168.12.2 为源地址的第一个数据包时,引起路由器检查 NAT 映射表。若没有转换记录,路由器就为 192.168.12.2 创建一条转换记录,同时进行一次 NAPT 转换,路由器将用不同端口复用全局地址并保存足够信息,以便能够将全局地址转换回本地地址,此时建立了内部本地地址(+端口号)192.168.12.2/1024 到内部全局地址(+端口号)200.168.12.2/1024 的一对一映射。

第 3 步:路由器用 192.168.12.2/1024 对应的 NAT 转换记录中的"全局地址+端口号"替换"数据包源地址+端口号",经过转换后,数据包的"源地址+端口号"变为 200.168.12.2/1024,然后转发该数据包。

第 4 步:168.168.12.1 主机接收到数据包后,将向 200.168.12.2/1024 发生响应数据包。

第 5 步:当路由器接收到内部全局地址的数据包时,将以内部全局地址 200.168.12.2/1024 为关键字查找 NAT 记录表,将数据包的目的地址转换成为内部本地地址 192.168.12.2/1024 并转发给主机 192.168.12.2。

192.168.12.2 接收应答包,并继续保持会话。第 1～5 步将一直重复,直到会话结束。

4) 动态 NAPT 工作原理

动态 NAPT 的工作原理如图 9-4 所示,具体工作过程包括以下 5 步。

第 1 步:内部主机 192.168.12.2 发起一个到外部主机 168.168.12.1 的连接。

动态 NAPT 的工作原理

第 2 步:当路由器收到以 192.168.12.2 为源地址的第一个数据包时,引起路由器检查 NAT 映射表,若没有配置静态映射,就进行动态映

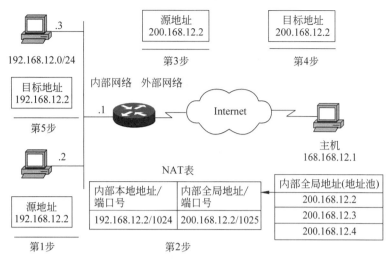

图 9-4 动态 NAPT 工作原理

射,路由器从内部全局地址池中随机选择一个有效地址,并在 NAT 映射表中创建 NAT 转化记录,同时进行一次 NAPT 转换,路由器将用不同端口复用全局地址并保存足够信息,以便能够将全局地址转换回本地地址,此时建立了内部本地地址(+端口号)192.168.12.2/1024 到内部全局地址(+端口号)200.168.12.2/1025 的映射。

第 3 步:路由器用 192.168.12.2/1024 对应的 NAT 转换记录中的"全局地址+端口号",替换"数据包源地址+端口号",经过转换后,数据包的"源地址+端口号"变为 200.168.12.2/1025,然后转发该数据包。

第 4 步:168.168.12.1 主机接收到数据包后,将向 200.168.12.2/1025 发生响应数据包。

第 5 步:当路由器接收到内部全局地址的数据包时,将以内部全局地址 200.168.12.2/1025 为关键字查找 NAT 记录表,将数据包的目的地址转换成为内部本地地址 192.168.12.2/1024 并转发给主机 192.168.12.2。

192.168.12.2 接收应答包,并继续保持会话。第 1～5 步将一直重复,直到会话结束。

 基本的 NAT 只对数据包的 IP 层参数进行转换,而 NAPT 对数据包的 IP 地址、协议类型、传输层端口号同时进行转换,可以显著提高公有 IP 地址的利用效率。

9.3.3 NAT 配置

1. 基本的静态 NAT 配置

1)配置步骤

(1)创建静态 NAT

静态 NAT 的
操作步骤

```
Router(config)#ip nat inside source static local-ip global-ip
```
//创建静态 NAT 将内部私有地址转换为外部全局地址。local-ip 为内部私有地址,global-ip 为外部全局地址

(2) 将相应的接口指定为内部接口

```
Router(config-if)#ip nat inside          //表示定义该接口为内部接口
```

(3) 将相应的接口指定为外部接口

```
Router(config-if)#ip nat outside         //表示定义该接口为外部接口
```

2) 配置实例

【例 1】 图 9-5 中的 ISP_Router 是运营商公网路由器。在 Router0 上做静态 NAT(将内部局部地址 10.10.10.10/24 映射到内部全局地址 199.1.1.1/24 上),在 Router1 上做静态 NAT(将内部局部地址 192.168.1.2/24 映射到内部全局地址 200.1.1.1/24 上),使 PC0 能通过地址 199.1.1.1/24 访问 Server0 上的 WWW 服务。

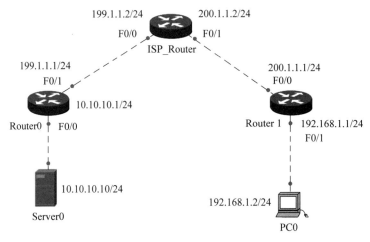

图 9-5 静态 NAT 拓扑

(1) 基本配置

① Router0 配置

```
Router0>en
Router0#conf t
Router0(config)#int F0/0
Router0(config-if)#ip address 10.10.10.1 255.255.255.0
Router0(config-if)#no shut
Router0(config-if)#int F0/1
Router0(config-if)#ip address 199.1.1.1 255.255.255.0
Router0(config-if)#no shut
Router0(config-if)#exit
Router0(config)#ip route 0.0.0.0 0.0.0.0 199.1.1.2
```

② Router1 配置

```
Router1>en
Router1#conf t
Router1(config)#int F0/0
```

```
Router1(config-if)#ip address 200.1.1.1 255.255.255.0
Router1(config-if)#no shut
Router1(config-if)#int F0/1
Router1(config-if)#ip address 192.168.1.1 255.255.255.0
Router1(config-if)#no shut
Router1(config-if)#exit
Router1(config)#ip route 0.0.0.0 0.0.0.0 200.1.1.2
```

③ ISP_Router 配置

```
ISP_Router>en
ISP_Router#conf t
ISP_Router(config)#int F0/0
ISP_Router(config-if)#ip address 199.1.1.2 255.255.255.0
ISP_Router(config-if)#no shut
ISP_Router(config-if)#int F0/1
ISP_Router(config-if)#ip address 200.1.1.2 255.255.255.0
ISP_Router(config-if)#no shut
```

④ PC0 与 Server0 配置

（略）

⑤ 测试验证

此时 PC0 与 Server0 相互不能 ping 通，且 PC0 不能通过内部局部地址 10.10.10.10 访问 Server0 上的 WWW 服务。

（2）静态 NAT 配置

① 在 Router0 上配置静态 NAT

```
//将内部地址 10.10.10.10 转换为外部地址 199.1.1.1
Router0(config)#ip nat inside source static 10.10.10.10 199.1.1.1
Router0(config)#int F0/0
Router0(config-if)#ip nat inside          //将 F0/0 接口指定为 inside 接口
Router0(config-if)#int F0/1
Router0(config-if)#ip nat outside         //将 F0/1 接口指定为 outside 接口
```

② 在 Router1 上配置静态 NAT

```
//将内部地址 192.168.1.2 转换为外部地址 200.1.1.1
Router1(config)#ip nat inside source static 192.168.1.2 200.1.1.1
Router1(config)#int F0/0
Router1(config-if)#ip nat outside         //将 F0/0 接口指定为 outside 接口
Router1(config-if)#int F0/1
Router1(config-if)#ip nat inside          //将 F0/1 接口指定为 inside 接口
```

（3）配置静态 NAT 之后的验证

此时 PC0 不能通过内部局部地址 10.10.10.10 访问 Server0 上的 WWW 服务，PC0 要想访问 Server0 上的 WWW 服务，需要输入转换后的公网地址 199.1.1.1/24。

(4) 显示静态 NAT 表转换信息

```
Router0#show ip nat translations
pro    inside global      inside local      outside local      outside global
---    200.1.1.1          192.168.1.2       ---                ---
tcp    200.1.1.1:1025     192.168.1.2:1025  199.1.1.1:80       199.1.1.1:80
```

信息解读:此时已将内部局部地址 10.10.10.10/24 映射为外部全局地址 199.1.1.1/24,已将内部本地地址 192.168.1.2/24 映射为内部全局地址 200.1.1.1/24。

2. 基本的动态 NAT 配置

1) 配置步骤

(1) 定义地址池

使用 ip nat pool 命令定义一个 IP 地址池。

```
Router(config)#ip nat pool pool-name start-address end-address netmask subnet
-mask
```

参数说明如下。

- pool-name:地址池的名字。
- start-address:地址池起始地址。
- end-address:地址池结束地址。
- subnet-mask:地址池中地址的子网掩码。

地址池中的地址是供转换的内部全局地址,通常是注册的合法地址。

(2) 定义访问控制列表

使用 access-list 命令定义一个访问控制列表,以指定哪些地址可以进行 NAT 转换。

```
Router(config)#access-list access-list-number permit address wildcard-mask
```

(3) 定义动态 NAT

使用 ip nat inside source list 定义一个动态的 NAT。

```
Router(config)#ip nat inside source list access-list-number pool pool-name
```

参数说明如下。

- access-list-number:之前创建的访问列表的表号。
- pool-name:之前创建的地址池名称。

以上命令表示把和列表匹配的内部本地地址用地址池中的地址建立彼此的 NAT 映射。

(4) 指定网络的内部接口

```
Router(config-if)#ip nat inside
```

(5) 指定网络的外部接口

```
Router(config-if)#ip nat outside
```

2) 配置实例

【例2】 如图 9-6 所示,Router2 为公网路由器,左右各连接一个局域网,Router1 和 Router3 为两局域网的接入路由器(两局域网中均使用 192.168.1.0/24 网段的私网地址)。

现要求在 Router1 上配置基本的动态 NAT(地址池范围为 200.1.1.3~200.1.1.10),在 Router3 上配置基本的静态 NAT,使左侧局域网中的 PC 能访问右侧局域网中的服务器(服务器上提供了 WWW 服务)。

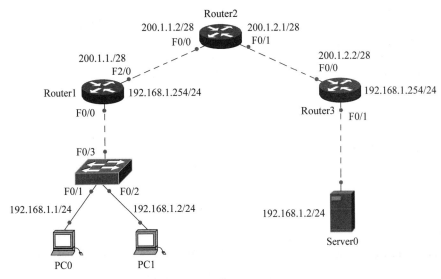

图 9-6　动态 NAT 配置拓扑

分析:路由器 Router1 到 Router3 之间是公网,两端的私网不能实现连通,必须采用动态 NAT 连接公网。

(1) 基本配置

① Router1 配置

```
Router1>en
Router1#conf t
Router1(config)#int F0/0
Router1(config-if)#ip address 192.168.1.254 255.255.255.0
Router1(config-if)#no shut
Router1(config-if)#int F0/1
Router1(config-if)#ip address 200.1.1.1 255.255.255.240
Router1(config-if)#no shut
Router1(config-if)#exit
Router1(config)#ip route 0.0.0.0 0.0.0.0 200.1.1.2
```

② Router2 配置

```
Router2>en
Router2#conf t
Router2(config)#int F0/0
Router2(config-if)#ip address 200.1.1.2 255.255.255.240
Router2(config-if)#no shut
Router2(config-if)#int F0/1
Router2(config-if)#ip address 200.1.2.1 255.255.255.240
```

```
Router2(config-if)#no shut
```

③ 公网路由器 Router3 配置

```
Router3>en
Router3#conf t
Router3(config)#int F0/0
Router3(config-if)#ip address 200.1.2.2 255.255.255.240
Router3(config-if)#no shut
Router3(config-if)#int F0/1
Router3(config-if)#ip address 192.168.1.254 255.255.255.0
Router3(config-if)#no shut
Router3(config-if)#exit
Router3(config)#ip route 0.0.0.0 0.0.0.0 200.1.2.1
```

④ PC0、PC1 与 Server0 配置

(略)

⑤ 测试验证

此时 PC0 和 PC1 只能 ping 通 Router1 出口 IP 地址 200.1.1.1,Server0 只能 ping 通 Router3 出口 IP 地址 200.1.2.2,但它们均 ping 不通 Router2 公网路由器。

(2) NAT 配置

① Router1 配置(基本的动态 NAT)

```
Router1(config)#ip nat pool toout 200.1.1.3 200.1.1.10 netmask 255.255.255.240
Router1(config)#access-list 1 permit 192.168.1.0 0.0.0.255
Router1(config)#ip nat inside source list 1 pool toout
Router1(config)#int F0/0
Router1(config-if)#ip nat inside
Router1(config-if)#int F0/1
Router1(config-if)#ip nat outside
```

② Router3 配置(基本的静态 NAT)

```
Router3(config)#ip nat inside source static 192.168.1.2 200.1.2.2
Router3(config)#int F0/0
Router3(config-if)#ip nat outside
Router3(config-if)#int F0/1
Router3(config-if)#ip nat inside
```

(3) 验证测试

此时 PC0 和 PC1 不能通过内部本地地址 192.168.1.0 网段访问 Server0 上的 WWW 服务。要想访问 Server0 上的 WWW 服务,需要输入转换后的公网地址 200.1.2.2。

(4) 显示静态 NAT 表转换信息

```
Router0#show ip nat translations
pro   inside global      inside local       outside local      outside global
tcp   200.1.1.3:1025     192.168.1.2:1025   200.1.2.2:80       200.1.2.2:80
```

信息解读：200.1.1.3 表示内部全局地址，192.168.1.2 表示内部本地址址，200.1.2.2 表示外部本地址址，200.1.2.2 表示外部全局地址。

3. 静态 NAPT 配置

1）配置步骤

静态 NAPT 配置步骤与基本的静态 NAT 相同，只是在第一步使用以下命令：

```
Router(config)#ip nat inside source static {UDP|TCP} local-ip port global-ip port
    //创建静态 NAT，将内部私有地址转换为外部全局地址。local-ip 为内部私有地址，global-
    ip 为外部全局地址，port 为端口号
```

2）配置实例

【例 3】　如图 9-7 所示，静态 NATP 配置拓扑与例 1 类似，通过静态 NAPT 修改例 1，前后端口号统一使用 80，使 PC0 通过随机端口号去访问 Server0 上的 80 端口号（WWW 服务）。

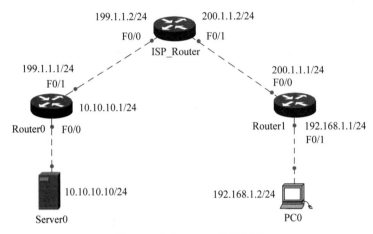

图 9-7　静态 NATP 配置拓扑

（1）基本配置

参考例 1 配置。

（2）静态 NAPT 配置

在 Router0 上配置静态 NAPT，将内部地址 10.10.10.10 及端口 80 转换为外部地址 199.1.1.1 及端口 80：

```
Router0(config)#ip nat inside source static tcp 10.10.10.10 80 199.1.1.1 80
```

（3）在 Router1 上配置动态 NAT

```
Router1(config)#ip nat pool toout 200.1.1.2 200.1.1.5 netmask 255.255.255.0
Router1(config)#access-list 1 permit 192.168.1.0 0.0.0.255
Router1(config)#ip nat inside source list 1 pool toout
Router1(config)#int F0/0
Router1(config-if)#ip nat outside
Router1(config-if)#int F0/1
```

```
Router1(config-if)#ip nat inside
```

（4）验证测试

此时 PC0 通过随机端口可以访问 Server0(199.1.1.1/24)上的 80 号端口（WWW 服务），而不是访问 10.10.10.10 上的 80 号端口。

4. 动态 NAPT 配置

1）配置步骤

动态 NAPT 配置步骤与基本的动态 NAT 相同，只是在第(3)步使用以下命令：

```
Router(config)#ip nat inside source list access-list-number pool pool-name
overload        //定义动态 NAPT
```

① overload 关键字表示启用端口复用。加上 overload 关键字后，系统首先会使用地址池中的第一个地址为多个内部本地地址建立映射，当映射数量达到极限时，再使用第二个地址。

② NAPT 可以使用地址池中的 IP 地址，也可以直接使用接口的 IP 地址。一般来说，一个地址就可以满足一个中等规模网络的地址转换需要，因为一个地址最多可以提供 64512 个地址转换。如果地址不够，地址池可以多定义几个地址。

③ 清除地址转换记录命令：

```
clear ip nat translation        //清除 NAT 转换表项中的所有所条目。静态 NAT
                                 条目不会被清除
```

2）配置实例

【例 4】 如图 9-8 所示，在 Router1 上配置动态 NAPT，使网络 192.168.1.0/24 通过 NAPT 转换后的内部全局地址接入外部网络。

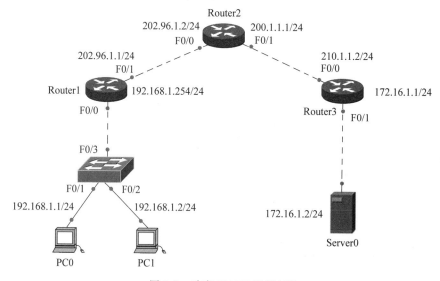

图 9-8　动态 NAPT 配置拓扑

（1）基本配置

① Router1 配置

```
Router1>en
Router1#conf t
Router1(config)#int F0/0
Router1(config-if)#ip address 192.168.1.254 255.255.255.0
Router1(config-if)#no shut
Router1(config-if)#int F0/1
Router1(config-if)#ip address 202.96.1.1 255.255.255.0
Router1(config-if)#no shut
Router1(config-if)#exit
Router1(config)#ip route 0.0.0.0 0.0.0.0 202.96.1.2
```

② Router2 配置

```
Router2>en
Router2#conf t
Router2(config)#int F0/0
Router2(config-if)#ip address 202.96.1.2 255.255.255.0
Router2(config-if)#no shut
Router2(config-if)#int F0/1
Router2(config-if)#ip address 210.1.1.1 255.255.255.0
Router2(config-if)#no shut
```

③ 公网路由器 Router3 配置

```
Router3>en
Router3#conf t
Router3(config)#int F0/0
Router3(config-if)#ip address 210.1.1.2 255.255.255.0
Router3(config-if)#no shut
Router3(config-if)#int F0/1
Router3(config-if)#ip address 172.16.1.1 255.255.255.0
Router3(config-if)#no shut
Router3(config-if)#exit
Router3(config)#ip route 0.0.0.0 0.0.0.0 210.1.1.1
```

（2）NAT 配置

① Router1 配置动态 NAPT

```
Router(config)#ip nat pool toout 202.96.1.1 202.96.1.1 netmask 255.255.255.0
Router1(config)#access-list 1 permit 192.168.1.0 0.0.0.255
Router(config)#ip nat inside source list 1 pool toout overload
Router1(config)#int F0/0
Router1(config-if)#ip nat inside
Router1(config-if)#int F0/1
Router1(config-if)#ip nat outside
```

② Router3 配置(基本的静态 NAPT)

```
Router(config)#ip nat inside source static tcp 172.16.1.2 80 210.1.1.2 80
Router(config)#ip nat inside source static tcp 172.16.1.2 21 210.1.1.2 21
Router3(config)#int F0/0
Router3(config-if)#ip nat outside
Router3(config-if)#int F0/1
Router3(config-if)#ip nat inside
```

(3) 验证测试

在 PC1 上访问 Server0 的 WWW 服务、FTP 服务,用 ping 命令连接并访问 210.1.1.2,
地址转换情况如下:

```
Router0#show ip nat translations
pro      inside global       inside local        outside local       outside global
icmp     202.96.1.1:33       192.168.1.1:33      210.1.1.2:33        210.1.1.2:33
icmp     202.96.1.1:34       192.168.1.1:34      210.1.1.2:34        210.1.1.2:34
icmp     202.96.1.1:35       192.168.1.1:35      210.1.1.2:35        210.1.1.2:35
icmp     202.96.1.1:36       192.168.1.1:36      210.1.1.2:36        210.1.1.2:36
tcp      202.96.1.1:1026     192.168.1.1:1026    210.1.1.2:80        210.1.1.2:80
tcp      202.96.1.1:1027     192.168.1.1:1027    210.1.1.2:21        210.1.1.2:21
```

9.4　项目设计与准备

1. 项目设计

NAT 应用网络拓扑如图 9-9 所示。

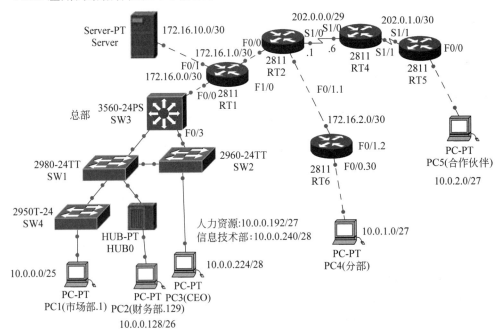

图 9-9　NAT 应用网络拓扑

申请到的一组地址(202.0.0.0/29),去掉两个接口地址(其中 RT2 上接口地址可以使用,但是这里仅仅作为链接地址使用),还有 4 个地址,考虑到内网接入公网用户较多,用 3 个公网地址(202.0.0.2/29～202.0.0.4/29)作为内部全局地址,一个公网地址(202.0.0.5/29)发布内网服务器的服务。在接入路由器 RT2 上配置 NAPT,使总部、分部所有主机(服务器除外)能通过申请到的一组公网地址(202.0.0.0/29)中的地址池 202.0.0.2/29～202.0.0.4/29 访问 Internet。并在 RT2 上配置静态 NAT,使用公网地址 202.0.0.5/29 将公司总部的 WWW、FTP 服务器 Server0 发布到 Internet,允许公网用户访问。在合作伙伴路由器 RT5 上配置 NAPT,以使用其申请到的唯一公网地址(202.0.1.2/30)接入 Internet。

对应到网络地址转换,该项目的要求为:

在 RT2 上做 NAPT,内部接口为 F0/0,外部接口为 S1/0,内部地址 10.0.0.0/24,内部全局地址池为 202.0.0.2～202.0.0.4/29。

在 RT2 上做 NAPT,内部接口为 F0/1,外部接口为 S1/0,内部地址 10.0.1.0/27,内部全局地址池为 202.0.0.2～202.0.0.4/29。

在 RT2 上做静态 NAT,内部接口为 F0/0,外部接口为 S1/0,内部主机地址 172.16.10.2/30,内部全局地址为 202.0.0.5/29。

在 RT5 上做 NAPT,内部接口为 F0/0,外部接口为 S1/1,内部地址 10.0.2.0/27,内部全局地址池为 202.0.1.2/30。

2. 项目准备

(1) 方案一:真实设备操作(以组为单位,小组成员协作,共同完成实训)。

- Cisco 交换机、配置线、台式机或笔记本电脑。
- 项目 8 的配置结果。

(2) 方案二:在模拟软件中操作(以组为单位,成员相互帮助,各自独立完成实训)。

- 每人 1 台装有 Cisco Packet Tracer 6.2 的计算机。
- 项目 8 的配置结果。

9.5 项目实施

任务 9-1 公司总部、分部主机访问 Internet

1. RT2 上的配置 NPAT 使公司总部主机能访问 Internet

(1) 定义地址池

```
RT2#conf t
RT2(config)#ip nat pool to-internet 202.0.0.2 202.0.0.4 netmask 255.255.255.248
//设置合法地址池,名为 to-internet,地址范围是 202.0.0.2～202.0.0.4,掩码是 255.255.
  255.248
```

(2) 定义访问控制列表

```
RT2(config)#access-list 1 permit 10.0.0.0 0.0.0.255
```

（3）定义 NAPT

```
RT2(config)#ip nat inside source list 1 pool to-internet overload
//对访问列表 1 中设置的本地地址应用 to-internet 进行复用地址转换
```

（4）指定内部接口

```
RT2(config)#int F0/0
RT2(config-if)#ip nat inside        //指明端口 F0/0 是内网接口
```

（5）指定外部接口

```
RT2(config-if)#int S1/0
RT2(config-if)#ip nat outside       //指明端口 S1/0 是外网接口
RT2(config-if)#
RT2(config-if)#exit
```

2. RT2 上的配置 NPAT 使公司分部主机能访问 Internet

（1）定义访问控制列表

```
RT2(config)#access-list 2 permit 10.0.1.0 0.0.0.31
```

（2）定义 NAPT

```
RT2(config)#ip nat inside source list 2 pool to-internet overload
//对访问列表 2 中设置的本地地址应用 to-internet 进行复用地址转换
```

（3）指定内部接口

```
RT2(config)#int F0/1
RT2(config-if)#ip nat inside        //指明端口 F0/1 是内网接口
RT2(config-if)#exit
```

任务 9-2　将服务器 Server0 发布到 Internet

在 RT2 上配置静态 NAT，将服务器 Server0 发布到 Internet。

```
RT2(config)#ip nat inside source static 172.16.10.2 202.0.0.5
//配置静态 NAT，将服务器地址 172.16.10.2 转换为 Internet 地址 202.0.0.5
```

任务 9-3　合作伙伴联入 Internet

在 RT5 上配置 NAPT，使合作伙伴能连入 Internet：

```
RT5#conf t
```

（1）定义访问控制列表

```
RT5(config)#access-list 1 permit 10.0.2.0 0.0.0.31
```

（2）定义 NAPT

```
RT5(config)#ip nat inside source list 1 interface S1/1 overload
//对访问列表 1 中设置的本地地址应用 interface S1/1 进行复用地址转换
```

（3）指定内部接口

```
RT5(config)#int F0/0
RT5(config-if)#ip nat inside        //指明端口 F0/0 是内网接口
```

（4）定义外部接口

```
RT5(config-if)#int S1/1
RT5(config-if)#ip nat outside       //指明端口 S1/1 是内网接口
RT5(config-if)#
```

总部、分部的任意一台主机 ping 202.0.1.2/30，如果可以连通，说明总部与分部都成功地通过 RT2 采用 NAPT 的方式接入 Internet；PC5 通过浏览器访问 202.0.0.5/29 能访问到 Server0 的内容，说明静态 NAT 也配置成功。

9.6 项目验收

9.6.1 公司总部、分部主机访问 Internet 验收

（1）从主机 PC1、PC2、PC3、PC4 上 ping 外部全局地址 202.0.1.2，结果显示可以 ping 通，说明总部和分部的主机已经可以访问 Internet。

（2）从 RT2 上查看网络地址转换情况：

```
T2#show ip nat tra
Pro  Inside global    Inside local    Outside local  Outside global
icmp 202.0.0.2:69     10.0.0.1:69     202.0.1.2:69   202.0.1.2:69
icmp 202.0.0.2:70     10.0.0.1:70     202.0.1.2:70   202.0.1.2:70
icmp 202.0.0.2:71     10.0.0.1:71     202.0.1.2:71   202.0.1.2:71
icmp 202.0.0.2:72     10.0.0.1:72     202.0.1.2:72   202.0.1.2:72
icmp 202.0.0.2:10     10.0.0.129:10   202.0.1.2:10   202.0.1.2:10
icmp 202.0.0.2:11     10.0.0.129:11   202.0.1.2:11   202.0.1.2:11
icmp 202.0.0.2:12     10.0.0.129:12   202.0.1.2:12   202.0.1.2:12
icmp 202.0.0.2:9      10.0.0.129:9    202.0.1.2:9    202.0.1.2:9
icmp 202.0.0.2:13     10.0.0.225:13   202.0.1.2:13   202.0.1.2:13
icmp 202.0.0.2:14     10.0.0.225:14   202.0.1.2:14   202.0.1.2:14
icmp 202.0.0.2:15     10.0.0.225:15   202.0.1.2:15   202.0.1.2:15
icmp 202.0.0.2:16     10.0.0.225:16   202.0.1.2:16   202.0.1.2:16
icmp 202.0.0.2:1024   10.0.1.1:69     202.0.1.2:69   202.0.1.2:1024
icmp 202.0.0.2:1025   10.0.1.1:70     202.0.1.2:70   202.0.1.2:1025
icmp 202.0.0.2:1026   10.0.1.1:71     202.0.1.2:71   202.0.1.2:1026
icmp 202.0.0.2:1027   10.0.1.1:72     202.0.1.2:72   202.0.1.2:1027
```

说明
NAT 已经开始工作，将内部本地地址已经成功转换为本地全局地址 202.0.0.2 进行 Internet 访问。

（3）在 RT2 上查看 NAT 转换状态、统计情况。

```
RT2#show ip nat statistics
Total translations: 16 (0 static, 16 dynamic, 16 extended)
```

```
Outside Interfaces: Serial1/0
Inside Interfaces: FastEthernet0/0, FastEthernet0/1
Hits: 107   Misses: 875
Expired translations: 83
Dynamic mappings:
--Inside Source
access-list 1 pool to-internet refCount 12
pool to-internet: netmask 255.255.255.248
        start 202.0.0.2 end 202.0.0.4
        type generic, total addresses 3, allocated 1 (33%), misses 0
--Inside Source
access-list 2 pool to-internet refCount 4
pool to-internet: netmask 255.255.255.248
        start 202.0.0.2 end 202.0.0.4
        type generic, total addresses 3, allocated 1 (33%), misses 0
```

9.6.2　将服务器 Server0 发布到 Internet 验收

从 Internet 上任意主机上测试(此主机大家需要添加到连接 RT4 上,因为 RT4 代表 Internet),如图 9-10 和图 9-11 所示。

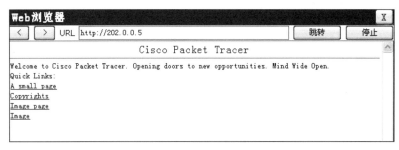

图 9-10　Server0 WWW 服务发布测试

```
Pinging 202.0.0.5 with 32 bytes of data:

Request timed out.
Request timed out.
Request timed out.
Request timed out.

Ping statistics for 202.0.0.5:
    Packets: Sent = 4, Received = 0, Lost = 4 (100% loss),

PC>ftp 202.0.0.5
Trying to connect...202.0.0.5
Connected to 202.0.0.5
220- Welcome to PT Ftp server
Username:cisco
331- Username ok, need password
Password:

%Error ftp://202.0.0.5/ (No such Account)
332- Need account for login

Packet Tracer PC Command Line 1.0
PC>
```

图 9-11　Server0 FTP 服务发布测试

说明

可以通过映射的内部全局地址访问到内部的 WWW 服务器,还可以通过映射的内部全局地址访问到内部的 FTP 服务器。

9.6.3 合作伙伴联入 Internet 验收

在 PC5 上 ping Internet 任一主机地址,如图 9-12 所示。

```
命令提示符
Reply from 202.0.0.5: bytes=32 time=125ms TTL=124
Reply from 202.0.0.5: bytes=32 time=125ms TTL=124
Reply from 202.0.0.5: bytes=32 time=109ms TTL=124
Reply from 202.0.0.5: bytes=32 time=141ms TTL=124

Ping statistics for 202.0.0.5:
    Packets: Sent = 4, Received = 4, Lost = 0 (0% loss),
Approximate round trip times in milli-seconds:
    Minimum = 109ms, Maximum = 141ms, Average = 125ms

PC>ping 202.0.0.5

Pinging 202.0.0.5 with 32 bytes of data:

Reply from 202.0.0.5: bytes=32 time=125ms TTL=124
Reply from 202.0.0.5: bytes=32 time=156ms TTL=124
Reply from 202.0.0.5: bytes=32 time=157ms TTL=124
Reply from 202.0.0.5: bytes=32 time=110ms TTL=124

Ping statistics for 202.0.0.5:
    Packets: Sent = 4, Received = 4, Lost = 0 (0% loss),
Approximate round trip times in milli-seconds:
    Minimum = 110ms, Maximum = 157ms, Average = 137ms
PC>
```

图 9-12 合作伙伴接入 Internet 测试

9.7 项目小结

1. NAT 的类型

静态 NAT:建立地址之间的永久一对一映射关系,主要用以内网对外提供服务。

动态 NAT:建立地址之间的临时一对一映射关系,主要用于内部局域网的多台主机共同使用 IP 地址池中的地址访问 Internet。每一个临时映射关系过一段时间没有数据就会删除。

静态 NAPT:采用"地址+端口"的方式建立多对一映射关系,主要用于内部多台不同功能的服务器通过同一个公网 IP 的地址转换。

动态 NAPT:采用"地址+端口"的方式建立多对一映射关系,主要用于内部局域网的多台主机共享一个 IP 地址访问 Internet。

2. NAT 的优缺点

优点:节省公有地址;对外隐藏地址;提供安全性。

缺点:转换延迟和设备压力;无法执行端到端跟踪;影响特定的应用。

9.8 知识拓展

下面介绍如何利用地址转换实现负载均衡。

随着访问量的上升,当一台服务器难以胜任时,就必须采用负载均衡技术,将大量的访问合理地分配至多台服务器上。当然,实现负载均衡的手段有许多种,比如可以采用服务器群集负载均衡、交换机负载均衡、DNS 解析负载均衡等。

其实除此以外,也可以通过地址转换方式实现服务器的负载均衡。事实上,这些负载均衡的实现大多是采用轮询方式实现的,使每台服务器都拥有平等的被访问机会。

1. 网络环境

局域网以 2Mbps DDN 专线接入 Internet,路由器选用安装了广域网模块的 Cisco 2611。内部网络使用的 IP 地址段为 10.1.1.1~10.1.3.254,局域网端口 FastEthernet 0 的 IP 地址为 10.1.1.1,子网掩码为 255.255.252.0。网络分配的合法 IP 地址范围为 202.110.198.80 ~ 202.110.198.87,连接 ISP 的端口 FastEthernet 1 的 IP 地址为 202.110.198.81,子网掩码为 255.255.255.248。要求网络内部的所有计算机均可访问 Internet,并且在 3 台 Web 服务器和 2 台 FTP 服务器实现负载均衡。

2. 案例分析

既然要求网络内所有计算机都可以接入 Internet,而合法 IP 地址又只有 5 个可用,当然可采用端口复用地址转换方式。本来对服务器通过采用静态地址转换,赋予其合法 IP 地址即可。但是,由于服务器的访问量太大(或者是服务器的性能太差),不得不使用多台服务器作负载均衡,因此,必须将一个合法 IP 地址转换成多相内部 IP 地址,以轮询方式减轻每台服务器的访问压力。

3. 配置命令

```
Router(config)#interface fastethernet0/1
Router(config-if)#ip nat inside
Router(config)#interface serial 0/0
Router(config-if)#ip nat outside
Router(config)#access-list 1 permit 202.110.198.82          //定义轮询地址列表 1
Router(config)#access-list 2 permit 202.110.198.83          //定义轮询地址列表 2
Router(config)#access-list 3 permit 10.1.1.0 0.0.3.255      //定义本地访问列表 3
Router(config)#ip nat pool websev 10.1.1.2 10.1.1.4 255.255.255.248 type rotary
//定义 Web 服务器的 IP 地址池,Rotary 关键字表示准备使用轮询策略从 NAT 池中取出相应的 IP
    地址用于转换进来的 IP 报文,访问 202.110.198.82 的请求将依次发送给 Web 服务器: 10.1.1.
    2.10.1.1.3 和 10.1.1.4
Router(config)#ip nat pool ftpsev 10.1.1.8 10.1.1.9 255.255.255.248 type rotary
//定义 FTP 服务器的 IP 地址池
Router(config)#ip nat pool normal 202.110.198.84 202.110.198.84 netmask 255.255.
    255.248          //定义合法 IP 地址池,名称为 normal
Router(config)#ip nat inside destination list 1 pool websev
//inside destination list 语句定义与列表 1 相匹配的 IP 地址的报文将使用轮询策略
```

```
Router(config)#ip nat inside destination list 2 pool ftpsev
```

9.9 练习题

一、填空题

1. NAT 有_____、_____和_____三种类型。

2. 用_____命令清除 NAT 转换表中所有的动态地址转换条目。

3. 用_____命令查看 NAT 转换表。

4. 用_____命令查看 NAT 转换的统计信息。

二、单项选择题

1. 如图 9-13 所示。R1 正在为内部网络 10.1.1.0/24 进行 NAT 过载。主机 A 向 Web 服务器发送了一个数据包。从 Web 服务器返回的数据包的目的 IP 地址是(　　　)。

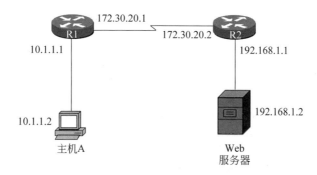

内部本地地址	内部全局地址	外部本地地址	外部全局地址
10.1.1.2/1234	172.30.20.1/3333	192.168.1.2/80	192.168.1.2/80

图 9-13　返回数据包的目的 IP 地址

A. 10.1.1.2/1234　　　　B. 172.30.20.1/3333　　　　C. 10.1.1.2/3333

D. 172.30.20.1/1234　　　E. 192.168.1.2/80

2. 如图 9-14 所示,IP 地址为 192.168.1.153/28 的工作站无法访问 Internet 的原因是(　　　)。

A. 未正确配置 NAT 内部接口

B. 未正确配置 NAT 外部接口

C. 未将该路由器正确配置为使用该访问列表进行地址转换

D. 未将 NAT 地址池正确配置为使用可路由的外部地址

E. 访问列表中未指明 IP 地址 192.168.1.153/28 可访问 Internet

3. 当在 Cisco 路由器上实施地址转换时,访问控制列表可提供的功能是(　　　)。

A. 定义从 NAT 地址池中排除哪些地址

B. 定义向 NAT 地址池分配哪些地址

C. 定义允许来自哪些地址发来的流量通过路由器传出

D. 定义可以转换哪些地址

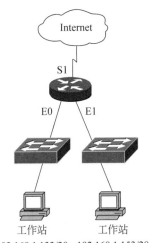

```
Orlando#show running-config
   ◀──少略部分输出──▶
Hostname Orlando
!
interface Ethemet0
ip address 192.168.1.129.255.255.255.240
!
interface Ethemet1
ip address 192.168.1.145.255.255.255.240
!
interface Serial1
ip address 201.201.201.1.255.255.255.0
ip nat outside
!
ip nat pool Sales 201.201.201.5.201.201.201.15
netmask 255.255.255.0
!
access-list 1 permit 192.168.1.0.0.0.0.255
```

图 9-14   工作站无法访问 Internet

三、多项选择题

1. 如图 9-15 所示,下列说法中正确的是(   )。

```
R1(config)# ip nat pool nat-pool1 209.165.200.225 209.165.200.240
                netmask 255.255.255.0
R1(config)# ip nat inside source list 1 pool nat-pool1
R1(config)# interface serial 0/0/0
R1(config-if)# ip address 10.1.1.2 255.255.0.0
R1(config-if)# ip nat outside
R1(config)# interface serial s0/0/2
R1(config-if)# ip address 209.165.200. 241 255.255.255.0
R1(config-if)# ip nat inside
R1(config)# access-list 1 permit 192.168.0.0 0.0.0.255
```

图 9-15   应用 NAT

  A. 启用了 NAT 过载   B. 启用了动态 NAT

  C. 地址转换会失败   D. 接口配置不正确

  E. 地址为 192.168.1.255 的主机将被转换。

2. 下列关于创建和应用访问列表的说法中正确的是(   )。

  A. 访问列表条目应该按照从一般到具体的顺序进行过滤

  B. 对于每种协议来说,在每个端口的每个方向上只允许一个访问列表

  C. 应该将标准 ACL 应用到最接近源的位置,扩展 ACL 则应该被应用到最接近目的地的位置

  D. 所有访问列表末尾都有一条隐含的 deny 语句

  E. 会按照从上到下的顺序处理语句,直到发现匹配为止

  F. inbound 关键字表示流量从应用该 ACL 的路由器接口进入网络

四、简答题

1. 对比静态 NTA 和动态 NTA 以及静态 NAPT 和动态 NAPT 的工作原理,并找出其区别。

2. 如何配置静态 NTA 和动态 NTA 以及静态 NAPT 和动态 NAPT？

3. 如何区别内部本地地址、内部全局地址、外部本地地址、外部全局地址？

9.10 项目实训

实训操作录屏(9)

实训要求：某公司拥有一台两接口路由器 Router0，如图 9-16 所示，其中一个接口是 Ethernet 口 F0/0，另一个是串行接口 S2/0。Ethernet 口连接到内部网络，而串行接口则通过 PPP 链路连接到 ISP 路由器 Router1。在内部网络中，公司使用 10.0.0.0/24 地址范围内的地址。公司希望使用 NAPT 将其所有的内部本地地址转换成从其供应商那里获得的内部全局地址 171.100.1.2/29，通过内部全局地址 171.100.1.3/29 提供可以从 Internet 访问的 FTP 和 Web 服务，并且对 Web 服务的请求应被送到 Web 服务器所在的地址 10.1.1.2/24，而 FTP 请求则被送到 FTP 服务器所在的地址 10.1.2.2/24。为方便验证配置结果，在 ISP 路由器 Router1 处提供有 PC2(172.16.1.2/24)。

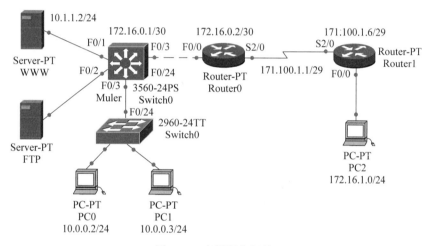

图 9-16 实训网络拓扑

10.1 项目导入

随着企业异地化、全球化的发展,异地办公的需要越来越广泛,为了共享资源、处理事务,需要将分布在不同地方的公司部门通过网络互联起来。假如通过互联网直接连接起来,会将整个公司内部网络资源暴露在互联网之下,造成巨大的安全隐患。为了消除安全隐患,有两种解决方案,一种是在不同地区的公司部门之间架设专门的物理线路(或租用 ISP 的物理线路);另一种方案是采用虚拟专用网络 VPN(Virtual Private Network)技术,在公用因特网上建立起一条虚拟的、加密的、安全的专业通道。第一种方案由于是专门的物理线路,成本较为高昂;VPN 方式是较为实用且花费较低。综合考虑 AAA 公司的情况,决定采用 VPN 的方式,在分部与总部总经理及董事会办公室之间建立 VPN 安全隧道以传输机要信息。

10.2 职业能力目标和要求

- 了解 VPN 的含义、分类和工作原理。
- 掌握 IPSec VPN 的配置方法。
- 能根据实际工作的需求配置 VPN,使用户能够通过 VPN 远程接入企业内部网络,既能使用企业内部的网络资源,又能保障内部网络和用户的安全。

10.3 相关知识

VPN(Virtual Private Network)又叫虚拟专用网络,可以理解成虚拟出来的企业内部专线。它可以通过特殊的加密的通信协议,在连接在 Internet 上的位于不同地方的两个或多个企业内部网之间建立一条专有的通信线路,就好比是架设了一条专线一样,但是它并不需要真正地去铺设光缆之类的物理线路,而是通过一个公用网络(通常是因特网)建立一个临时的、安全的连接,是一条穿过混乱的公用网络的安全、稳定的隧道。VPN 技术原是路由器具有的重要技术之一,目前在交换机、防火墙设备或 Windows 2000 等软件里也都支持 VPN 功能。总而言之,VPN 的核心就是在利用公共网络建立虚拟私有网络。

10.3.1 VPN 的分类

一般情况下,VPN 可分为远程访问 VPN、站点到站点的 VPN。

1. 远程访问 VPN

远程访问 VPN 是指总部和所属同一个公司的小型或家庭办公室(Small Office Home Office,SOHO)以及出外员工之间所建立的 VPN。SOHO 通常以 ISDN 或 DSL 的方式接入 Internet,在其边缘使用路由器,与总部的边缘路由器、防火墙之间建立起 VPN。移动用户的计算机中已经事先安装了相应的客户端软件,可以与总部的边缘路由器、防火墙或者专用的 VPN 设备建立的 VPN。在过去的网络中,公司的远程用户需要通过拨号网络接入总公司,这需要借用长途功能。使用了 VPN 以后,用户只需要拨号接入本地 ISP 就可以通过 Internet 访问总公司,从而节省了长途开支。远程访问 VPN 可提供小型公司、家庭办公室、移动用户等用户的安全访问。

2. 站点到站点的 VPN

站点到站点的 VPN 是指公司内部各部门之间,以及公司总部与其驻外的分支机构和办公室之间建立的 VPN。因这种 VPN 通信过程仍然是在公司内部进行的,因此也称 Intranet VPN。以前,这种网络都需要借用专线或帧时延来进行通信服务,但是现在的许多公司都和 Internet 有连接,因此 Intranet VPN 便代替了专线或帧时延进行网络连接。Intranet VPN 是传统广域网的一种扩展方式。

10.3.2 VPN 的工作原理

简单地说,VPN 的工作原理可以看作:VPN=加密+隧道。其工作原理如图 10-1 所示。

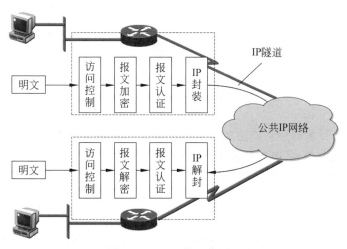

图 10-1 VPN 的工作原理

下面介绍 VPN 的关键技术。

1. 安全隧道技术

为了在公网上传输私有数据而发展出来的"信息封装"方式在 Internet 上传输的加密数

据包中,只有 VPN 端口或网关的 IP 地址暴露在外面,其他内部地址与细节都被封装,外部无法看到。图 10-2 是在 Internet 上建立安全隧道示意图。

VPN 技术

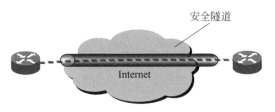

图 10-2　安全隧道

隧道协议主要有二层隧道 VPN(Layer 2 Tunnel Protocol,L2TP;Point To Point Tunnel Protocol,PPTP;Layer 2 Forwarding,L2F)和三层隧道 VPN(General Routing Encapsulation,GRE;IP Security Protocol,IPSec)。

第二层隧道协议是建立在点对点协议 PPP 的基础上,先把各种网络协议(IP、IPX 等)封装到 PPP 帧中,再把整个数据帧装入隧道协议。这种协议适用于通过公共电话交换网或者 ISDN 线路连接 VPN。

第三层隧道协议是把各种网络协议直接装入隧道协议,在可扩充性、安全性、可靠性方面优于第二层隧道协议。这也是本书主要讲解的内容。

2. 信息加密技术

信息加密技术可提供机密性(对用户数据提供安全保护)、数据完整性(确保消息在传送过程中没有被修改)、身份验证(确保宣称已经发送了消息的实体是真正发送消息的实体)等功能。图 10-3 是信息加密和解密的过程。

图 10-3　信息加密与解密

数据加密算法分对称加密算法和非对称加密算法两种情况。其中,对称加密算法主要包括 DES 算法、AES 算法、IDEA 算法、Blowfish 算法和 Skipjack 算法等,非对称加密算法主要包括 RSA 算法和 PGP 等。

10.3.3　IPSec VPN

IPSec(IP Security)是 IETF 为保证在 Internet 上传送数据的安全保密性而制定的框架协议,是一种开放的框架式协议(各算法之间相互独立)。它提供了信息的机密性、数据的完整性、用户的验证和防重放保护,

IPSec VPN

支持隧道模式和传输模式 IPSec VPN 的配置。该协议应用在网络层,用于保护和认证 IP 数据包。

- 隧道模式：隧道模式中，IPSec 对整个 IP 数据包进行封装和加密，隐蔽了源和目的 IP 地址，从外部看不到数据包的路由过程。
- 传输模式：传输模式中，IPSec 只对 IP 有效数据载荷进行封装和加密，IP 源和目的 IP 地址不加密，传送安全程度相对较低。

1. IPSec VPN 的组成

1）IPSec 提供两个安全协议

（1）AH（Authentication Header，认证头协议）

该协议用于隧道中报文的数据源鉴别和数据的完整性保护，对每组 IP 包进行认证，防止黑客利用 IP 进行攻击。图 10-4 是 AH 的隧道模式封装示意图。

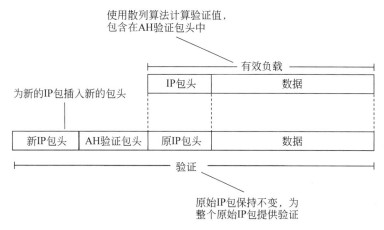

图 10-4　AH 的隧道模式封装示意图

（2）ESP（Encapsulation Security Payload，封装安全载荷协议）

该协议用于保证数据的保密性，提供报文的认证性和完整性保护。图 10-5 是 ESP 的隧道模式封装示意图。

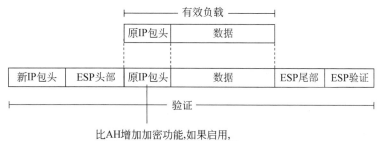

图 10-5　ESP 的隧道模式封装示意图

2）密钥管理协议 IKE

IKE（Internet Key Exchange，因特网密钥交换协议）在 IPSec 网络中提供密钥管理，为 IPSec 提供了自动协商交换密钥、建立安全联盟的服务。它通过数据交换来计算密钥。

IKE 用于在两个通信实体之间交换密钥。安全相关是 IPSec 中的一个重要概念，一个安全相关表示两个或多个通信实体之间经过了身份认证,且这些通信实体都能支持相同的加密算法,成功地交换了会话密钥,可以开始利用 IPSec 进行安全通信。IPSec 协议本身没有提供在通信实体间建立安全相关的方法,利用 IKE 建立安全相关。IKE 定义了通信实体间进行身份认证、协商加密算法以及生成共享的会话密钥的方法。IKE 是一种混合型协议,由 RFC2409 定义,包含了 3 个不同协议的有关部分:ISAKMP、Oakley 和 SKEME。IKE 和 ISAKMP 的不同之处在于:IKE 真正定义了一个密钥交换的过程,而 ISAKMP 只是定义了一个通用的可以被任何密钥交换协议使用的框架。

Oakley:为 IKE 提供了一个多样化、多模式的应用,让 IKE 可以用在很多场合;SKEME:提供了 IKE 交换密钥的算法,方式即通过 DH 进行密钥交换和管理的方式;

ISAKMP:它是一个框架,在该框架以内定义了每一次交换的包结构,每次需要几个包交换,主模式 6 个包交换,主动模式为 3 个包交换,它由美国国家安全处开发,在配置 IPSec VPN 的时候只能设置它,前两个协议不能被设置。

ISAKMP(Internet Security Association Key Management Protocol,Internet 安全联盟密钥管理协议)由 RFC 2408 定义,定义了协商、建立、修改和删除 SA 的过程和包格式。ISAKMP 只是为 SA 的属性和协商、修改、删除 SA 的方法提供了一个通用的框架,并没有定义具体的 SA 格式。

ISAKMP 没有定义任何密钥交换协议的细节,也没有定义任何具体的加密算法、密钥生成技术或者认证机制。这个通用的框架是与密钥交换独立的,可以被不同的密钥交换协议使用。

ISAKMP 报文可以利用 UDP 或者 TCP,端口都是 500,一般情况下常用 UDP 协议。

ISAKMP 双方交换的内容称为载荷。ISAKMP 目前定义了 13 种载荷,一个载荷就像积木中的一个"小方块",这些载荷按照某种规则"叠放"在一起,然后在最前面添加上 ISAKMP 头部,这样就组成了一个 ISAKMP 报文。这些报文按照一定的模式进行交换,从而完成 SA 的协商、修改和删除等功能。

在配置 IPSec VPN 的时候,只能设置它,前两个协议不能被设置。IKE 是以上三个框架协议的混合体。IKE 为 IPSec 通信双方提供密钥材料,这个材料用于生成加密密钥和验证密钥。另外,IKE 也为 IPSec 协议 AH ESP 协商 SA。IKE 中有 4 种身份认证方式。

- 基于数字签名(Digital Signature):利用数字证书来表示身份,利用数字签名算法计算出一个签名来验证身份。

- 基于公开密钥(Public Key Encryption):利用对方的公开密钥加密身份,通过检查对方发来的该 HASH 值作认证。

- 基于修正的公开密钥(Revised Public Key Encryption):对上述方式进行修正。

- 基于预共享字符串(Pre-Shared Key):双方事先通过某种方式商定好一个双方共享的字符串。

IKE 目前定义了 4 种模式:主模式、积极模式、快速模式和新组模式。前面 3 种模式用于协商 SA,最后一种用于协商 Diffie Hellman 算法所用的组。主模式和积极模式用于第一阶段;快速模式用于第二阶段;新组模式用于在第一个阶段后协商新的组。

(1)在第一阶段中的情况。

主模式:LAN to LAN 进行 6 个包交换,在认证的时候是加密的。①第 1、2 个包:策略和转换集的协商,以及第一阶段的加密和 HASH 的策略,包括对方的 IP 地址,发起者把它所有的策略发给接收者以便选择协商(发起者可以设很多策略)。②第 3、4 个包:进行 DH(DH 算出的公共值和两边产生的随机数)的交换,这两个包很大,MTU 很可能在这个地方出错。③第 5、6 个包:彼此进行认证,HASH 被加密过,对方解密才能进行认证。

远程拨号 VPN:为主动模式,用第 3 个包,用于减少对 PC 的压力,在认证的时候是不加密的。

(2)在第二阶段(快速模式)会对第一阶段的信息再做一次认证。

快速模式:当 IPSec 参数设置不一致,它会在快速模式的第 1、2 个包报错,会出现不可接受信息。ACL 定义内容要匹配,ACL 两边要对应一致。快速模式的 1~3 个包的作用是再进行双方的认证,协商 IPSec SA 的策略,建立 IPSec 的安全关联,周期性地更新 IPSec 的 SA,默认一小时一次。ISAKMP 默认是一天更新一次,协商双方感兴趣的流。如果有 PFS,就会进行新一轮的 DH 交换,过程与第一阶段的 DH 交换基本一样。

IPSec VPN 操作步骤

2. IPSec VPN 的配置步骤

1)配置 IKE 的协商

(1)启动 IKE

```
Router(config)#crypto isakmp enable
```

(2)建立 IKE 协商策略

配置操作讲解实操

```
Router(config)#crypto isakmp policy priority
```
//priority 取值范围为 1~10000,数值越小,优先级越高

(3)配置 IKE 协商策略

```
Router(config-isakmp)#authentication pre-share      //使用预定义密钥
Router(config-isakmp)#encryption{des|3des}          //指定加密算法
Router(config-isakmp)#hash{md5|sha1}                //指定认证算法
Router(config-isakmp)#lifetime seconds              //指定 SA 的活动时间
```

(4)设置共享密钥和对端地址

```
Router(config)#crypto isakmp key keystring address peer-address
```
//keystring 为指定的密钥,peer-address 为对端 IP

2)配置 IPSec 的协商

(1)设置传输模式集

```
Router(config)#crypto ipsec transform-set transform-set-name transform1
[transform2[transform3]]        //定义了使用 AH 还是 ESP 协议,以及相应协议所用的算法
```

(2)配置保护访问控制列表

```
Router(config)#access-list access-list-number {deny|permit} protocol source
source-wildcard destination destination-wildcard
```
//用来定义哪些报文需要经过 IPSec 加密后发送,哪些报文直接发送

3）配置 IPSec 加密映射

（1）创建 Crypto Maps

```
Router(config)#crypto map map-name seq-num ipsec-isakmp
//Map 优先级，取值范围为 1～65535，值越小，优先级越高
```

（2）配置 Crypto Maps

```
Router(config-crypto-map)#match address access-list-number
Router(config-crypto-map)#set peer ip_address        //ip_address 为 对端 IP 地址
Router(config-crypto-map)#set transform-set name    //name 为传输模式的名称
```

4）应用 Crypto Maps 到端口

```
Router(config)#interface mod_num/port_num
Router(config-if)#crypto map map-name
```

3. 远程访问 VPN 配置实例

【**例 1**】 如图 10-6 所示，现欲使在外出差用户通过远程 VPN 隧道访问公司总部内网，分别在总部 VPN 路由器和远程路由器上完成配置，使出差用户（172.16.1.0/24）与 192.168.1.0/24 之间的通信使用安全隧道穿越 Internet 路由器。

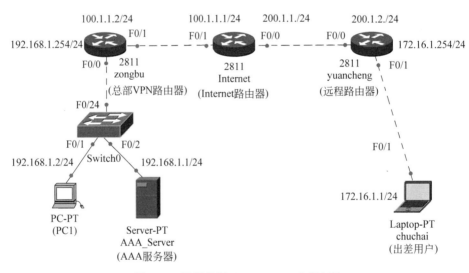

图 10-6 远程访问 Access VPN 实例拓扑

1）补充知识

（1）AAA：是 Authentication（认证）、Authorization（授权）、Accounting（记账）这 3 个英文单词的缩写。Authentication 表示验证用户的身份与可使用的网络服务；Authorization 表示依据认证结果开放网络服务给用户；Accounting 表示记录用户对各种网络服务的用量，并提供给计费系统。AAA 的基本工作原理是：一个事件先必须通过认证才能接入进来，然后根据授权策略下发相应的权限，最后审计发生的每件事情。常用的 AAA 协议是 Radius。

（2）Radius：远程用户拨号认证系统（Remote Authentication Dial In User Service）由 RFC2865 和 RFC2866 定义，是目前应用最广泛的 AAA 协议。Radius 协议认证机制灵活，

可以采用 PAP、CHAP 或者 UNIX 登录认证等多种方式。由于 Radius 协议简单明确,可扩充,因此得到了广泛应用,包括普通电话上网、ADSL 上网、小区宽带上网、IP 电话、VPDN (Virtual Private Dialup Networks,基于拨号用户的虚拟专用拨号网业务)、移动电话预付费等业务。最近 IEEE 提出了 802.1x 标准,这是一种基于端口的标准,用于对无线网络的接入认证,在认证时也采用 Radius 协议。

(3) AAA_Server 服务器配置

AAA_Server 服务器配置如图 10-7 所示。

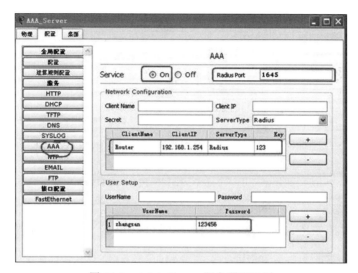

图 10-7 AAA_Server 服务器配置图

2)基本配置

(1)总部路由器:zongbu

```
Router(config)#hostname zongbu
zongbu(config)#interface FastEthernet0/0
zongbu(config-if)#ip address 192.168.1.254 255.255.255.0
zongbu(config-if)#no shutdown
zongbu(config-if)#exit
zongbu(config)#interface FastEthernet0/1
zongbu(config-if)#ip address 100.1.1.2 255.255.255.0
zongbu(config-if)#no shutdown
zongbu(config-if)#exit
zongbu(config)#ip route 0.0.0.0 0.0.0.0 100.1.1.1
```

(2)Internet 路由器:Internet

```
Router(config)#hostname Internet
Internet(config)#interface FastEthernet0/0
Internet(config-if)#ip address 200.1.1.1 255.255.255.0
Internet(config-if)#no shutdown
Internet(config-if)#exit
Internet(config)#interface FastEthernet0/1
```

```
Internet(config-if)#ip address 100.1.1.1 255.255.255.0
Internet(config-if)#no shutdown
```

（3）远程路由器的配置：yuancheng

```
Router(config)#hostname yuancheng
yuancheng(config)#interface FastEthernet0/0
yuancheng(config-if)#ip address 200.1.1.2 255.255.255.0
yuancheng(config-if)#no shutdown
yuancheng(config-if)#ip nat outside
yuancheng(config-if)#exit
yuancheng(config)#interface FastEthernet0/1
yuancheng(config-if)#ip address 172.16.1.254 255.255.255.0
yuancheng(config-if)#no shutdown
yuancheng(config-if)#ip nat inside
yuancheng(config-if)#exit
yuancheng(config)#access-list 1 permit 172.16.1.0 0.0.0.255
yuancheng(config)#ip nat inside source list 1 interface FastEthernet0/0 overload
yuancheng(config)#ip route 0.0.0.0 0.0.0.0 200.1.1.1
```

3）总部路由器 Access VPN 的配置

（1）建立路由器与 Radius 服务器的映射（必须与 AAA_Server 服务器对应）

```
//指定 AAA 服务器的 IP 地址和密钥,1645 是 Radius 服务器的默认端口号
zongbu(config)#radius-server host 192.168.1.1 auth-port 1645 key 123
```

（2）为远程访问用户配置访问网络的 AAA 授权策略

```
zongbu(config)#aaa new-model                    //开启或激活 AAA 认证
zongbu(config)#aaa authentication login eza group radius
                                                //对远程接入使用 radius 认证
zongbu(config)#aaa authorization network ezo group radius
                                                //对远程接入使用 radius 授权
```

（3）创建 IP 地址池,为远程访问用户分配本地使用的 IP 地址

```
zongbu(config)#ip local pool ez 192.168.3.1 192.168.3.100
```

（4）定义 ISAKMP/IKE 第 1 阶段所需的各项参数

```
zongbu(config)#crypto isakmp policy 10    //定义 ISAKMP 策略的优先级
zongbu(config-isakmp)#group 2             //交换通信密钥
zongbu(config-isakmp)#authentication pre-share
                                          //身份认证方式采用预共享密钥进行对等体认证
zongbu(config-isakmp)#encryption 3des     //对等体通信协商采用的加密算法
zongbu(config-isakmp)#hash md5            //对等体通信完整性保证的加密密钥
```

（5）创建推送到客户端的组策略

```
zongbu(config)#crypto isakmp client configuration group myez
                                          //配置远程接入组为 myez
zongbu(config-isakmp-group)#key 123       //配置远程接入组密码 123
zongbu(config-isakmp-group)#pool ez       //配置远程接入下发的地址池 ez
```

（6）定义 IPSec/IKE 第 2 阶段所需的各项参数

```
zongbu(config)#crypto ipsec transform-set tim esp-md5-hmac
                                          //配置名为 tim 的变换集
zongbu(config)#crypto dynamic-map ezmap 10    //配置名为 ezmap 的动态加密图
zongbu(config-crypto-map)#set transform-set tim //将 ezmap 加密图与 tim 变换集绑定
zongbu(config-crypto-map)#reverse-route    //启用反向路由注入
```

（7）配置 IPSec VPN 加密映射图的认证、授权

允许路由器将信息分配给远程接入客户端，respond 参数使路由器等待客户端提示发送这些信息，然后路由器使用策略信息来回应。

```
zongbu(config)#crypto map tom client authentication list eza
zongbu(config)#crypto map tom isakmp authorization list ezo
zongbu(config)#crypto map tom client configuration address respond
zongbu(config)#crypto map tom 10 ipsec-isakmp dynamic ezmap
```

（8）在相应端口激活加密映射图

```
zongbu(config)#int fa0/0
zongbu(config-if)#crypto map tom    //在接口上激活静态加密图映射
```

4）远程出差用户的配置

初次 VPN 拨号可能不成功，无法 ping 通 192.168.1.254，ping 通 100.1.1.2 之后再拨号就能 ping 通了。出差用户拨号连接如图 10-8 所示（密码为 123456），拨号成功的显示如图 10-9 所示。

图 10-8　出差用户拨号连接图

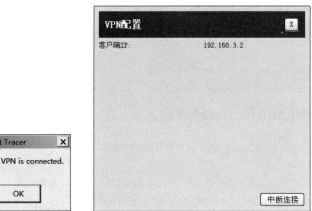

图 10-9　拨号成功的显示

4. 站点到站点的 VPN 配置实例

【例2】　如图 10-10 所示,现欲在公司总部与公司分部之间建立站点到站点的 VPN 隧道,分别在 zongbu 和 fenbu 路由器上完成配置,使 192.168.1.0/24 与 192.168.2.0/24 之间的通信使用安全隧道穿越 Internet。

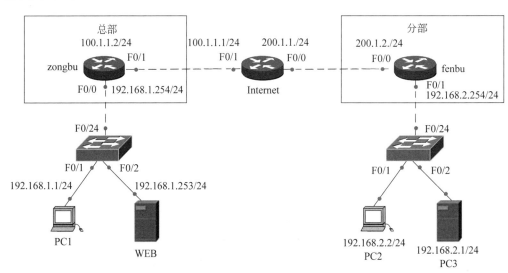

图 10-10　站点到站点的 VPN 实例拓扑

1) 基本配置

(1) 总部路由器：zongbu

① 配置总部路由器各接口的 IP 地址并开启接口

```
interface FastEthernet0/0
ip address 192.168.1.254 255.255.255.0
ip nat inside                              //配置该接口为 NAT 的内部接口
no shutdown
interface FastEthernet0/1
ip address 100.1.1.2 255.255.255.0
```

```
ip nat outside                                //配置该接口为 NAT 的外部接口
no shutdown
```

② 配置到 Internet 的默认路由

```
ip route 0.0.0.0 0.0.0.0 100.1.1.1          //配置公司总部到 Internet 的默认路由
```

③ 配置总部路由器的 DHCP 功能

```
ip dhcp excluded-address 192.168.1.253 192.168.1.254      //配置 DHCP 排除地址
ip dhcp pool zongbu                          //配置 DHCP 地址池名为 zonbu
network 192.168.1.0 255.255.255.0           //配置 DHCP 分配的网络地址段及子网掩码
default-router 192.168.1.254                //配置 DHCP 分配的网关地址
dns-server 202.103.96.112                   //配置 DHCP 分配的 DNS 服务器地址
```

④ 配置动态 NAPT

```
ip nat inside source list 100 interface FastEthernet0/1 overload
```

⑤ 配置静态 NAPT

```
ip nat inside source static tcp 192.168.1.253 80 100.1.1.2 80
```

⑥ 配置与动态 NAPT 匹配的 ACL

```
access-list 100 deny ip 192.168.1.0 0.0.0.255 192.168.2.0 0.0.0.255
access-list 100 permit ip 192.168.1.0 0.0.0.255 any
```

（2）Internet 路由器：Internet

```
interface FastEthernet0/0
ip address 200.1.1.1 255.255.255.0
no shutdown
interface FastEthernet0/1
ip address 100.1.1.1 255.255.255.0
no shutdown
```

（3）分部路由器：fenbu

① 配置分部各接口 IP 地址并开启接口

```
interface FastEthernet0/0
ip address 200.1.1.2 255.255.255.0
ip nat outside                                //配置该接口为 NAT 的外部接口
no shutdown
interface FastEthernet0/1
ip address 192.168.2.254 255.255.255.0
ip nat inside                                 //配置该接口为 NAT 的内部接口
no shutdown
```

② 配置分部路由器的 DHCP 功能

```
ip dhcp excluded-address 192.168.2.254      //配置 DHCP 排除地址
```

```
ip dhcp pool fenbu                              //配置 DHCP 地址池名为 zonbu
network 192.168.2.0 255.255.255.0               //配置 DHCP 分配网络地址段及子网掩码
default-router 192.168.2.254                    //配置 DHCP 分配的网关地址
dns-server 202.103.96.112                       //配置 DHCP 分配的 DNS 服务器地址
```

③ 配置分部到 Internet 的默认路由

```
ip route 0.0.0.0 0.0.0.0 200.1.1.1              //配置分部到 Internet 的默认路由
```

④ 配置动态 NAPT

```
ip nat inside source list 100 interface FastEthernet0/0 overload
```

⑤ 配置与动态 NAPT 匹配的 ACL

```
access-list 100 deny ip 192.168.2.0 0.0.0.255 192.168.1.0 0.0.0.255
access-list 100 permit ip 192.168.2.0 0.0.0.255 any
```

2)总部路由器 Intranet VPN 的配置

(1)定义建立 ISAKMP SA 所需的各项参数

```
crypto isakmp policy 10         //定义 ISAKMP 策略的优先级
authentication pre-share        //身份认证方式采用预共享密钥进行对等体认证
encryption 3des                 //对等体通信协商采用 3des 加密
hash md5                        //对等体通信完整性采用 md5 哈希摘要加密算法加密
```

(2)定义对等体间预共享密钥

```
crypto isakmp key 123 address 200.1.1.2
```

(3)配置名为 heihei 的变换集

```
crypto ipsec transform-set heihei ah-sha-hmac
```

(4)配置与 VPN 匹配的 ACL

```
access-list 101 permit ip 192.168.1.0 0.0.0.255 192.168.2.0 0.0.0.255
```

(5)定义加密图,将安全策略与要保护的对象绑定在一起,定义建立 IPSec SA 所需的各项参数

```
crypto map yang 1ipsec-isakmp   //创建名为 yang 的加密图,加密图条目为 1
set peer 200.1.1.2              //配置远端对等体地址
set transform-set heihei       //指定该加密图条目 1 绑定的变换集名为 heihei
match address 101              //配置该加密图条目 1 匹配的 ACL 为 101
```

(6)将加密图应用到接口上

```
interface FastEthernet0/1
crypto map yang
```

3)分部路由器 Intranet VPN 的配置

(1)定义建立 ISAKMP SA 所需的各项参数

```
crypto isakmp policy 10         //定义 ISAKMP 策略的优先级
```

```
authentication pre-share        //身份认证方式采用预共享密钥进行对等体认证
encryption 3des                 //对等体通信协商采用 3des 加密
hash md5                        //对等体通信完整性采用 md5 哈希摘要加密算法加密
```

（2）定义对等体间预共享密钥

```
crypto isakmp key 123 address 100.1.1.2
```

（3）创建变换集

```
crypto ipsec transform-set haha ah-sha-hmac     //配置名为 haha 的变换集
```

（4）配置与 VPN 匹配的 ACL

```
access-list 101 permit ip 192.168.2.0 0.0.0.255 192.168.1.0 0.0.0.255
```

（5）定义加密图,将安全策略与要保护的对象绑定在一起,定义建立 IPSec SA 所需的各项参数

```
crypto map lin 1 ipsec-isakmp   //创建名为 lin 的加密图,加密图条目为 1
set peer100.1.1.2               //配置远端对等体地址
set transform-set haha          //指定该加密图条目 1 绑定的变换集名 haha
match address 101               //配置该加密图条目 1 匹配的 ACL 为 101
```

（6）将加密图应用到接口上

```
interface FastEthernet0/0
crypto map lin
```

4）验证测试

PC1 和 PC2 能相互 ping 通(在 ping 的过程中会丢掉几个包,因为在建立 IPSec VPN 的协商)。用 show crypto isakmp sa 和 show crypto ipsec sa 命令能看到 IPSec VPN 协商好的内容状态。

　　　如果初次配置好或者打开文件时 ping 不通,可以先 ping 对等体接口 IP 地址,即总部先 ping 200.1.1.2,分部先 ping 100.1.1.2,分别 ping 通后就可以相互 ping 通。

10.4　项目设计与准备

1. 项目设计

通过图 9-9 的网络拓扑可以发现在分部与总部总经理及董事会办公室之间有 SW3 核心交换机及 RT1、RT2、RT3 四个主要的网络连接设备,其中只有公司外网接入路由器 RT2 连接公网,存在不安全的因素最大,同时考虑尽可能地不影响核心交换机的性能。选择在总部路由器 RT1 上及分部路由器 RT3 上配置 IPSec VPN,建立安全隧道,保证分部与总部总经理及董事会办公室之间采用安全隧道的方式传输机要信息。

IPSec VPN 的配置中选择使用 ESP 加 3DES 加密并使用 ESP 结合 SHA 做哈希计算,

以隧道模式进行封装,设置密钥加密方式为 3DES,并使用预共享的密码进行身份验证。

2. 项目准备

(1) 方案一:真实设备操作(以组为单位,小组成员协作,共同完成实训)。

- Cisco 交换机、配置线、台式机或笔记本电脑。
- 项目 9 的配置结果。

(2) 方案二:在模拟软件中操作(以组为单位,成员相互帮助,各自独立完成实训)。

- 每人 1 台装有 Cisco Packet Tracer 6.2 的计算机。
- 项目 9 的配置结果。

10.5　项目实施

实现分部与总部总经理及董事会办公室之间采用安全隧道的方式通信。

任务 10-1　RT1 端配置 VPN 参数

```
RT1#conf t
RT1(config)#crypto isakmp policy 1              //建立 IKE 策略,策略号为 1
RT1(config-isakmp)#encryption 3des             //使用 3DES 加密方式
RT1(config-isakmp)#hash sha                     //指定哈希算法为 sha
RT1(config-isakmp)#authentication pre-share    //使用预共享的密码进行身份验证
RT1(config-isakmp)#group 2                      //指定密钥位数为 1024 位的 Diffie-Hellman
RT1(config-isakmp)#exit
RT1(config)#crypto isakmp key cisco address 172.16.2.2
//设置要使用的预共享密钥和指定 VPN 另一端路由器的 IP 地址
RT1(config)#crypto ipsec transform-set xiangmu esp-3des esp-sha-hmac
//设置名为 xiangmu 的交换集
RT1(config)#access-list 101 permit ip 10.0.0.224 0.0.0.15 10.0.1.0 0.0.0.31
//配置访问控制列表,编号为 101,总部总经理及董事会办公室访问允许分部
RT1(config)#crypto map xiangmumap 1 ipsec-isakmp
//创建加密图,加密图名为 xiangmumap,序号为 1,使用 IKE 来建立安全关联
RT1(config-crypto-map)#set peer 172.16.2.2           //设置隧道对端 IP 地址
RT1(config-crypto-map)#set transform-set xiangmu //指定加密图使用的 IPSec 交换集
RT1(config-crypto-map)#match address 101            //用 ACL 来定义加密的通信
RT1(config-crypto-map)#exit
RT1(config)#int F1/0
RT1(config-if)#crypto map xiangmumap                 //将加密图应用于 F1/0 端口
RT1(config-if)#
```

任务 10-2　RT2 端配置 VPN 参数

```
RT3#conf t
RT3(config)#crypto isakmp policy 1              //建立 IKE 策略,策略号为 1
RT3(config-isakmp)#encryption 3des             //使用 3DES 加密方式
RT3(config-isakmp)#hash sha                     //指定哈希算法为 sha
```

```
RT3(config-isakmp)#authentication pre-share          //使用预共享的密码进行身份验证
RT3(config-isakmp)#group 2                      //指定密钥位数为1024位的Diffie-Hellman
RT3(config-isakmp)#exit
RT3(config)#crypto isakmp key cisco address 172.16.1.1
//设置要使用的预共享密钥cisco和指定VPN另一端路由器的IP地址(172.16.1.1)
RT3(config)#crypto ipsec transform-set xiangmu esp-3des esp-sha-hmac
//设置名为"xiangmu"的交换集
RT3(config)#access-list 100 permit ip 10.0.1.0 0.0.0.31 10.0.0.224 0.0.0.15
//配置访问控制列表,编号为100,允许分部访问总部总经理及董事会办公室
RT3(config)#crypto map xiangmumap 1 ipsec-isakmp_
//创建加密图,加密图名为xiangmumap,序号为1,使用IKE来建立安全关联
RT3(config-crypto-map)#set peer 172.16.1.1          //设置隧道对端IP地址为172.16.1.1
RT3(config-crypto-map)#set transform-set xiangmu   //指定加密图使用的IPSec交换集
RT3(config-crypto-map)#match address 100            //用ACL来定义加密的通信
RT3(config-crypto-map)#exit
RT3(config)#int F0/1
RT3(config-if)#crypto map xiangmumap                //将加密图应用于F0/1端口
RT3(config-if)#
```

10.6 项目验收

在 PC4 上能成功地 ping 通 PC1 的地址,说明已经建立了安全隧道,可以使用私有地址相互访问。

在 RT1 上查看相关信息。

```
RT1#show crypto ipsec sa
  interface: FastEthernet1/0
  Crypto map tag: ftoz, local addr 172.16.1.1
  protected vrf: (none)
  local ident (addr/mask/prot/port): (10.0.0.224/255.255.255.240/0/0)
  remote ident (addr/mask/prot/port): (10.0.1.0/255.255.255.224/0/0)
  current_peer 172.16.2.2 port 500
  PERMIT, flags={origin_is_acl,}
  #pkts encaps: 0, #pkts encrypt: 0, #pkts digest: 0
  #pkts decaps: 2, #pkts decrypt: 2, #pkts verify: 0
  #pkts compressed: 0, #pkts decompressed: 0
  #pkts not compressed: 0, #pkts compr. failed: 0
  #pkts not decompressed: 0, #pkts decompress failed: 0
  #send errors 0, #recv errors 0
    local crypto endpt.: 172.16.1.1, remote crypto endpt.:172.16.2.2
    path mtu 1500, ip mtu 1500, ip mtu idb FastEthernet1/0
    current outbound spi: 0x71DE1495(1910379669)
    inbound esp sas:
    spi: 0x127A6A2A(310012458)
      transform: esp-3des esp-sha-hmac ,
```

```
        in use settings={Tunnel, }
        conn id: 2008, flow_id: FPGA:1, crypto map: ftoz
        sa timing: remaining key lifetime (k/sec): (4525504/3460)
        IV size: 16 bytes
        replay detection support: N
        Status: ACTIVE
     inbound ah sas:
     inbound pcp sas:
     outbound esp sas:
     spi: 0x71DE1495(1910379669)
        transform: esp-3des esp-sha-hmac ,
        in use settings={Tunnel, }
        conn id: 2009, flow_id: FPGA:1, crypto map: ftoz
        sa timing: remaining key lifetime (k/sec): (4525504/3460)
        IV size: 16 bytes
        replay detection support: N
        Status: ACTIVE
     outbound ah sas:
     outbound pcp sas:
```

说明　分公司与总经理及董事会办公室之间已经建立了安全隧道,并开始工作。

10.7　项目小结

　　IPSec 位于网络层,负责 IP 包的保护和认证。IPSec 不限于某类特别的加密或认证算法、密钥技术或安全算法,它是实现 VPN 技术的标准框架。IPSec VPN 配置时要注意两端IKE 的协商配置要一致。

10.8　知识拓展

　　下面介绍 VPN 建立细节。
　　无论 VPN 的类型是站点到站点还是远程访问 VPN,都需要完成以下 3 个任务。
- 协商采用何种方式建立管理连接。
- 通过 DH 算法共享密钥信息。
- 对等体彼此进行身份验证。

　　在主模式中,这 3 个任务是通过 6 个数据报文完成,前两个数据包用于协商对等体间的管理连接使用何种安全策略(交换 ISAKMP/IKE 传输集);中间两个数据包通过 DH 算法产生交换加密算法和 HMAC 功能所需的密钥;最后两个数据包使用预共享密钥等方式执行对等体之间的身份验证。

加密技术

前 4 个报文为明文传输,从第 5 个数据报文开始采用密文传输,而前 4 个数据报文通过各种算法最终产生的密钥用于第 5、6 个数据报文以及后续数据的加密。

1. ISAKMAP/IKE 阶段 1 建立过程

(1) 交换 ISAKMAP/IKE 传输集

交换 ISAKMAP/IKE 传输集主要包括以下几个方面:加密算法(DES、3DES、AES)、HMAC 功能(MD5 或 SHA-1)、设备验证的类型(预共享密钥,也可以使用 RSA 签名等方法,本书不作介绍)、Diffie-Hellman 密钥组。

(2) 通过 DH 算法实现密钥交换

第一步只是协商管理连接的安全策略,而共享密钥的产生于交换就是通过 Diffie-Hellman 来实现的。

(3) 设备间的身份验证

设备身份验证时最常用的方法就是预共享密钥,即在对等体之间共享密钥,并存储在设备的本地。设备验证的过程可以通过加密算法或 HMAC 功能两种方法实现。而加密算法很少用于身份验证,多数情况都会通过 HMAC 功能实现。

2. ISAKMAP/IKE 阶段 2 建立过程

(1) 安全关联(SA)

安全关联就是两个对等体之间建立的一条逻辑连接。

(2) ISAKMP/IKE 阶段 2 的传输集

数据连接的传输集定义了数据连接是如何被保护的。与管理连接的传输集相似,它主要定义:安全协议(AH 协议,ESP 协议)、连接模式(隧道模式、传输模式)、加密方式、验证方式。

(3) 安全协议

AH 协议又称数据包头认证协议,它只实现验证功能,而并未提供任何形式的加密数据。ESP 封装载荷协议,它可以提供认证和加密,而其只对 IP 数据的有效载荷进行验证,不包括外部的 IP 包头。

由于以上两种安全协议均不能和 NAPT 协同工作,所以 Cisco 提供了三种解决方案:NAT-T、IPSec over UDP、IPSec over TCP。由于后两种是 Cisco 的私有协议,一般使用 NAT-T,在 VPN 建立连接的过程中会使用 UDP 500 端口和 4500 端口,所以要将这两个端口静态地发布出去。

10.9　练习题

一、填空题

1. _____是因特网密钥交换协议。

2. _____封装安全载荷协议,该协议用于保证数据的保密性,提供报文的认证性和完整性保护。

3. _____认证头协议用于隧道中报文的数据源鉴别和数据的完整性保护,对每组 IP

包进行认证,防止黑客利用 IP 进行攻击。

二、单项选择题

1. 以下关于 VPN 说法正确的是(　　)。

    A. VPN 指的是用户自己租用线路,和公共网络物理上完全隔离的、安全的线路

    B. VPN 指的是用户通过公用网络建立的临时的、安全的连接

    C. VPN 不能做到信息验证和身份认证

    D. VPN 只能提供身份认证,不能提供加密数据的功能

2. IPSec 协议是开放的 VPN 协议。对它的描述有误的是(　　)。

    A. 适应于向 IPv6 迁移　　　　　　　　B. 提供在网络层上的数据加密保护

    C. 可以适应设备动态 IP 地址的情况　　D. 支持除 TCP/IP 外的其他协议

3. 如果 VPN 网络需要运行动态路由协议并提供私网数据加密,通常采用(　　)技术手段实现。

    A. GRE　　　　　B. GRE+IPSec　　　　C. L2TP　　　　D. L2TP+IPSec

4. 部署 IPSec VPN 时,可以提供更可靠的数据加密的安全算法配置是(　　)。

    A. DES　　　　　B. 3DES　　　　C. SHA　　　　D. 128 位的 MD5

5. MD5 散列算法摘要值的位数为(　　)。

    A. 56　　　　　B. 128　　　　C. 160　　　　D. 168

三、多项选择题

1. VPN 网络设计的安全性原则包括(　　)。

    A. 隧道与加密　　　　　　　　B. 数据验证

    C. 用户识别与设备验证　　　　D. 入侵检测与网络接入控制

    E. 路由协议的验证

2. VPN 组网中常用的站点到站点接入方式是(　　)。

    A. L2TP　　　　　B. IPSec　　　　C. GRE+IPSec　　　　D. L2TP+IPSec

3. 移动用户常用的 VPN 接入方式是(　　)。

    A. L2TP　　　　　　　　　　B. IPSec+IKE 野蛮模式

    C. GRE+IPSec　　　　　　　D. L2TP+IPSec

4. VPN 设计中常用于提供用户识别功能的是(　　)。

    A. RADIUS　　　B. TOKEN 卡　　　C. 数字证书　　　D. 802.1x

5. IPSec VPN 组网中网络拓扑结构可以为(　　)。

    A. 全网状连接　　　　　　　　B. 部分网状连接

    C. 星形连接　　　　　　　　　D. 树形连接

6. 移动办公用户自身的性质决定其比固定用户更容易遭受病毒或黑客的攻击,因此部署移动用户 IPSec VPN 接入网络的时候需要注意(　　)。

    A. 移动用户个人计算机必须完善自身的防护能力,需要安装防病毒软件、防火墙软件等

    B. 总部的 VPN 节点需要部署防火墙,确保内部网络的安全

    C. 适当情况下可以使用集成防火墙功能的 VPN 网关设备

D. 使用数字证书

7. 关于安全联盟 SA,说法正确的是(　　)。

    A. IKE SA 是单向的
                   B. IPSec SA 是双向的

    C. IKE SA 是双向的
                   D. IPSec SA 是单向的

8. 下面关于 GRE 协议描述正确的是(　　)。

    A. GRE 协议是二层 VPN 协议

    B. GRE 是对某些网络层协议(如 IP、IPX 等)的数据报文进行封装,使这些被封装的数据报文能够在另一个网络层协议(如 IP)中传输

    C. GRE 协议实际上是一种承载协议

    D. GRE 提供了将一种协议的报文封装在另一种协议报文中的机制,使报文能够在异种网络中传输

9. 下面关于 GRE 协议和 IPSec 协议描述正确的是(　　)。

    A. 在 GRE 隧道上可以再建立 IPSec 隧道

    B. 在 GRE 隧道上不可以再建立 IPSec 隧道

    C. 在 IPSec 隧道上可以再建立 GRE 隧道

    D. 在 IPSec 隧道上不可以再建立 GRE 隧道

10. GRE 协议的配置任务包括(　　)。

    A. 创建虚拟 Tunnel 接口
                B. 指定 Tunnel 接口的源端

    C. 指定 Tunnel 接口的目的端
           D. 设置 Tunnel 接口的网络地址

11. IPSec 的两种工作方式为(　　)。

    A. NAS-initiated
                       B. Client-initiated

    C. Tunnel
                               D. transport

12. AH 是报文验证头协议,主要提供的功能为(　　)。

    A. 数据机密性
                       B. 数据完整性

    C. 数据来源认证
                      D. 反重放

13. ESP 是封装安全载荷协议,主要提供的功能为(　　)。

    A. 数据机密性
      B. 数据完整性
      C. 数据来源认证
      D. 反重放

14. AH 是报文验证头协议,可选择的散列算法有(　　)。

    A. MD5
            B. DES
            C. SHA1
            D. 3DES

15. ESP 是封装安全载荷协议,可选择的加密算法有(　　)。

    A. MD5
            B. DES
            C. SHA1
            D. 3DES

    E. AES

16. 唯一标识有 IPSec 安全联盟 SA 的参数有(　　)。

    A. 安全参数索引 SPI
                  B. IP 本端地址

    C. IP 目的地址
                        D. 安全协议号

17. 关于 IKE 的描述正确的是(　　)。

    A. IKE 不是在网络上直接传送密钥,而是通过一系列数据的交换,最终计算出双方共享的密钥

    B. IKE 是在网络上传送加密后的密钥,以保证密钥的安全性

C. IKE 采用完善前向安全特性 PFS,一个密钥被破解,并不影响其他密钥的安全性

D. IKE 采用 DH 算法计算出最终的共享密钥

四、简答题

1. 什么是 VPN? 有哪些用途及优点?

2. IPSec VPN 的组成有哪些?

3. 如何配置 IPSec VPN?

4. 简述 VPN 建立细节。

10.10 项目实训

实训操作录屏(10)

图 10-11 所示为本实训网络拓扑,两个远程公司的网络分别位于上海和北京,现要求通过配置 LAN-to-LAN VPN,实现上海与北京两个网络之间通过 VPN 隧道来穿越 Internet(路由 R2 则相当于 Internet 路由器,R2 只负责让 R1 与 R3 能够通信,R2 不会配置任何路由),最终实现在私网与私网之间穿越公网的通信,让 R5 与 R4 之间直接使用私有地址来互访,比如 R5 通过直接访问地址 192.168.1.4 来访问 R4。

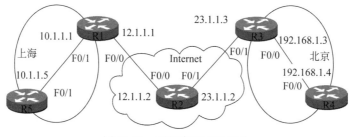

图 10-11　项目实训网络拓扑

项目 11
无线局域网搭建

11.1 项目导入

有的公司计算机设备分散,计算机数目也在逐步增加。在这种情况下,全部用有线网连接终端设施,从布线到使用都会极不方便;有的房间是大开间布局,地面和墙壁已经施工完毕,若进行网络应用改造,埋设缆线工作量巨大,而且位置无法十分固定,导致信息点的放置也不能确定,这样构建一个无线局域网络就会很方便。为了使无线联入局域网的用户能访问有线网资源,网络架构可采用 WLAN 和有线局域网混合的非独立 WLAN。

无线接入点与周边的无线终端形成一个星形网络结构,使用无线接入点或无线路由器的 LAN 口与有线网络相连,从而使整个 WLAN 的终端都能访问有线网络的资源,并能访问 Internet。

若无线接入点或无线路由器未进行安全设置,那么所有在它信号覆盖范围内的移动终端设备都可以查找到它的 SSID 值,并且无须密码可以直接介入 WLAN 中,这样整个 WLAN 完全暴露在一个没有安全设置的环境下,是非常危险的,因此需要在无线接入点或无线路由器上进行安全设置。

11.2 职业能力目标和要求

- 了解无线网络的分类。
- 掌握无线局域网的优缺点。
- 掌握无线局域网的标准。
- 掌握无线局域网的常见应用。
- 了解无线局域网的安全隐患。
- 掌握无线网络安全技术的应用。
- 了解无线信道的分类和含义。
- 掌握服务集标识符(SSID)的作用。
- 了解 WEP 与 WPA 的区别。
- 掌握无线局域网与有线局域网混合的非独立 WLAN 的实现。

11.3 相关知识

11.3.1 认识无线局域网

无线局域网(Wireless LAN,WLAN)是指不使用任何导线或传输电缆连接,而使用无线电波作为数据传送介质的局域网,传送距离达几千米甚至更远。目前,无线局域网已经广泛地应用在企业、机场、大学及其他公共区域。

一般来讲,凡是采用无线传输介质的计算机局域网都可以成为无线局域网,如图 11-1 所示。

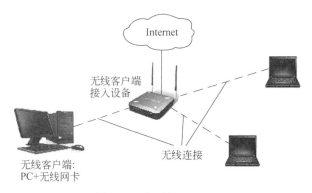

图 11-1 典型的 WLAN

1. 无线局域网简介

无线局域网有独立无线局域网和非独立无线局域网两种类型。独立 WLAN 是指整个网络都使用无线通信;非独立 WLAN 是指网络中既有无线模式的局域网,也有有线模式的局域网。目前,大多数公司、学校都采用非独立 WLAN 模式。

无线局域网给人们带来了极大的便利,但是无线局域网绝不是用来取代有线局域网的,而是作为有线局域网的补充,弥补有线局域网的不足和局限,以达到网络的延伸的目的。

无线局域网与传统的有线局域网相比,在布线复杂度、传输速率、布线成本、移动性和扩展性等方面有所不同,具体如表 11-1 所示。

表 11-1 无线局域网和有线局域网的对比

项 目	有线局域网	无线局域网
布线复杂度	布线烦琐、复杂,网络环境内线缆泛滥	完全不需要布线
传输速率/Mbps	10、100、1000	11、54、150
布线成本	布线成本高、设备成本较低、维护成本高	安装成本低、设备成本较高、维护成本低
移动性	无法实现设备移动	移动性强,具有无可比拟的"移动办公"优势
扩展性	支持扩展,但网络扩展性较弱,扩展网络需要重新布线,施工复杂,成本高	支持网络扩展,扩展性强。通常只需要为终端设备增加无线网络适配器即可;如果网络出现瓶颈,也只需增加一个新的接入点即可实现扩展

项　目	有线局域网	无线局域网
线路费用	对于远距离连接,需要租用线路,费用高,传输速率低	不需要增加租用公共线路的费用,只需要架设无线天线,一次性投资即可
安全性	安全性高,主要在三层以上实现	安全性较高,在二层和三层共同实现

2. 无线局域网的优缺点

(1) 无线局域网的优点

通过无线局域网和有线局域网的对比可以看到,无线局域网有以下有线局域网无法比拟的优点。

① 安装简易。在有线网络建设中,网络布线施工耗时长、对环境影响大、工作量大。而无线局域网没有复杂的网络布线工作,一般只安放一个或多个无线接入点(Access Point, AP)设备就可以建立覆盖整个局域网区域的无线网络。

② 使用灵活。无线局域网网络终端设备不再像传统有线局域网中的那样只能在固定的信息点安放,而是能够轻松地在信号覆盖范围内的任何位置接入网络。接入无线网络中的终端设备可以在信号覆盖范围内任意移动,实现"移动"办公。

③ 经济节约。由于有线网络缺少灵活性,所以网络设计者在规划网络时考虑未来网络的发展需要,会预设大量利用率较低的信息点。这在预算和施工上都需要大量的经费,而一旦网络的发展超出了设计规划,又要花费较多的费用进行网络改造。无线局域网可以避免或减少以上情况的发生。

④ 易于扩展。无线局域网有多种配置方式,能够根据需要灵活选择。例如,无线局域网既可以运用在只有几个用户的小型局域网中,也可以"胜任"有上千用户的大型网络,并且能够提供给"漫游"有线网络无法提供的特性。

(2) 无线局域网的不足之处

无线局域网在给网络用户带来便捷和实用的同时,也存在着一些缺陷。无线局域网的不足之处体现在以下几个方面。

① 性能。无线局域网是依靠无线电波进行数据传输的,这些电波都是通过无线发射装置发射的,建筑物、车辆、树木和其他障碍物都可能阻碍电磁波的传输,所以会影响网络的性能。

② 速率。无线信道的传输速率与有线信道的相比要低得多。目前,无线局域网的最大传输速率为150Mbps,只适合于个人终端和小规模网络的应用。

③ 安全性。由于无线电波不要求建立物理的连接通道,且无线信号是发散的,因此无线电波广播范围内的任何信号很容易被别有用心的人监听到,从而造成通信信息泄露。

总之,无线局域网是有线局域网的有益补充,通过两者的共同组建和使用,可以实现局域网全方位、立体化的应用。

3. 无线局域网的传输介质

与有线网络一样,无线局域网也需要传输介质,不过它使用的传输介质不是双绞线或者光纤,而是无线信道,如红外线或无线电波。

（1）红外系统

早期的无线网络使用红外线作为传输介质。红外传输是一种点对点的无线传输方式，不能离得太远，还要对准方向，且中间不能有障碍物，因此几乎无法控制信息传输的进度。

另外，使用红外线作为传输介质时无线网络的传输距离很难超过 30 米，红外线还会受到环境中光纤的影响，造成干扰。如今，红外系统几乎被淘汰，取而代之的是蓝牙技术。

（2）无线电波

无线电波覆盖范围广，应用广泛，是目前采用最多的无线局域网传输介质。无线局域网主要使用 2.4GHz 频段和 5GHz 频段的无线电波。这两个频段的无线电波具有较强的抗干扰、抗噪声及抗衰减能力，因而通信比较安全，具有很高的可用性。

4. 无线局域网的标准

目前，无线局域网的主要标准有 IEEE 802.11、蓝牙（Bluetooth）和 HomeRF。

（1）IEEE 802.11

1997 年，IEEE 推出了无线局域网标准 802.11，主要用于解决办公室局域网和校园网中用户终端的无线接入，业务主要限于数据存取，数据传输速率最高只能达到 2Mbps。由于 802.11 在传输速率和传输距离上都不能满足人们的需要，因策 IEEE 小组又相继推出了 802.11b 和 802.11a 两个标准。

802.11 全系列至少包括 19 个标准，其中 802.11a、802.11b、802.11g 和 802.11n 的产品最为常见，这几个标准关于发布时间、工作频率、传输速率、无线覆盖范围和兼容性的对比如表 11-2 所示。

表 11-2　IEEE 802.11 系列标准对比

标准类别	802.11	802.11b	802.11a	802.11g	802.11n
发布时间	1997.7	1999.9	1999.9	2003.9	2009.9
工作频率/GHz	2.4	2.4	5	2.4	2.4 和 5
传输速率/Mbps	1、2	1、2、5.5、11	最大为 54	最大为 54	最大为 150,最大为 540
覆盖范围/m	N/A	100	50	<100	300
兼容性	N/A	与 802.11g 产品可互通	与 802.11b/g 产品不能互通	与 802.11b 产品可互通	可向下兼容 802.11b、802.11g

无线相容认证（Wireless Fidelity）是一个无线网络通信技术的品牌，由于 Wi-Fi 联盟（Wi-Fi Alliance）所持有，用于改善基于 IEEE 802.11 标准的无线网络产品之间的互通性。实际上，Wi-Fi 是符合 802.11b 标准的产品的一个商标，用于保障使用该商标的商品之间可以合作，与标准本身没有关系。图 11-2 所示为 Wi-Fi 商标。

（2）蓝牙

蓝牙技术由于在机场等移动终端上的广泛应用而被大家所熟悉。蓝牙技术即 IEEE 802.15，具有低能量、低成本、适用于小型网络及通信设备等特征，可用于个人操作空间。蓝牙工作在全球通用的 2.4GHz 频段，最大数据传输速率为 1Mbps，最大传输距离通常不超过 10 米。蓝牙技术与 IEEE 802.11 相互补充，可以应用于多种类型的设备中。图 11-3 所示为蓝牙商标。

图 11-2　Wi-Fi 商标

图 11-3　蓝牙商标

（3）HomeRF

HomeRF 无线标准是由 HomeRF 工作组开发的开放性行业标准，目的是在家庭范围内使计算机与其他电子设备进行无线通信。HomeRF 是对现有无线通信标准的综合和改进：当进行数据通信时采用 IEEE 802.11 规范中的 TCP/IP 传输协议；当进行语音通信时，则采用数字增强型无绳通信（DECT）标准。但是，由于 HomeRF 无线标准与 802.11b 不兼容，且占据了与 802.11b 和蓝牙相同的 2.4GHz 频率段，所以其在应用范围上有很大的局限性，多在家庭网络中使用。

HomeRF 的特点是安全可靠，成本低廉，简单易行，它不受墙壁和楼层的影响，无线电干扰影响小，传输交互式语音数据时采用时分多址（TDMA）技术，传输高速数据分组时采用带冲突避免的载波监听多路访问（CSMA/CA）技术。表 11-3 为 3 种常见的无线局域网标准的对比。

表 11-3　3 种常见的无线局域网标准的对比

项　　目	802.11g	HomeRF	Bluetooth
传输速率/Mbps	54	1、2、10	1
应用范围	办公区和校园局域网	家庭办公室，私人住宅和庭院的网络	
终端类型	笔记本电脑、PC、掌上电脑和因特网网关	笔记本电脑、PC、电话、Modem、移动设备和因特网网关	笔记本电脑、移动电话、掌上电脑、寻呼机和车载终端等
接入方式	接入方式多样化	点对点或每节点多种设备的接入	
支持公司或组织	Cisco、Lucent、3COM 等	Apple、HP、Dell、HomeRF 工作群、Intel、Motorola 等	"蓝牙"研究组、Ericsson、Motorola、Nokia 等

11.3.2　无线局域网的常见应用

1. 建筑物内应用

建筑物内无线局域网基本构成：无线客户端接入点 AP（Access Point）＋无线客户端＋天线。

常用的方案有以下几种。

（1）对等解决方案

对等解决方案（见图 11-4）是一种最简单的应用方案，只要给每台计算机安装一块无线网卡，即可相互访问。如果需要与有线网络连接，可以为其中一台计算机再安装一块有线网卡，无线网中其他计算机利用这台计算机作为网关，即可访问有线网络或共享打印机等设备。但对等解决方案是一种点对点方案，网络中的计算机只能一对一互相传递信息，而不能同时进行多点访问。

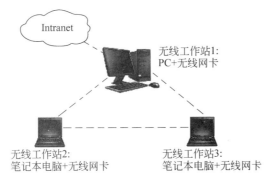

图 11-4　对等解决方案

（2）单蜂窝工作方式

单蜂窝工作方式（见图 11-5）可以采用 1~11 号信道（802.11b 规范）中任意一个没有受到干扰的信道，一个无线接入点推荐接入 20~30 个无线客户端，以获取满意的速率，同一蜂窝范围可以最多部署 3 个无线接入点，分别采用 1/6/11 号信道，从而提供高达 33Mbps 的总体访问速率，并可以同时服务更多的用户。

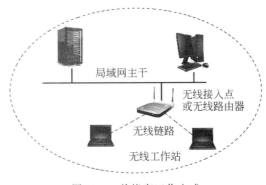

图 11-5　单蜂窝工作方式

（3）多蜂窝工作方式

多蜂窝工作方式（见图 11-6）的各蜂窝之间建议有 15% 的重叠范围，便于无线工作站在不同的蜂窝之间做无缝漫游。在大楼中或者在很大的平面里面部署无线网络时，可以布置多个接入点构成一套微蜂窝系统，这与移动电话的微蜂窝系统十分相似。微蜂窝系统允许

图 11-6　多蜂窝工作方式

一个用户在不同的接入点覆盖区域内任意漫游。随着位置的变换,信号会由一个接入点自动切换到另外一个接入点。整个漫游过程对用户是透明的,虽然提供连接服务的接入点发生了切换,但对用户的服务却不会被中断。

（4）多蜂窝无线中继结构

多蜂窝无线中继结构(见图 11-7)可以提供有线不能到达情况下的网络连接功能,中继蜂窝之间需要约 50％的信号重叠,中继蜂窝内的客户端使用效率会下降 50％。

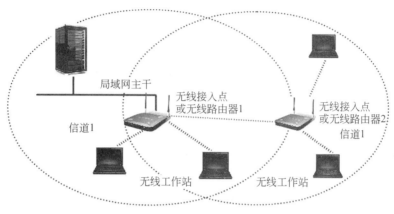

图 11-7　多蜂窝无线中继结构

2. 建筑物间应用

建筑物之间无线局域网基本构成:无线网桥(Bridge)＋天线。网桥是一种类似于中继器的联网设备,它可以像中继器那样用来连接两线路以扩展连接距离,也可以用来连接两段局域网段,以实现两局域网间的通信协议。

（1）点对点

点对点(见图 11-8)常用于固定的要联网的两个位置之间,是无线联网的常用方式,使用这种联网方式建成的网络传输距离远、传输速率高、受外界环境影响较小。这种类型结构一般由一对桥接器和一对天线组成。

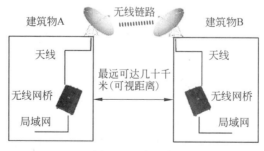

图 11-8　点对点

（2）一点对多点

一点对多点(见图 11-9)常用于一个中心点(全向天线),多个远端点的情况下。其最大优点是组建网络成本低、维护简单。其次,由于中心使用了全向天线,设备调试相对容易。

该中心网络的缺点也是因为使用了全向天线,波束的全向扩散使得功率大大衰减,网络传输速率低,对于较远距离的远端点,网络的可靠性不能得到保证。此外,由于多个远端站共用一台设备,网络延迟增加,导致传输速率降低,且中心设备损坏后,整个网络就会停止工作。其次,所有的远端站和中心站使用的频率相同,在有一个远端站收到干扰的情况下,其他站都要更换相同的频率,如果有多个远端站都受到干扰,频率更换更加麻烦,且不能互相兼顾。

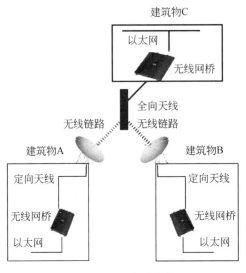

图 11-9　一点对多点

(3) 桥接中继型

当需要连接的两个局域网之间有障碍物遮挡而不可视时,可以考虑使用无线中继的方法绕开障碍物。无线中继点的位置应选择在可以同时看到网络 A 与网络 B 的位置,中继无线网桥连接的两个定向天线分别对准网络 A 与网络 B 的定向天线,无线网桥 A 与无线网桥 B 的通信通过中继无线网桥来完成。

(4) 混合应用

在实际应用中,最常见的就是以上的混合应用(见图 11-10),这种类型适用于所建网络中有远距离的点,近距离的点,甚至还有建筑物阻挡的点。图中建筑物 B 的无线接入点汇聚其客户端的网络流量,经由与以太网相连的无线网桥,发送到远程的建筑物 A 处的网络主干中去;无线客户端以及无线接入点设备也可以直接与建筑物 A 的无线网桥互联(此时无线网桥提供无线接入点的功能),访问主干网络资源。在组建这种网络时,综合使用上述几种类型的网络方式,对于远距离的点使用点对点方式,近距离的多个点采用点对点方式,有阻挡的点采用中继方式。这种网络也是 WLAN 在智能建筑中最为常见的应用。

11.3.3　无线局域网的安全问题

在无线网络中,通常是使用电磁波作为通信介质,而其与有线网络以物理链路通信相比具有先天的劣势。但这不能表示无线网络就不具有安全性,恰恰相反,无线网络中具有多种不同方式的无线加密技术,以此来提高无线网络的安全性。

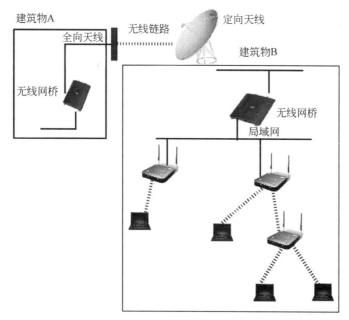

图 11-10   混合应用

1. 无线局域网的安全隐患

无线网络的物理安全是关于这些无线设备自身的安全问题,主要表现在如下几个方面。

(1)无线设备存在许多限制,这将对存储在这些设备的数据和设备间建立的通信链路安全产生潜在的影响。与个人计算机相比,无线终端设备如个人数字助理等,存在如电池寿命短、显示器偏小等缺陷。

(2)无线设备具有一定的保护措施,但这些保护措施总是基于最小信息保护需求的。因此必须加强无线设备的各种防护措施。

无线局域网的传输介质的特殊性,使得信息在传输过程中具有更多的不确定性,受到的影响更大,主要表现在如下几个方面。

(1)窃听。任何人都可以用一台带无线网卡的计算机或者廉价的无线扫描器进行窃听,但是发送者和接受者却无法知道在传输过程中是否被窃听,更为重要的是无法检测窃听。

(2)修改替换。在无线局域网中,较强节点可以屏蔽较弱节点,并用自己的数据代替。甚至会代替其他节点做出反应。

(3)传递信任。当网络包含一部分无线局域网时,就会为攻击者提供一个不需要物理安装的接口用于网络入侵,因此,参与通信的双方都应该能相互认证。

2. 对无线局域网的各种攻击

对于无线局域网的攻击主要包括如下几种。

(1)基础结构攻击。基础结构攻击是基于系统中存在的漏洞,如软件漏洞、错误配置、硬件故障等。对这种攻击进行保护几乎是不可能的,所能做的就是尽可能地降低破坏所造成的损失。

（2）拒绝服务。无线局域网存在一种比较特殊的拒绝服务攻击,攻击者可以发送与无线局域网相同频率的干扰信号来干扰网络的正常运行,从而导致正常的用户无法使用网络。

（3）置信攻击。通常情况下,攻击者可以将自己伪造成基站。当攻击者拥有一个很强的发射设备时,就可以让移动设备尝试登录到他的网络,通过分析窃取密钥和口令,以便发动针对性的攻击。

3. 无线网络安全技术

（1）服务集标识符

① 简介

服务集标识符(Service Set Identifier,SSID)技术可以将一个无线局域网分为几个需要不同身份验证的子网络。每一个子网络都需要独立的身份验证,只有通过身份验证的用户才可以进入相应的子网络,这样可防止未被授权的用户进入本网络。

无线网卡设置不同的SSID可以进入不同的网络。SSID通常由无线AP广播。通过网络中无线终端的查找WLAN功能可以扫描出SSID,并查看当前区域内所有的SSID,但是并不是所有查找到的SSID都能使用。

SSID是一个无线局域网的名称,只有设置了相同SSID值的计算机才能相互通信。出于安全考虑,可以不广播SSID,此时用户要手动设置SSID才能进入相应的网络。

② 禁用SSID广播

一般来说,同一生产商推出的无线路由器或无线AP都默认使用相同的SSID。如果一些企图非法连接的攻击者利用通用的初始化字符串来连接无线网络,则极易建立起一条非法的连接,从而给无线网络带来威胁,因此,建议将SSID重命名。

无线路由器一般都会提供"允许SSID广播"功能。如果不想让自己的无线网络被别人通过SSID名称搜索到,那么最好"禁止SSID广播"。此时你的无线网络仍然可以使用,只是不会出现在其他人搜索到的可用的网络列表中。

（2）WEP与WPA

WEP和WPA都是无线网络中使用的数据加密技术。它们的功能都是将两台设备间无线传输的数据进行加密,防止非法用户窃听或侵入无线网络。

① WEP

有线等效保密(Wired Equivalent Privacy,WEP)是802.11b标准中定义的一个用于无线局域网安全性的协议,用来为WLAN提供和有线局域网同级别的安全性。现实中,LAN比WLAN安全,因为LAN的物理机构对其有所保护,即部分或全部将传输介质埋设在建筑物中也可以防止未授权的访问。

由于WEP有很多弱点,所以在2003年被WPA(Wi-Fi Protected Access)淘汰,又在2004年被完整地IEEE 802.11i标准(又称WPA2)所取代。

WEP虽然存在不少弱点,但也足以阻止非专业人士的窥探了。应用密钥时,应当注意以下几点。

- WEP密钥应该是键盘字符(大、小写字母、数字和标点符号)或十六进制数字(数字0~9和字母A~F)的随机序列。WEP密钥越具有随机性,使用起来就越安全。
- 基于单词(比如小型企业的公司名称或家庭的姓氏)或易于记忆的短语的WEP密钥很容易被破解。一旦恶意用户破解了WEP密钥,他们就能解密用WEP加密的帧,并且开始攻击你的网络。

- 即使 WEP 密钥是随机的,如果收集并分析使用相同的密钥来加密的大量数据,密钥仍然很容易被破解,因此,建议定期把 WEP 密钥更改为一个新的随机序列,例如每 4 个月更改一次。

② WPA 和 WPA2

WPA 和 WPA2 是两个标准,都是保护无线网络(Wi-Fi)安全的系统,它们是为克服 WEP 的几个严重的弱点而产生的。

WPA 是一种基于标准的可互操作的 WLAN 安全性增强解决方案,可大大增强现有无线局域网系统的数据保护水平和访问控制水平。WPA 源于 IEEE 802.11i 标准,并与之保持兼容。如果部署适当,WPA 可保证 WLAN 用户的数据得到保护,并且只有被授权的网络用户才可以访问 WLAN。

WPA 的数据加密采用临时密钥完整性协议(Temporary Key Integrity Protocal, TKIP)。认证有两种模式可供选择:一种是使用 IEEE 802.1x 协议进行认证;另一种是使用预先共享密钥(Pre-Shared Key,PSK)模式。

WPA2 是由 Wi-Fi 联盟验证过的 802.11i 标准的认证形式,但不能用在某些早期的网卡上。

WPA 和 WPA2 都能提供优良的安全性,但也都存在下面两个明显的问题。

- WPA 或 WPA2 一定要启动并且被选中替代 WEP 才有用,但是大部分的 WLAN 都默认安装和使用 WEP。
- 在家庭和小型办公室无线网络中选用"个人"模式时,为了保证完整性,所需的密码长度一定要比 6~8 个字符的密码长。

4. 无线信道

无线信道是对无线通信中发送端和接收端之间通路的一种形象比喻。对于无线电波而言,它从发送端到接收端,中间并没有一个有形的连接,且传输路径可能不只一条,但是为了形象地描述发送端与接收端之间的工作。我们可以想象在两者之间有一个看不见的道路衔接,这条衔接通路称为信道。信道具有一定的频率带宽,正如公路有一定的宽度一样。

IEEE 802.11b/g 工作在 2.4~2.4835GHz 频段,其中每个频段又划分为若干信道。每个国家都制定了政策,规定如何使用这些频段。

802.11 协议在 2.4GHz 频段定义了 14 个信道,每个信道的频宽均为 22MHz。两个信道的中心频率相差 5MHz,即信道 1 的中心频率为 2.412GHz,信道 2 的中心频率为 2.417GHz,依次类推,信道 13 的中心频率为 2.472GHz。信道 14 是特别针对日本定义的,其中心频率与信道 13 的中心频率相差 12MHz。

北美地区(美国、加拿大)开放了 1~11 信道,欧洲开放了 1~13 信道。中国与欧洲一样,也开放了 1~13 信道。

11.3.4　无线局域网与有线局域网混合的非独立 WLAN 的实现

在小的企业网、校园网的某些区域抑或家庭网中多用户的接入认证可采用 Web+ DHCP 的方式,用户无须手工配置相关参数,只需将用户网卡设定通过 DHCP 自动获得 IP

即可,并且无须安装任何客户端软件,用户操作更为方便,同时,无线网络控制器可以对用户上网时间段进行控制,如在教学时间段可以让用户上网,而在非教学时间不允许使用网络,这样的控制策略能够更好地、高效地利用网络设施和资源,实现了校园无线网最大程度上为教学活动服务的目的。

对于无线接入点的管理方面,无线接入控制器可以主动探测网络中存在的无线接入点(AP),并实时给系统管理员提供无线接入点的工作状态,及时排除由于网络故障导致用户不能正常使用的问题。此外,无线接入控制器还具有用户访问日志功能,便于记录用户的整个网上活动过程,实现网络的安全控制。

 提示 　　无线 AP 分为带路由功能的和不带路由功能的两种。不带路由功能的无线 AP 相当于网络中的无线集线器,使用时还需要搭配路由器;使用带路由功能的无线 AP 时则无须搭配路由器,可以方便地共享 Internet 连接。

【例 1】　如图 11-11 所示,完成无线局域网的搭建与配置,实现无线局域网与有线网络的连通。为无线路由器 SW2 进行安全设置:SSID 为 sdlg,Channel 为 1,Authentication 为 WPA2-PSK,Pass Phrase 为 12345678。

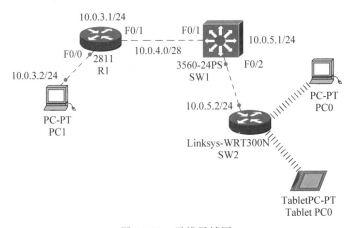

图 11-11　无线局域网

1. 配置客户端

为 PC 添加无线网卡,设置 IP 获取方式。

(1)为普通 PC 添加无线网卡。

① 关掉 PC0 的电源,如图 11-12 所示。

② 移除有线网卡,添加无线网卡,如图 11-13 所示。

③ 添加无线网卡的普通 PC 自动与无线路由器相连(模拟软件中 IP 获取方式默认为 DHCP)。

(2)PC 均设置为自动获取 IP(设置结果如图 11-14 所示)。

2. 配置无线路由器(见图 11-15)

(1)单击无线路由器,选择 Config 选项卡。

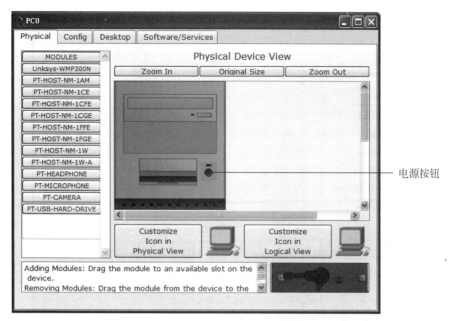

图 11-12　关掉电源

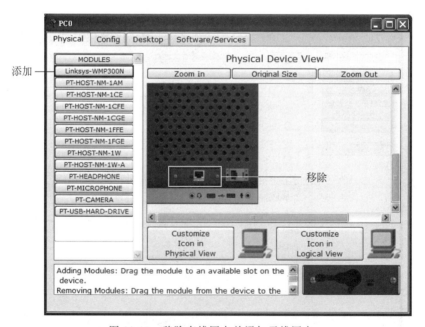

图 11-13　移除有线网卡并添加无线网卡

（2）单击 Internet 按钮。

（3）在 Connection Type 方式中选择 Static 单选按钮。

（4）Default Gateway 设为连接路由器 SW2 的 F0/2 口的 IP 地址（10.0.5.1）。

（5）IP Address 设为 10.0.5.2（可为 10.0.5.0/24 网段任一有效主机 IP）。

（6）Subnet Mask 设为 255.255.255.0。

图 11-14　IP 获取方式

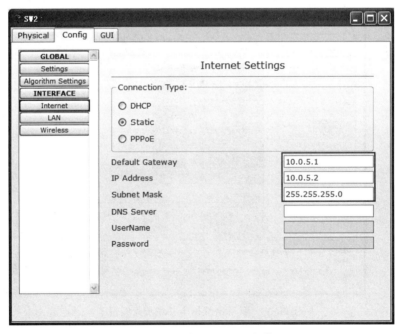

图 11-15　设置 Internet 参数

可根据实际情况选择 PPPOE（宽带）或者 DHCP（自动获取）。

（7）LAN 口设置（见图 11-16）。

① IP Address：该路由器对局域网的 IP 地址，默认值为 192.168.0.1。

> 可根据需要改变。若改变了该 IP 地址，GUI 面板中 Network Setup 区域中 Router IP 右侧的 IP Address 也随之改变。

② Subnet Mask：可以改变，但网络中的计算机的子网掩码必须与此处相同。

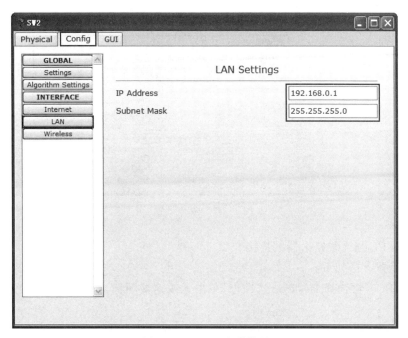

图 11-16 LAN 参数设置

注意要开启三层交换机的路由功能，并在 Router0 和三层交换机上启用 ripV2。

3. 测试连通性（测试 PC0 与 PC1 的连通性）

在 PC0 上 ping 10.0.3.2(PC2 的 IP 地址)，结果是可以 ping 通，由此实现了无线网络与有线网络的连通。

4. 为无线路由器 SW2 进行安全设置

（1）单击 SW2 图标，选择 Config 选项卡。

（2）单击 Wireless 按钮。

（3）在 SSID 右侧文本框中输入 sdlg，Channel 右侧下拉列表中选择 1。

（4）Authentication 区域中选择 WPA2-PSK；Pass Phrase 右侧文本框中输入 12345678，如图 11-17 所示。配置完成后，PC 与无线路由器失去连通。

> 真实设备一定要保存配置，否则重启后会恢复原来的配置。

图 11-17　安全设置

（5）建立 PC 与无线路由器的连接。

PC0 的设置方法如下。

① 单击 PC0，再选择 Desktop 选项卡，单击无线连接图标，则打开如图 11-18(a)所示的选项卡。

② 单击 Connect 选项卡，打开如图 11-18(b)所示的界面。

③ 单击 **Connect** 按钮，再输入密码 12345678，如图 11-19 所示。

(a)

图 11-18　连接无线路由器

(b)

图 11-18（续）

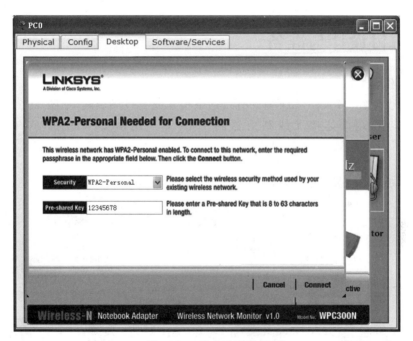

图 11-19 输入验证密钥

④ 单击 Connect 按钮，即可看到 PC0 与无线路由器重新建立了通信。

PC1 的设置方法如下。

① 单击 PC1，再单击 Config 选项卡。

② 在左侧列表中单击 Wireless 按钮。

③ 在 SSID 右侧文本框中输入 sdlg。

④ 选择 WPA-PSK 单选按钮，在 Pass Phrase 文本框中输入 12345678，如图 11-20 所示，即可看到 PC1 与无线路由器完成了连接。

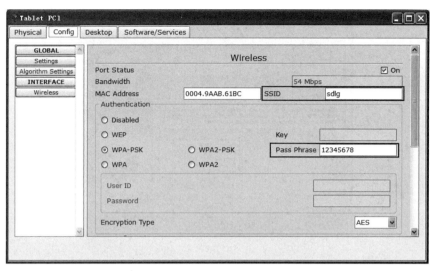

图 11-20 进行安全验证

11.4 项目设计与准备

1. 项目设计

把合作伙伴路由器 RT5 右下角的有线网络构建成无线局域网，如图 11-21 所示。路由器 RT5 的 F0/0 端口连接无线路由器的 LAN 口。路由器 RT5 的 F0/0 端口 IP 为 10.0.2.30，子网掩码为 255.255.255.224。

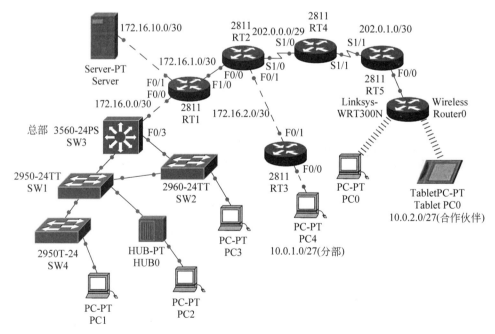

图 11-21 搭建无线局域网

无线路由器 Wireless Router0 设置 WPA-PSK 密钥验证，SSID 为 rjxy，密钥为 87654321。

2. 项目准备

（1）方案一：真实设备操作（以组为单位，小组成员协作，共同完成实训）。

- Cisco 交换机、配置线、台式机或笔记本电脑。
- 项目 11 的配置结果。

（2）方案二：在模拟软件中操作（以组为单位，成员相互帮助，各自独立完成实训）。

- 每人 1 台装有 Cisco Packet Tracer 6.2 的计算机。
- 项目 11 的配置结果。

11.5   项目实施

任务 11-1   搭建无线局域网

1. 无线路由器与有线局域网相连

路由器 RT5 的 F0/0 口与无线路由器的 Internet 口相连。

F0/0 口的 IP 为 10.0.2.30，子网掩码为 255.255.255.224。

2. 配置客户端

（1）为普通 PC 添加无线网卡。

① 关掉 PC0 的电源。

② 移除有线网卡，添加无线网卡。

③ 添加无线网卡的普通 PC 自动与无线路由器相连。

（2）PC 均设置为自动获取 IP。

3. 配置无线路由器

（1）单击无线路由器，选择 Config 选项卡。

（2）单击 Internet 按钮。

（3）在 Connection Type 方式中选择 Static 单选按钮

（4）Default Gateway：设为连接路由器 RT5 的 F0/0 口的 IP 地址，即 10.0.2.30。

（5）IP Address：10.0.2.1。

（6）Subnet Mask：255.255.255.224。

任务 11-2   安全配置

无线路由器安全设置如下。

（1）单击无线路由器，单击 Config 选项卡，单击 Wireless 按钮。

（2）在 SSID 文本框中输入 rjxy，Authentication 方式选择 WPA-PSK。

（3）在 Pass Phrase 文本框中输入 87654321。

此时所有的 PC 断开与无线路由器的连接。

（4）PC 连接无线路由器。

① PC0 设置方法

a. 单击 PC0,单击 Desktop 选项卡。

b. 选择 PC Wireless 图标,单击 Connect 选项卡。

c. 单击 Connect 按钮,输入密码 87654321。

d. 单击 Connect 按钮,即可看到 PC0 与无线路由器完成了连接。

② Tablet PC0 设置方法

a. 单击 Tablet PC0,单击 Config 选项卡。

b. 单击 Wireless 按钮。

c. 选择 WPA-PSK 单选按钮。

d. 在 Pass Phrase 文本框中输入 87654321,即可看到 Tablet PC0 与无线路由器完成了连接。

11.6　项目验收

(1) 把另一台 Tablet PC1 放置在无线路由器旁,通过观察可发现此 Tablet PC1 无法实现与无线路由器的连接。

(2) 设置 Tablet PC1,实现与无线路由器的连接。

① 单击 Tablet PC1,单击 Config 选项卡。

② 单击 Wireless 按钮。

③ 选择 WPA-PSK 单选按钮。

④ 在 Pass Phrase 文本框中输入－＝87654321,即可看到 Tablet PC1 与无线路由器完成了连接。

11.7　项目小结

无线局域网最常用的是非独立 WLAN 模式,配置无线 AP 或无线路由器时,Internet 口的配置是关键,一定要精确把握。

为了防治未被授权的用户进入本网络,可以利用服务集标识符技术将一个无线局域网分为几个需要不同身份验证的子网络。每一个子网络都需要独立的身份验证,只有通过身份验证的用户才可以进入相应的子网络。

11.8　知识扩展

11.8.1　无线 AP 配置

Cisco AP 的配置方法主要有 Console 登录、远程登录(如 Telnet/SSH 等)、Web 浏览器登录等,后两种方式均需要获取或设置一个 IP 后方可登录。一般情况下,AP 设置 IP 地址的方法有按默认方式获取、配置 DHCP 方式获取、使用 IPSU(IP Setup Utility)获取、使用 Console 口获取等。

与交换机不同,无线 AP 在进行配置前是无法进行工作的,换言之,无线 AP 必须通过配置,才能在网络中进行使用。GUI 的配置方法比较简单,因篇幅有限,这里不再作介绍。除了 GUI 和远程登录方式外,CLI(命令行)也是 Cisco AP 经常使用的配置方式。下面在 CLI 模式下对 Cisco AP 进行配置。

(1) 使用超级终端登录胖无线 AP,默认用户名和密码均为 Cisco。

```
Ap>enable
Password:
```

(2) 进入全局配置模式。

```
Ap#configure terminal
```

(3) 为胖无线 AP 指定新的名称。

```
Ap(config)#hostname name
```

(4) 为特权模式指定新的密码。

```
Ap(config)#enable password password
```

(5) 指定 enable 加密密码。

```
Ap(config)#enable secret secret-password
```

(6) 进入 line 配置模式。

```
Ap(config)#line vty 0 15
```

(7) 为 Telnet 指定新的访问密码。

```
Ap(config-line)#password password
```

(8) 进入胖无线 AP 无线虚拟接口配置模式。

```
Ap(config)#interface bvi 1
```

(9) 输入为该接口指定的 IP 地址和子网掩码。

```
Ap(config-if)#ip address ip-address subnet-mask
```

(10) 激活接口。

```
Ap(config-if)#no shutdown
```

(11) 返回特权模式。

```
Ap(config)#end
```

(12) 校验输入的信息是否正确。

```
Ap#show running-config
```

(13)保存配置。如果不保存,在 AP 重新启动后,所有修改过的配置将会全部丢失。

```
Ap#copy running-config startup-config
```

【例 2】 Cisco Airport 1310G 无线 AP 初始化配置实例。

操作如下:

```
Ap>enable
Password:
Ap#conf t
Ap(config)#hostname AP
AP(config)#enable password sdlg
AP(config)#enable secret sdlg.net
AP(config)#line vty 0 15
AP(config-line)#password sdlg.edu
AP(config)#interface bvi 1
AP(config-if)#ip address 192.168.1.111 255.255.255.0
AP(config-if)#no shut
AP(config-if)#end
AP#show run
AP#copy run start
```

11.8.2 无线局域网相关设备

1. 无线网卡

无线网卡(Wireless Network Card)是终端无线网络的设备,是无线局域网的无线覆盖下通过无线连接网络进行上网使用的无线终端设备。具体来说,无线网卡就是使用计算机可以利用无线来上网的一个装置,但是有了无线网卡还需要一个可以连接的无线网络,如果所在地有无线路由器或者无线 AP 的覆盖,就可通过无线网卡以无线的方式连接无线网络上网。

无线网卡按无线标准可分为 IEEE 802.11b、IEEE 802.11a、IEEE 802.11g。

在频段上来说,802.11a 标准为 5.8GHz 频段,802.11b、802.11g 标准为 2.4GHz 频段。从传输速率上来说,802.11b 使用了 DSSS(直接序列扩频)或 CCK(补码键调控器),传输速率为 11Mbps,而 802.11g 和 802.11a 使用相同的 OFDM(正交频分复用调器)技术,使其传输速率是 802.11b 的 5 倍,也就是 54Mbps。从兼容性上来说,802.11a 不兼容 802.11b,但是可以兼容 802.11g;而 802.11g 和 802.11b 两种标准可以相互兼容使用。但在使用时仍需要注意,802.11g 的设备在 802.11b 的网络环境下只能使用 802.11b 的标准,其数据数率只能达到 11Mbps。

无线网卡从接口上可以分为以下两种。

一种是台式机专用的 PCI 接口无线网卡,另一种是笔记本电脑专用的 PCMICA 接口网卡。

驱动程序都可以使用。在选择时要注意的一点是,只有采用 USB 2.0 接口的无线网卡才能满足 802.11g 或 802.11g+的需求。

除此之外,还有笔记本电脑中应用比较广泛的 MINI-PCI 无线网卡。MINI-PCI 为内置型无线网卡,迅驰机型和非迅驰的无线网卡标配机型均使用这种网卡。其优点是无须占用 PC 卡或 USB 插槽,并且免去了随时身携一张 PC 卡或 USB 卡的麻烦。

2. 无线访问节点

无线访问节点((Wireless Access Point),无线 AP)是一个内涵很广的名称,它不仅包含单纯性无线接入点,也同样是无线路由器(含无线网关、无线网桥)等类设备的统称。各种文章或厂家在面对无线 AP 时的称呼目前比较混乱。但是随着无线路由器的普及,目前情况下如没有特别的说明,一般还是只将所称呼的无线 AP 理解为单纯性无线 AP,以便和无线路由器区分。它主要是提供无线工作站对有线局域网和从有线局域网对无线工作站的访问,在访问接入点覆盖范围内的无线工作站可以通过它进行相互通信。

单纯性无线 AP 就是一个无线交换机,仅仅是提供一个无线信号发射的功能。单纯性无线 AP 的工作原理是将网络信号通过双绞线传送过来,经过 AP 产品的编译,将电信号转换成为无线电信号发送出来,形成无线网络的覆盖。根据不同的功率,其可以实现不同程度、不同范围的网络覆盖,一般无线 AP 的最大覆盖距离可达 300m。

多数单纯性无线 AP 本身不具备路由功能,包括 DNS、DHCP、Firewall 在内的服务器功能都必须有独立的路由或是计算机来完成。目前大多数的无线 AP 都支持多用户(30～100 台计算机)接入,数据加密、多速率发送等功能,在家庭、办公室内,一个无线 AP 便可以实现所有计算机的无线接入。

单纯性无线 AP 也可以对装有无线网卡的计算机做必要的控制和管理。单纯性无线 AP 既可以通过 10Base-T(WAN)端口与内置路由功能的 ADSL Modem 或 CABLE Modem 直接相连,也可以在使用时通过交换机/集线器、宽带路由器再接入有线网络。

无线 AP 与无线路由器类似,按照协议标准本身来说,IEEE 802.11b 和 802.11g 的覆盖范围是室内 100m、室外 300m。这个数值仅是理论值,在实际应用中,会碰到各种障碍物,其中以玻璃、木板、石膏墙对无线信号的影响最小,另外混凝土墙壁和铁对无线信号的屏蔽最大。所以通常实际使用范围是室内 30m、室外 100m(没有障碍物)。

因此,作为无线网络中的重要环节,无线 AP 的作用其实类似于我们常用的有线网络中的集线器。在那些需要大量 AP 进行大面积覆盖的公司使用得比较多,所以通常 AP 会通过以太网连接起来并连到独立的无线局域网防火墙。但同时由于其一般专用无线 AP 都不带额外的局域网接口,使其应用范围较窄。

3. 无线路由器

无线路由器(Wireless Route)就是带有无线覆盖功能的路由器,主要应用于用户上网和无线覆盖。市场上流行的无线路由器一般都支持专线 xDSL/CABLE、动态 XDSL、PPTP 等方式,它还具有其他一些网络管理功能,如 DHCP 服务、NAT 防火墙、MAC 地址过滤等功能。

无线路由器好比将单纯性无线 AP 和宽带路由器合二为一的扩展性产品,它不仅具备单纯性无线 AP 的所有功能,如支持 DHCP 客户端、支持 VPN、防火墙、支持 WEP 加密等,而且包括了网络地址转换(NAT)功能,可支持局域网用户的网络连接共享。可实现家庭无线网络中的 Internet 连接共享,实现 ADSL 和小区宽带的无线共享接入。无线路由器可以与所有以太网连接的 ADSL Modem 直接相连,也可以在使用时通过交换机或集线器、宽带路由器等局域网方式再接入。其内置有简单的虚拟拨号软件,可以存储用户名和密码拨号上网,可以实现为拨号接入 Internet 的 ADSL、CM 等提供自动拨号功能,而无须手动拨号或占用一台计算机用做服务器。此外,无线路由器一般还具有相对较完善的安全防护功能。此外,大多数无线路由器还包括一个 4 端口交换机,可以连接用有线网卡的计算机,从而实现有线和无线网络的顺利过渡。

在接入速度上,目前符合 11Mbps、54Mbps、108Mbps 的无线路由器产品皆有。无线路由器将多种设备合二为一,亦比较适合于初次建网的用户,其集成化的功能可以使用户只有一个设备满足所有的有线和无线网络的需求。

4. 无线网桥

无线网桥(Wireless Bridge)是为了使用无线(微波)进行远距离点对点网间互联而设计。它是一种在链路层实现局域网络互联的存储转发设备,可用于固定数字设备与其他固定数字设备之间的远距离(可达 20km)、高速(可达 11Mbps)无线组网。从作用上来理解无线网桥,它可以用于连接两个或多个独立的网络段,这些独立的网络段通常位于不同的建筑间,相距几百米到几千米。所以它可以广泛应用在不同建筑物间的互联。同时,根据协议不同,无线网桥又可以分为 2.4Hz 频段的 802.11b 或 802.11g,以及采用 5.8GHz 频段的 802.11a 无线网桥。无线网桥主要有以下应用。

(1) 如果建筑物和建筑物之间的距离比较远,当超过 100m 时,一般都需要铺设光缆来进行连接。对于一些已经建成的网络环境来说,开挖道路或者铺设线路都是费钱费力的事情,采用无线网桥来实现网络互联既经济,实施起来也简单、方便。

(2) 在一些临时场所进行的临时的网络传输中也会用到无线网桥,比如常见的新闻网络直播。由于场所的临时性和不固定性,若采用传统有线的方式在直播现场布置网线,不仅布线、维护很困难,而且会给现场网络管理带来很多麻烦。这时无线网桥就派上用场了。

因此,无线网桥应该支持点对点(见图 11-22)、点对多点(见图 11-23)等多种方式,可将那些难以接线的场所、办事处、学校、公司、经常变动的工作场所、临时局域网、医院和仓库、大型厂区内多个建筑连接起来。另外,在室外或没有供电条件的地点安装无线网桥时,不需

图 11-22 点对点

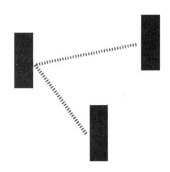

图 11-23 点对多点

要再单独安装电线路,产品本身会自带电能,从而打破了无线局域网的空间限制,为室外工作环境中的互联网接入带来方便。

5. 无线天线

当计算机与无线 AP 或其他计算机相距较远时,随着信号的减弱,传输速率将明显下降,或者根本无法实现与 AP 或其他计算机之间通信,此时就必须借助于无线天线(Wireless Antenna)对所接收或发送的信号进行增益(放大)。无线天线相当于一个信号放大器,主要

用来解决无线网络传输中因传输距离、环境影响等造成的信号衰减。

天线设备本身的天线都有一定距离的限制,当超出这个限制的距离,就要通过这些外接天线来增强无线信号,达到延伸传输距离的目的。这里主要涉及如下两个概念。

- 频率范围:它是指天线工作的频段。这个参数决定了它适用于那个无线标准的无线设备。比如 802.11a 标准的无线设备就需要频率范围在 50Hz 的天线来匹配,所以在购买天线时一定要认准这个参数对应的产品。
- 增益值:此参数表示天线功率放大倍数,数值越大表示信号的放大倍数越大,也就是说增益数值越大,信号越强,传输质量就越好。

无线天线的类型很多,常见的有两种:一种是室内天线,优点是方便灵活,缺点是增益小,传输距离短;另一种是室外天线,优点是传输距离远,比较适合远距离传输,缺点是易受障碍物的影响。室外天线的类型比较多,一种是锅状的定向天线,一种是棒状的全向天线。

(1)室内无线天线

① 室内定向天线:适用于室内,它因为能量聚集能力最强,信号的方向指向性也极好。在使用的时候应该使它的指向与接收设备的角度方位一致。

② 室内全向天线:适合于无线路由、AP 这样的需要广泛覆盖信号的设备上,它可以将信号均匀分布在中心点周围 360°全方位区域,要架在较高的地方,适用于链接点距离较近、分布角度范围大且数量较多的情况。

(2)室外无线天线

① 室外全向天线:也会将信号均匀分布在中心点周围 360°全方位区域,要架在较高的地方,适用于链接点距离较近,分布角度范围大,且数量较多的情况。

② 室外定向天线:能量聚集能力最强,信号的方向指向性也极好。同样因为是在室外,所以也应架在较高的地方。当远程链接数量较少,或者角度方位相当集中时,采用定向天线是最有效的方案。

③ 扇面天线:具有能量定向聚集功能,可以有效地进行水平 180°、120°、90°范围内的覆盖,因为如果远程连接点在某一角度范围内比较集中时,可以采用扇面天线。

6. 室外天线避雷器/浪涌保护器

室外天线通常安装在建筑物的顶部,容易感应雷击。如果没有保护措施,在雷雨天气很容易烧毁设备,并带来危险。天线避雷器/浪涌保护器串联在无线设备和室外天线之间,可以防止雷击对设备和人员带来的损害。对于这类设备需要注意的两个参数是通流容量和插入损耗。通流容量是指避雷器可以泻放的最大雷击电流,该值越大越好;插入损耗是指避雷器对信号的衰减,该数值越小越好。另外,避雷器必须正确有效地接地,否则没有任何防雷效果。

7. 室外馈线天线

室外天线馈线(天馈线)是连接室内网桥和室外天线的信号线,如果网桥和室外天线距离太远则需要增加天馈线。但是这样会带来信号的衰减,为了尽量减少这种衰减,需要尽量缩短网桥和天线的距离,并且选择损耗较少的天馈线。

11.8.3 无线网络类型

与有线网络一样,无线网络可以根据数据发送的距离分为几种不同的类型。

1. 无线广域网(WWAN)

WWAN 技术可使用户通过远程公共网络或专用网络建立无线网络连接,通过使用无线服务提供商所提供的若干天线基站或卫星系统,这些连接可以覆盖广大的地理区域,如许多城市或者国家(地区)。目前 WWAN 技术为大家所知的第二代(2G)系统。主要的 2G 系统包括全球数字移动电话系统(GSM)、网络数字包数据(CDPD)和多址代码分区访问(CDMA)。现正努力从 2G 网络过渡到第三代(3G)网络,将执行全球标准并提供全球漫游功能。ITU 正积极促进 3GQ 全球标准的发展。

2. 无线城区网(WMAN)

WMAN 技术使用户可以在主要城市区域的多个场所之间创建无线连接(例如,在一个城市和大学校园的办公楼之间),而不必花费高昂的费用铺设光缆、电缆和租赁线路。此外,如果有线网络的主要租赁线路不能使用时,WMAN 可以用作有线网络的备用网络。WMAN 既可以使用无线电波也可以使用红外线光波来传送数据。提供给用户以高速访问 Internet 的无线访问网络带宽,其需求正日益增长。尽管现在使用各种不同的技术,例如多路多点分布服务(MMDS)和本地多点分布服务(LMDS),IEEE 802.16 宽频无线访问标准工作组仍在开发规范以标准化这些技术的发展。

3. 无线局域网(WLAN)

WLAN 技术可以使用户在本地创建无线连接(例如,在公司或校园里或在公共场所)。WLAN 可用于临时办公室或其他缆线安装受限的场所,或者用于增强现有的 WLAN,使用户在不同时间在办公楼的不同地方工作。WLAN 以两种不同的方式运作。在基础 WLAN 中,无线站(具有无线电波网络卡或外置调制解调器的设备)连接无线访问点,其在无线站与现有网络中枢之间起桥梁的作用。对于对等的特殊 WLAN,在有限区域(如会议室)内的几个用户中,如果不需要访问网络资源时,可以不使用网络点而建立临时网络。

IEEE 在 1997 年批准了 802.11 WLAN 标准,其指定数据传输速率为 1~2Mbps。在正要成为新的主要标准的 802.11b 中,通过 2.4GHz 频段进行数据传输的最大速率为 11Mbps。另一个更新的标准 802.11a,它指定通过 5GHz 频段进行数据传输的最大速率为 54Mbps。

4. 无线个人区域网(WPAN)

WPAN 技术使用户为用于个人操作空间(POS)的设备(如 PDA、移动电话和笔记本电脑)创建特殊无线通信。POS 是个人周围的空间 10m 以内的距离。目前,两个主要的 WPAN 技术是蓝牙和红外线光波。蓝牙是一种代替技术,可以在 10m 以内使用无线电波传送数据。蓝牙的数据传输可以穿透墙壁、口袋和公文包。蓝牙技术是由蓝牙专门利益组(SIG)引导发展的。该组于 1999 年发布了 1.0 版本的蓝牙规范。然而,要在近距离(1m 以内)连接设备,用户也可以创建红外链接。

11.8.4　端口安全技术

端口访问控制技术(IEEE 802.1x)是由 IEEE 定义的,用于以太网和无线局域网中的端口访问与控制。该协议定义了认证和授权,可以用于局域网,也可以用于城域网。802.1x 引入了 PPP 协议定义的扩展认证协议 EAP。EAP 采用更多的认证机制,如 MD5 一次性口令等,从而提供更高级别的安全。

IEEE 802.1x 是运行在无线网关联设备上,其认证层次包括两方面:客户端到认证端,认证端到认证服务器。802.1x 定义客户端到认证端采用 EAP over LAN 协议,认证端到认证服务器采用 EAP over RADIUS 协议。

IEEE 802.1x 要求无线工作站安装 IEEE 802.1x 客户端软件,无线访问站点要内嵌 IEEE 802.1x 认证代理,同时它还作为 Radius 客户端,将用户的认证信息转发给 Radius 服务器。当无线工作站 STA 与无线访问点 AP 关联后,是否可以使用 AP 的服务要取决于 IEEE 802.1x 的认证结果。IEEE 802.1x 除提供端口访问控制能力之外,还提供基于用户的认证系统及计费,特别适合于公共无线接入解决方案。

11.9　练习题

一、填空题

1. 无线局域网有_____和_____两种类型。

2. 无线局域网的主要标准有_____、_____和_____。

3. _____是一个无线局域网的名称,只有设置了相同_____值的计算机才能相互通信。

4. _____是对无线通信中发送端和接收端之间通路的一种形象比喻。

二、简答题

1. 无线局域网的标准有哪些?

2. 如何对无线 AP 进行配置?

3. 与有线局域网相比,WLAN 具有哪些优势?

4. 家庭用户若使用无线路由器构建家庭 WLAN,如果家庭用户采用 ADSL 拨号上网,则无线 AP 应该配置在网络的什么位置? 请画网络拓扑图展示你的设计。

5. 无线局域网最大的挑战是其网络安全问题,通过课后查找资料,讨论如何提高 WLAN 的安全性。

11.10　项目实训

如图 11-24 所示,完成无线局域网的搭建与配置,实现无线局域网与有线网络的连通。为无线路由器 SW2 进行安全设置:SSID 为 rjxy,Channel 为 1,Authentication 为 WPA2-PSK,Pass phrase 为 88888888。

实训操作录屏(11)

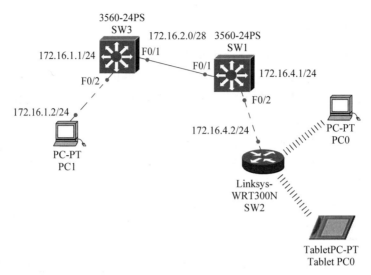

图 11-24　实训网络拓扑

第三篇
综合教学项目

工欲善其事，必先利其器。

——孔子《论语·魏灵公》

12.1 网络物理连接

按照图 12-1 在模拟器 Cisco Packet Tracer 6.2 中搭建网络,设备之间的连接方式可按表 12-1 执行,根据需要为路由器添加或删除 F 口或 S 口。

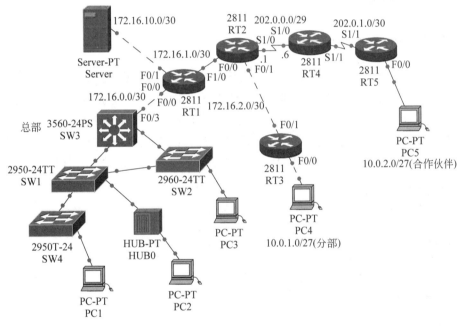

图 12-1 网络拓扑

表 12-1 设备之间连接端口对应表

源设备名称	设备接口	目标设备名称	设备接口
SW1	F0/1	SW3	F0/1
SW1	F0/3	SW2	F0/3
SW2	F0/2	SW3	F0/2
SW2	F0/3	SW1	F0/3
SW3	F0/1	SW1	F0/1

源设备名称	设备接口	目标设备名称	设备接口
SW3	F0/2	SW2	F0/2
SW3	F0/3	RT1	F0/0
RT1	F1/0	RT2	F0/0
RT1	F0/1	Server	
RT2	S1/0	RT4	S1/0
RT2	F0/1	RT3	F0/1
RT3	F0/0	PC4	
RT4	S1/1	RT5	S1/1
RT5	F0/0	PC5	

12.2　设备的基本配置

12.2.1　交换机的基本配置

在图 12-1 中,SW1、SW2 是公司总部的 2 台二层交换机,SW3 是公司总部的三层交换机。总公司共有市场部、财务部、人力资源部、信息技术部、总经理及董事会办公室共 5 个部门,这 5 个部门的设备连接在 2 台二层交换机上,并且这 5 个部门的信息点并不相对集中。SW4 表示市场部的一个下接 24 口低档次二层交换机,HUB 代表信息技术部的一个 5 口集线器。PC1 表示市场部的一台计算机,PC2 和 PC3 代表信息技术部的 2 台计算机。

1. SW1 的基本配置

(1) 将设备 SW1(默认名为 Switch)命名为 SW1,配置进入特权模式的密码

```
Switch>enable
Switch#configure terminal
Switch(config)#hostname SW1
SW1(config)#
SW1(config)#enable secret 123456
```

(2) 配置远程登录的密码

```
SW1(config)#line vty 0 4
SW1(config-line)#password 000000
SW1(config-line)#login
SW1(config-line)#exit
```

(3) 配置交换机远程管理的 IP 地址

```
SW1(config)#interface vlan 1
SW1(config-if)#ip address 192.168.100.1 255.255.255.248
SW1(config-if)#end
```

2. SW2 的基本配置

（1）将设备 SW2（默认名为 Switch）命名为 SW2，配置进入特权模式的密码

```
Switch>enable
Switch#configure terminal
Switch(config)#hostname SW2
SW2(config)#
SW2(config)#enable secret 123456
```

（2）配置远程登录的密码

```
SW2(config)#line vty 0 4
SW2(config-line)#password 000000
SW2(config-line)#login
SW2(config-line)#exit
```

（3）配置交换机远程管理的 IP 地址

```
SW2(config)#interface vlan 1
SW2(config-if)#ip address 192.168.100.2 255.255.255.248
SW2(config-if)#end
```

3. SW3 的基本配置

（1）为设备 SW3（默认名为 Switch）命名为 SW3，配置进入特权模式的密码

```
Switch>enable
Switch#configure terminal
Switch(config)#hostname SW3
SW3(config)#enable secret 123456
```

（2）配置远程登录的密码

```
SW3(config)#line vty 0 4
SW3(config-line)#password 000000
SW3(config-line)#login
SW3(config-line)#exit
```

（3）配置交换机远程管理的 IP 地址

```
Sw3(config)#interface vlan 1
Sw3(config-if)#ip address 192.168.100.3 255.255.255.248
Sw3(config-if)#end
```

12.2.2 路由器的基本配置

1. RT1 的基本配置

（1）基本配置

```
Router>ena
Router#conf t
Router(config)#host RT1
```

```
RT1config)#int F0/0
RT1(config-if)#ip add 172.16.0.2 255.255.255.252
RT1(config-if)#no shut
RT1(config-if)#exit
RT1(config)#int F0/1
RT1(config-if)#ip add 172.16.10.1 255.255.255.252
RT1(config-if)#no shut
RT1(config-if)#exit
RT1(config)#int F1/0
RT1(config-if)#ip add 172.16.1.1 255.255.255.252
RT1(config-if)#no shut
```

（2）配置远程登录和进入特权模式的密码

```
RT1(config)#line vty 0 4
RT1(config-line)#login
RT1(config-line)#password 000000
RT1(config-line)#exit
RT1(config)#enable password 000000
```

2. RT2 的基本配置

```
Router>ena
Router#conf t
Router(config)#host RT2
RT2(config)#int F0/0
RT2(config-if)#ip add 172.16.1.2 255.255.255.252
RT2(config-if)#no shut
RT2(config-if)#exit
RT2(config)#int F0/1
RT2(config-if)#ip add 172.16.2.1 255.255.255.252
RT2(config-if)#no shut
RT2(config-if)#exit
RT2(config)#int S1/0
RT2(config-if)#ip add 202.0.0.1 255.255.255.248
RT2(config-if)#clock rate 64000
RT2(config-if)#no shut
RT2(config-if)#exit
```

3. RT3 的基本配置

（1）基本配置

```
Router>ena
Router#conf t
Router(config)#host RT3
RT3(config)#int F0/1
RT3(config-if)#ip add 172.16.2.2 255.255.255.252
RT3(config-if)#no shut
RT3(config-if)#exit
RT3(config)#int F0/0
RT3(config-if)#ip add 10.0.1.30 255.255.255.224
```

（2）配置远程登录和进入特权模式的密码

```
RT3(config)#line vty 0 4
RT3(config-line)#login
RT3(config-line)#password 000000
RT3(config-line)#exit
RT3(config)#enable password 000000
RT3(config-if)#no shut
```

4. RT4 的基本配置

```
Router>ena
Router#conf t
Router(config)#host RT4
RT4(config)#int S1/0
RT4(config-if)#ip add 202.0.0.6 255.255.255.248
RT4(config-if)#no shut
RT4(config-if)#exit
RT4(config)#int S1/1
RT4(config-if)#ip add 202.0.1.1 255.255.255.252
RT4(config-if)#clock rate 64000
RT4(config-if)#no shut
```

5. RT5 的基本配置

```
Router>ena
Router#conf t
Router(config)#host RT5
RT5(config)#int S1/1
RT5(config-if)#ip add 202.0.1.2 255.255.255.252
RT5(config-if)#no shut
RT5(config-if)#exit
RT5(config)#int f0/0
RT5(config-if)#ip add 10.0.2.30 255.255.255.224
RT5(config-if)#no shut
```

12.3　VLAN 配置与可靠性实现

为了做到各部门二层隔离，需要在交换机上进行 VLAN 划分与端口分配。为了防止重复工作，使用 VLAN 中继（VTP）功能，在 SW3 上做 VTP Server，并配置需要的 VLAN；SW1、SW2 上做 VTP Client，继承 SW3 上的 VLAN。

12.3.1　VLAN 的创建与继承

1. SW3 配置

（1）配置 VTP Server

```
SW3#vlan database
SW3(vlan)#vtp domain AAA
SW3(vlan)#vtp server
```

```
SW3(vlan)#vtp password 123
SW3(vlan)#exit
```

(2) 创建 VLAN

```
SW3#conf t
SW3(config)#vlan 10
SW3(config-vlan)#name Marketing
SW3(config-vlan)#exit
SW3(config)#vlan 20
SW3(config-vlan)#name Finance
SW3(config-vlan)#exit
SW3(config)#vlan 30
SW3(config-vlan)#name HR
SW3(config-vlan)#exit
SW3(config)#vlan 40
SW3(config-vlan)#name CEO
SW3(config-vlan)#exit
SW3(config)#vlan 50
SW3(config-vlan)#name IT
SW3(config-vlan)#exit
SW3(config)#int F0/3
SW3(config-if)#no switchport
SW3(config-if)#ip add 172.16.0.1 255.255.255.252
SW3(config-if)#no shut
SW3(config-if)#exit
```

(3) 设置 trunk 链路

```
SW3(config)#int range F0/1-2
SW3(config-if-range)#switchport trunk encapsulation dot1q
//设置 trunk 封装方式为 dot1q
SW3(config-if-range)#switchport mode trunk
SW3(config-if-range)#end
```

2. SW1 配置
(1) 配置 VTP Client

```
SW1#vlan database
SW1(vlan)#vtp client
SW1(vlan)#vtp password 123
```

(2) 设置 trunk 链路

```
SW1(config)#int F0/3
SW1(config-if)#switch mode trunk
SW1(config-if)#exit
SW1(config)#
```

3. SW2 配置

（1）配置 VTP Client

```
SW2#vlan database
SW2(vlan)#vtp client
SW2(vlan)#vtp password 123
SW2(vlan)#exit
SW2#show vlan
```

（2）设置 trunk 链路

（略）

 说明　　SW3、SW1 上相应端口已配置成 trunk 模式，此时 SW2 上与 SW3、SW1 相连的端口都自适应成 trunk 模式，此处不用再配置。

4. 向 VLAN 添加端口

（1）SW1 的配置

```
SW1(config)#interface range F0/5-10
SW1(config-if-range)#switchport access vlan 10
SW1(config-if-range)#exit
SW1(config-if-range)#interface range F0/11-13
SW1(config-if-range)#switchport access vlan 20
SW1(config-if-range)#exit
SW1(config-if-range)#interface range F0/14-16
SW1(config-if-range)#switchport access vlan 30
SW1(config-if-range)#exit
SW1(config-if-range)#interface range F0/17-19
SW1(config-if-range)#switchport access vlan 40
SW1(config-if-range)#exit
SW1(config-if-range)#interface range F0/20-22
SW1(config-if-range)#switchport access vlan 50
SW1(config-if-range)#exit
SW1(config)#
```

（2）SW2 配置

```
SW2(config)#interface range F0/5-10
SW2(config-if-range)#switchport access vlan 10
SW2(config-if-range)#exit
SW2(config-if-range)#interface range F0/11-13
SW2(config-if-range)#switchport access vlan 20
SW2(config-if-range)#exit
SW2(config-if-range)#interface range F0/14-16
SW2(config-if-range)#switchport access vlan 30
SW2(config-if-range)#exit
SW2(config-if-range)#interface range F0/17-19
```

```
SW2(config-if-range)#switchport access vlan 40
SW2(config-if-range)#exit
SW2(config-if-range)#interface rangeF0/20-22
SW2(config-if-range)#switchport access vlan 50
SW1(config-if-range)#exit
SW2(config)#
```

5. 实现 VLAN 间互通

(1) 启用交换机 SW3 的路由功能

```
SW3(config)#ip routing
```

(2) 为各 VLAN 配置虚接口 IP

按规划为每个 VLAN 定义自己的虚拟接口地址。各 VLAN 虚接口规划如下。

VLAN 10 虚接口 IP 地址：10.0.0.126；掩码为：255.255.255.128。

VLAN 20 虚接口 IP 地址：10.0.0.190；掩码为：255.255.255.192。

VLAN 30 虚接口 IP 地址：10.0.0.222；掩码为：255.255.255.224。

VLAN 40 虚接口 IP 地址：10.0.0.238；掩码为：255.255.255.240。

VLAN 50 虚接口 IP 地址：10.0.0.254；掩码为：255.255.255.240。

```
SW3(config)#int vlan 10       //三层交换机中进入 VLAN 后,VLAN 虚接口自动启动,不必再使用
                                no shutdown 命令
SW3(config-if)#ip address 10.0.0.126 255.255.255.128
SW3(config-if)#exit
SW3(config)#int vlan 20
SW3(config-if)#ip address 10.0.0.190 255.255.255.192
SW3(config-if)#exit
SW3(config)#int vlan 30
SW3(config-if)#ip address 10.0.0.222 255.255.255.224
SW3(config-if)#exit
SW3(config)#int vlan 40
SW3(config-if)#ip address 10.0.0.238 255.255.255.240
SW3(config-if)#exit
SW3(config)#int vlan 50
SW3(config-if)#ip address 10.0.0.254 255.255.255.240
SW3(config-if)#exit
```

12.3.2 网络可靠性实现

在交换机上配置 RSTP 防止二层环路。

1. SW3 上的配置

```
SW3(config)#spanning-tree vlan 1
SW3(config)#spanning-tree vlan 10
SW3(config)#spanning-tree vlan 20
SW3(config)#spanning-tree vlan 30
SW3(config)#spanning-tree vlan 40
```

```
SW3(config)#spanning-tree vlan 50
SW3(config)#spanning-tree mode rapid-pvst
```

2. SW1 与 SW2 上的配置

SW2 与 SW3 上的操作与 SW1 相同,此处略。

12.4　路由连通

12.4.1　添加静态路由

1. 添加公司外网接入路由器 RT2 的静态路由

（1）在公司外网接入路由器 RT2 上添加到公司分部的静态路由

```
RT2(config)#ip route ip route 10.0.1.0 255.255.255.224 172.16.2.2
//添加到目的网段 10.0.1.0/27 的静态路由,下一跳路由器的 IP 地址是 172.16.2.2
```

（2）在公司外网接入路由器 RT2 上添加到公网路由器 RT4 上的默认路由

```
RT2(config)#ip route 0.0.0.0 0.0.0.0 202.0.0.6
//在 RT2 上添加的下一跳地址是 202.0.0.6 的默认路由
```

2. 添加分部路由器 RT3 的静态路由

在分部路由器 RT3 上添加到公司外网接入路由器的默认路由。

```
RT3(config)#ip route 0.0.0.0 0.0.0.0 172.16.2.1
//添加的下一跳地址是 172.16.2.1 的默认路由
```

3. 添加合作伙伴路由器 RT5 的静态路由

在合作伙伴路由器 RT5 上配置到公网路由器 RT4 的默认路由。

```
RT5(config)#ip route 0.0.0.0 0.0.0.0 202.0.1.1
//在 RT5 上配置的下一跳地址是 202.0.1.1 的默认路由
```

12.4.2　配置动态路由

1. SW3 的动态路由配置

```
SW3(config)#router OSPF 100
SW3(config-router)#net 172.16.0.0 0.0.0.3 area 0
SW3(config-router)#net 10.0.0.0 0.0.0.127 area 0
SW3(config-router)#net 10.0.0.128 0.0.0.63 area 0
SW3(config-router)#net 10.0.0.192 0.0.0.31 area 0
SW3(config-router)#net 10.0.0.224 0.0.0.15 area 0
SW3(config-router)#net 10.0.0.240 0.0.0.15 area 0
SW3(config-router)#net 192.168.100.0 0.0.0.7 area 0
```

2. RT1 的动态路由配置

```
RT1(config)#router OSPF 100
RT1(config-router)#net 172.16.0.0 0.0.0.3 area 0
```

```
RT1(config-router)#net 172.16.10.0 0.0.0.3 area 0
RT1(config-router)#net 172.16.1.0 0.0.0.3 area 0
```

3. RT2 的动态路由配置

```
RT2(config)#router OSPF 100
RT2(config-router)#net 172.16.1.0 0.0.0.3 area 0
```

4. 重新分配路由

(1) 在路由器 RT2 上把到公司分部的静态路由引入 OSPF

```
RT2(config)#router OSPF 100                         //进入 OSPF 路由协议模式
RT2(config-router)#redistribute static subnets      //把静态路由引入 OSPF
```

(2) 在路由器 RT2 上把直连路由引入 OSPF

```
RT2(config-router)#redistribute connected subnets   //把直连路由引入 OSPF
```

(3) 在路由器 RT2 上把到合作伙伴的默认路由引入 OSPF

```
RT2(config-router)#default-information originate     //把默认路由引入 OSPF
```

12.5　广域网接入

12.5.1　PPP 协议的 CHAP 验证

为图 12-1 中 RT2 和公网路由器 RT4 之间添加 PPP 协议的 CHAP 验证。路由器两端的验证密码为 sdlg。

1. 在接口下封装 PPP 协议

(1) RT2 在接口下封装 PPP 协议

```
RT2#conf t
RT2(config)#int S1/0
RT2(config-if)#encap ppp
```

(2) RT4 在接口下封装 PPP 协议

```
RT4#conf t
RT4(config)#int S1/0
RT4(config-if)#encap ppp
```

2. 配置 PPP 的 CHAP 验证

(1) 在 RT2 路由器上配置 CHAP

```
RT2(config)#username RT4 password sdlg
RT2(config)#int S1/0
RT2(config-if)#ppp authentication chap
```

(2) 在 RT4 路由器上配置 CHAP

```
RT4(config)#username RT2 password sdlg
```

```
RT4(config)#int S1/0
RT4(config-if)#ppp authentication chap
```

12.5.2 PPP 协议的 PAP 验证

为 RT4 和 RT5 之间添加 PPP 协议的 PAP 验证,路由器两端的验证密码为 rjxy。

1. RT4 的配置

```
RT4#conf t
RT4(config)#interface S1/1
RT4(config-if)#encapsulation ppp                        //接口下封装 PPP 协议
RT4(config-if)#ppp pap sent-username RT4 password 0 rjxy //设置 PAP 认证的用户
                                                           名和密码
```

2. RT5 的配置

```
RT5#conf t
RT5(config)#username RT4 password 0 rjxy        //在验证方配置被验证方用户名和密码
RT5(config)#interface S1/1
RT5(config-if)#encapsulation ppp                 //接口下封装 PPP 协议
RT5(config-if)#ppp authenticaion pap             //PPP 启用 PAP 认证方式
```

12.6 网络安全配置

1. 禁止分部访问公司总部的财务部

(1) 配置访问控制列表

```
RT3#conf t
RT3(config)#access-list 101 deny ip 10.0.1.0 0.0.0.31 10.0.0.128 0.0.0.63
```
//禁止 10.0.1.0/27 网络访问访问公司总部的 10.0.0.128/26 网络
```
RT3(config)#access-list 101 permit ip any any
```
//允许其他所有的网络访问。此条规矩必须添加,否则所有的数据包都会被此规则丢弃(因为启用
  ACL 后,系统会默认在所有规则后添加 deny any 规则)

(2) 将访问控制列表应用到接口上

```
RT3(config)#int F0/1
RT3(config-if)#ip access-group 101 out        //将访问控制列表应用到接口 F0/0 上
RT3(config-if)#
```

2. 禁止公司总部的市场部访问分部

(1) 配置访问控制列表

```
RT3#conf terminal
RT3(config)#access-list 1access-list 1 deny 10.0.0.0 0.0.0.127
```
//禁止公司总部的 10.0.0.0/25 网络访问 10.0.1.0/27 网络
```
RT3(config)#access-list 1 permit any          //允许其他所有的网络访问
```

（2）将访问控制列表应用到接口上

```
RT3(config)#int F0/1
RT3(config-if)#ip access-group 1 out          //将访问控制列表应用到接口 F0/1 上
RT3(config-if)#
```

3. 只允许信息技术部的工作人员通过 Telnet 访问设备
（1）RT1 的配置

```
RT1#conf terminal
RT1(config)#access-list 10 permit 10.0.0.240   0.0.0.15
RT1(config)#line vty 0 4
RT1(config-line)#access-class 10 in
```

（2）RT3 的配置

```
RT3#conf terminal
RT3(config)#access-list 10 permit 10.0.0.240   0.0.0.15
RT3(config)#line vty 0 4
RT3(config-line)#access-class 10 in
```

（3）SW3 的配置

```
SW3#conf terminal
SW3(config)#access-list 10 permit 10.0.0.240   0.0.0.15
SW3(config)#line vty 0 4
SW3(config-line)#access-class 10 in
```

（4）SW2 的配置

```
SW2#conf terminal
SW2(config)#access-list 10 permit 10.0.0.240   0.0.0.15
SW2(config)#line vty 0 4
SW2(config-line)#access-class 10 in
```

（5）SW1 的配置

```
SW1#conf terminal
SW1(config)#access-list 10 permit 10.0.0.240   0.0.0.15
SW1(config)#line vty 0 4
SW1(config-line)#access-class 10 in
```

4. RT2 上的配置 NPAT 使公司总部主机能访问 Internet
（1）定义地址池

```
RT2#conf t
RT2(config)#ip nat pool to-internet 202.0.0.2 202.0.0.4 netmask 255.255.255.248
//设置合法地址池,名为 to-internet,地址范围是 202.0.0.2～202.0.0.4,子网掩码是 255.
   255.255.248
```

（2）定义访问控制列表

```
RT2(config)#access-list 1 permit 10.0.0.0 0.0.0.255
```

（3）定义 NAPT

```
RT2(config)#ip nat inside source list 1 pool to-internet overload
//对访问列表 1 中设置的本地地址,应用 to-internet 进行复用地址转换
```

（4）指定内部接口

```
RT2(config)#int F0/0
RT2(config-if)#ip nat inside          //指明端口 F0/0 是内网接口
```

（5）指定外部接口

```
RT2(config-if)#int S1/0
RT2(config-if)#ip nat outside         //指明端口 S1/0 是外网接口
RT2(config-if)#
RT2(config-if)#exit
```

5. RT2 上的配置 NPAT 使公司分部主机能访问 Internet

（1）定义访问控制列表

```
RT2(config)#access-list 2 permit 10.0.1.0 0.0.0.31
```

（2）定义 NAPT

```
RT2(config)#ip nat inside source list 2 pool to-internet overload
//对访问列表 2 中设置的本地地址,应用 to-internet 进行复用地址转换
```

（3）指定内部接口

```
RT2(config)#int F0/1
RT2(config-if)#ip nat inside          //指明端口 F0/1 是内网接口
RT2(config-if)#exit
```

6. 在 RT2 上配置静态 NAT,将服务器 Server0 发布到 Internet

```
RT2(config)#ip nat inside source static 172.16.10.2 202.0.0.5
//配置静态 NAT,将服务器地址 172.16.10.2 转换为 Internet 地址 202.0.0.5
```

7. RT5 上的配置 NAPT,使合作伙伴能连入 Internet

```
RT5#conf t
```

（1）定义访问控制列表

```
RT5(config)#access-list 1 permit 10.0.2.0 0.0.0.31
```

（2）定义 NAPT

```
RT5(config)#ip nat inside source list 1 interface S1/1 overload
//对访问列表 1 中设置的本地地址,应用 interface S1/1 进行复用地址转换
```

（3）指定内部接口

```
RT5(config)#int F0/0
RT5(config-if)#ip nat inside                //指明端口 F0/0 是内网接口
```

（4）定义外部接口

```
RT5(config-if)#int S1/1
RT5(config-if)#ip nat outside               //指明端口 S1/1 是内网接口
RT5(config-if)#
```

8. 实现分部与总部总经理及董事会办公室之间采用安全隧道的方式进行通信

（1）RT1 端配置 VPN 参数

```
RT1#conf t
RT1(config)#crypto isakmp policy 1          //建立 IKE 策略,策略号为 1
RT1(config-isakmp)#encryption 3des          //使用 3DES 加密方式
RT1(config-isakmp)#hash sha                 //指定哈希算法为 sha
RT1(config-isakmp)#authentication pre-share //使用预共享的密码进行身份验证
RT1(config-isakmp)#group 2                  //指定密钥位数为 1024 位的 Diffie-Hellman
RT1(config-isakmp)#exit
RT1(config)#crypto isakmp key cisco address 172.16.2.2
//设置要使用的预共享密钥和指定 VPN 另一端路由器的 IP 地址
RT1(config)#crypto ipsec transform-set xiangmu esp-3des esp-sha-hmac
//设置名为 xiangmu 的交换集
RT1(config)#access-list 101 permit ip 10.0.0.224 0.0.0.15 10.0.1.0 0.0.0.31
//配置访问控制列表,编号为 101,总部总经理及董事会办公室允许访问分部
RT1(config)#crypto map xiangmumap 1 ipsec-isakmp
//创建加密图,加密图名为 xiangmumap,序号为 1,使用 IKE 来建立安全关联
RT1(config-crypto-map)#set peer 172.16.2.2  //设置隧道对端 IP 地址
RT1(config-crypto-map)#set transform-set xiangmu
//指定加密图使用的 IPSec 交换集
RT1(config-crypto-map)#match address 101    //用 ACL 来定义加密的通信
RT1(config-crypto-map)#exit
RT1(config)#int F1/0
RT1(config-if)#crypto map xiangmumap        //将加密图应用于 F1/0 端口
RT1(config-if)#
```

（2）RT3 端配置 VPN 参数

```
RT3#conf t
RT3(config)#crypto isakmp policy 1          //建立 IKE 策略,策略号为 1
RT3(config-isakmp)#encryption 3des          //使用 3DES 加密方式
RT3(config-isakmp)#hash sha                 //指定哈希算法为 sha
RT3(config-isakmp)#authentication pre-share //使用预共享的密码进行身份验证
RT3(config-isakmp)#group 2                  //指定密钥位数为 1024 位的 Diffie-Hellman
RT3(config-isakmp)#exit
RT3(config)#crypto isakmp key cisco address 172.16.1.1
```

//设置要使用的预共享密钥 Cisco 和指定 VPN 另一端路由器的 IP 地址(172.16.1.1)

RT3(config)#crypto ipsec transform-set xiangmu esp-3des esp-sha-hmac

//设置名为 xiangmu 的交换集

RT3(config)#access-list 100 permit ip 10.0.1.0 0.0.0.31 10.0.0.224 0.0.0.15

//配置访问控制列表,编号为100,允许分部访问总部总经理及董事会办公室

RT3(config)#crypto map xiangmumap 1 ipsec-isakmp_

//创建加密图,加密图名为 xiangmumap,序号为1,使用 IKE 来建立安全关联

RT3(config-crypto-map)#set peer 172.16.1.1　　//设置隧道对端 IP 地址为 172.16.1.1

RT3(config-crypto-map)#set transform-set xiangmu　//指定加密图使用的 IPSec 交换集

RT3(config-crypto-map)#match address 100　　　//用 ACL 来定义加密的通信

RT3(config-crypto-map)#exit

RT3(config)#int F0/1

RT3(config-if)#crypto map xiangmumap　　　　　　//将加密图应用于 F0/1 端口

RT3(config-if)#

12.7　无线局域网搭建

　　要求合作伙伴网络可以实现任意位置的移动办公,所以必须选择无线局域网;其次项目要求网络组建后,无线连入局域网的用户能访问有线网资源,并能访问 Internet,所以可以确定本项目的网络架构为 WLAN 和有线局域网混合的非独立 WLAN。在该结构中,无线接入点与周边的无线终端形成一个星形网络结构,使用无线接入点或无线路由器的 LAN 口与有线网络相连,从而使整个 WLAN 的终端都能访问有线网络的资源,并能访问 Internet。

　　若无线接入点或无线路由器未进行安全设置,那么所有在它信号覆盖范围内的移动终端设备都可以查找到它的 SSID 值,并且无须密码就可以直接介入 WLAN 中,这样整个WLAN 完全暴露在一个没有安全设置的环境下,是非常危险的。因此需要在无线接入点或无线路由器上进行安全设置,如图 11-1 所示。

1. 无线路由器与有线局域网相连

　　路由器 RT5 的 F0/0 口与无线路由器的 Internet 口相连。F0/0 口的 IP 为 10.0.2.30,子网掩码为 255.255.255.224。

2. 配置客户端

　　(1) 为普通 PC 添加无线网卡。

　　① 关掉 PC0 的电源。

　　② 移除有线网卡,添加无线网卡。

　　③ 添加无线网卡的普通 PC 自动与无线路由器相连。

　　(2) PC 均设置为自动获取 IP。

3. 配置无线路由器

　　(1) 单击无线路由器,选择 Config 选项卡。

　　(2) 单击 Internet 按钮。

　　(3) Connection Type 选择 Static 单选按钮。

　　(4) Default Gateway 设为连接路由器 RT5 的 F0/0 口的 IP,即 10.0.2.30。

(5) IP Address 设为 10.0.2.1。

(6) Subnet Mask 设为 255.255.255.224。

4. 无线路由器的设置

(1) 单击无线路由器,单击 Config 选项卡,单击 Wireless 按钮。

(2) 在 SSID 右侧文本框中输入 rjxy,Authentication 方式选择 WPA-PSK。

(3) 在 Pass Phrase 文本框中输入 87654321。

此时所有的 PC 断开与无线路由器的连接。

(4) PC 连接无线路由器。

① PC0 的设置方法如下。

a. 单击 PC0,单击 Desktop 选项卡。

b. 选择 PC Wireless 图标,单击 Connect 选项卡。

c. 单击 Connect 按钮,输入密码 87654321。

d. 单击 Connect 按钮,即可看到 PC0 与无线路由器完成了连接。

② Tablet PC0 的设置方法如下。

a. 单击 Tablet PC0,单击 Config 选项卡。

b. 单击 Wireless 按钮。

c. 选择 WPA-PSK 单选按钮。

d. 在 Pass Phrase 文本框中输入 87654321,即可看到 Tablet PC0 与无线路由器完成了连接。

第四篇
综合实训

夫运筹策帷帐之中,决胜于千里之外。

———司马迁《史记·高祖本纪》

综合实训一

1. 网络拓扑设计

根据企业应用的需求,搭建网络拓扑结构,并对企业进行 IP 地址规划和 VLAN 规划。

根据 IP 地址规划原则,本项目企业总部网络中采用 10.0.0.0/16 地址段。企业有 2 个部门和一个服务器群,其网段分别为 10.0.1.0/24、10.0.2.0/24 和 10.0.3.0/24,其相应的 VLAN 划分为 VLAN 10、VLAN 20 和 VLAN 30。设备之间互连的接口地址采用 30 位子网掩码。

IP 地址和 VLAN 规划完成后,网络拓扑如图 13-1 所示。

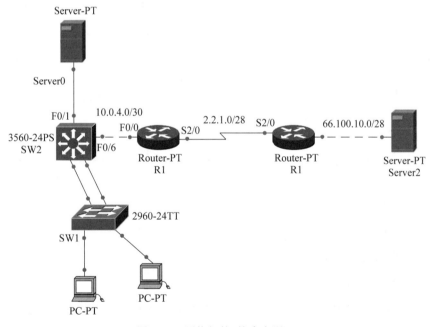

图 13-1　网络拓扑(综合实训一)

2. 网络设备基本配置

网络设备基本配置如表 13-1 所示。

表 13-1　网络设备基本配置表(综合实训一)

设 备 名 称	配置主机名(Sysname 名)
SW1	SW1
SW2	SW2
R1	R1
R2	R2

3. VLAN 配置

为了做到各部门二层隔离,需要在交换机上进行 VLAN 划分与端口分配。根据表 13-2 完成 VLAN 配置和端口分配。

表 13-2　VLAN 配置和端口分配表(综合实训一)

VLAN 编号	VLAN 名称	说　明	端 口 映 射
VLAN 10	scb	市场部	SW1 上的 F0/6～F0/10
VLAN 20	cwb	财务部	SW1 上的 F0/11～F0/20
VLAN 30	fwq	服务器	SW2 上的 F0/1～F0/3

4. IP 地址规划与配置

规划的结果如表 13-3 所示。

表 13-3　IP 地址规划表(综合实训一)

区　　域	IP 地址段
市场部	10.0.1.0/24
财务部	10.0.2.0/24
服务器	10.0.3.0/28
SW2—R1	10.0.4.0/30
R1—R2	2.2.1.0/28
R2—右侧	66.100.10.0/28

5. 端口汇聚配置

进行端口汇聚配置,增强系统可靠性。

6. 路由配置

全网配置静态路由协议。

7. 广域网链路配置

R1 与 R2 使用广域网串口线连接,使用 PPP 协议的 CHAP 验证。

8. 转换网络间的地址

在路由器 R1 上配置动态 NAPT,使企业能通过申请到的一组公网地址(2.2.1.0/28)中的地址池 2.2.1.3/28～2.2.1.10/28 访问 Internet。

在 R1 上配置静态 NAT,使用公网地址 2.2.1.1/28 将公司总部的 WWW 服务器 Server0 发布到 Internet,允许公网用户访问。

9. 设备安全访问设置

为网络设备开启远程登录(Telnet)功能,并按照表 13-4 为网络设备配置相应密码。

表 13-4　设备安全访问设置

设备名称(主机名)	远程登录密码
SW1	000000(明文)
SW2	000000(明文)
R1	000000(明文)
R2	000000(明文)

综合实训二

1. 网络拓扑设计

根据企业应用的需求,搭建网络拓扑结构,并对企业进行 IP 地址规划和 VLAN 规划。

根据 IP 地址规划原则,本项目企业总部网络中采用 172.16.0.0/16 地址段。企业有 4 个部门和一个服务器群,其网段分别为 172.16.1.0/24、172.16.2.0/24、172.16.3.0/24 和 172.16.4.0/24、172.16.5.0/28,其相应的 VLAN 划分为 VLAN 10、VLAN 20、VLAN 30、和 VLAN 40。设备之间互连的接口地址采用 30 位子网掩码。

IP 地址和 VLAN 规划完成后,网络拓扑如图 13-2 所示。

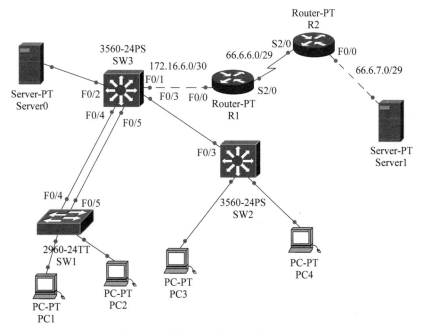

图 13-2　网络拓扑(综合实训二)

2. 网络设备基本配置

网络设备基本配置如表 13-5 所示。

表 13-5　网络设备基本配置表

设 备 名 称	配置主机名(Sysname 名)
SW1	SW1
SW2	SW2
SW3	SW3
R1	R1
R2	R2

3. VLAN 配置

为了做到各部门二层隔离,需要在交换机上进行 VLAN 划分与端口分配。根据表 13-6 完成 VLAN 配置和端口分配。

表 13-6　VLAN 配置和端口分配表

VLAN 编号	VLAN 名称	说明	端口映射
VLAN 10	scb	市场部	SW1 上的 F0/6~F0/10
VLAN 20	cwb	财务部	SW1 上的 F0/11~F0/20
VLAN 30	rl	人力资源部	SW2 上的 F0/4~F0/13
VLAN 40	bgs	办公室	SW2 上的 F0/14~F0/20

4. IP 地址规划

规划的结果如表 13-7 所示。

表 13-7　IP 地址规划

区　　域	IP 地址段
市场部	172.16.1.0/24
财务部	172.16.2.0/24
人力资源部	172.16.3.0/24
办公室	172.16.4.0/24
服务器	172.16.5.0/28
SW2—SW3	172.16.6.4/30
SW3—R1	172.16.6.0/30
R1—R2	66.6.6.0/29
R2—右侧	66.6.7.0/29

5. 端口汇聚配置

进行端口汇聚配置,增强系统可靠性。

6. 路由配置

全网配置动态路由协议 RIPv2 和静态路由协议。

7. 广域网链路配置

R1 与 R2 使用广域网串口线连接,使用 PPP 协议的 CHAP 验证。

8. 转换网络间的地址

在路由器 R1 上配置动态 NAPT,使企业能通过申请到的一组公网地址(66.6.6.0/29)中的地址池 66.6.6.3/29～66.6.6.6/29 访问 Internet。

在 R1 上配置静态 NAT,使用公网地址 66.6.6.1/29 将公司总部的 WWW、FTP 服务器 Server0 发布到 Internet,允许公网用户访问。

9. 设备安全访问设置

为网络设备开启远程登录(Telnet)功能,并按照表 13-8 为网络设备配置相应密码。

表 13-8　网络设备配置相应密码

设备名称(主机名)	远程登录密码
SW1	000000(明文)
SW2	000000(明文)
SW3	000000(明文)
R1	000000(明文)
R2	000000(明文)

综合实训三

1. 网络拓扑设计

根据企业应用的需求,搭建网络拓扑结构,并对企业进行 IP 地址规划和 VLAN 规划。

根据 IP 地址规划原则,本项目中企业总部网络中采用 192.168.0.0/16 地址段。企业有 4 个部门和一个服务器群,其网段分别为 192.168.1.0/24、192.168.2.0/24、192.168.3.0/24、192.168.4.0/24 和 192.168.5.0/28,其相应的 VLAN 划分为 VLAN 10、VLAN 20、VLAN 30、和 VLAN 40。设备之间互连的接口地址采用 30 位子网掩码。

IP 地址和 VLAN 规划完成后,网络拓扑如图 13-3 所示。

2. 网络设备基本配置

网络设备基本配置如表 13-9 所示。

表 13-9　网络设备基本配置表

设备名称	配置主机名(Sysname 名)
SW1	SW1
SW2	SW2
SW3	SW3
R1	R1
R2	R2

3. VLAN 配置

为了做到各部门二层隔离,需要在交换机上进行 VLAN 划分与端口分配。根据表 13-10 完成 VLAN 配置和端口分配。

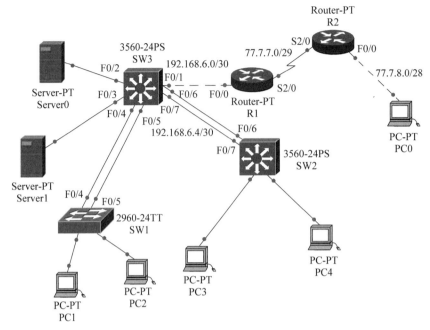

图 13-3　网络拓扑(综合实训三)

表 13-10　VLAN 配置和端口分配表

VLAN 编号	VLAN 名称	说明	端口映射
VLAN 10	scb	市场部	SW1 上的 F0/8～F0/15
VLAN 20	cwb	财务部	SW1 上的 F0/16～F0/24
VLAN 30	rl	人力资源部	SW2 上的 F0/8～F0/15
VLAN 40	bgs	办公室	SW2 上的 F0/16～F0/24
VLAN 50	fwq	服务器	SW3 上的 F0/2～F0/3

4. IP 地址规划与配置

规划的结果如表 13-11 所示。

表 13-11　IP 地址规划表

区　　域	IP 地址段
市场部	192.168.1.0/24
财务部	192.168.2.0/24
人力资源部	192.168.3.0/24
办公室	192.168.4.0/24
服务器	192.168.5.0/28
SW2—SW3	192.168.6.4/30
SW3—R1	192.168.6.0/30
R1—R2	77.7.7.0/29
R2—右侧	77.7.8.0/28

5. 端口汇聚配置

进行端口汇聚配置,增强系统可靠性。

6. 路由配置

全网配置动态路由协议 OSPF 和静态路由协议。

7. 广域网链路配置

RT1 与 RT2 使用广域网串口线连接,使用 PPP 协议的 CHAP 验证。

8. 控制访问

禁止市场部访问人力资源部。

9. 转换网络间的地址

在路由器 R1 上配置动态 NAPT,使企业能通过申请到的一组公网地址(77.7.7.0/29)中的地址池 77.7.7.3/29～77.7.7.6/29 访问 Internet。

在 R1 上配置静态 NAT,使用公网地址 77.7.7.1/29 将公司总部的 WWW、FTP 服务器 Server0 发布到 Internet,允许公网用户访问。

10. 设备安全访问设置

为网络设备开启远程登录(Telnet)功能,并按照表 13-12 为网络设备配置相应密码。

表 13-12 各网络设备密码配置表

设备名称(主机名)	远程登录密码
SW1	000000(明文)
SW2	000000(明文)
SW3	000000(明文)
R1	000000(明文)

常用网络测试命令

Windows 自带了一些常用的网络测试命令,可以用于网络的连通性测试、配置参数测试和协议配置、路由跟踪测试等。常用的命令有 ping、tracert、debug 等几种。这些命令有两种执行方式,一是通过"开始"菜单打开"运行"窗口直接执行,二是在命令提示符下执行。如果要查看它们的帮助信息,可以在命令提示符下直接输入"命令符"或"命令符/?"。

1. ping 命令

ping 命令是在网络中使用最频繁的测试连通性的工具,同时它还可以诊断其他一些故障。ping 命令使用 ICMP 协议来发送 ICMP 请求数据包,如果目标主机能够收到这个请求,则发回 ICMP 相应。ping 命令便可利用相应数据包记录的信息对每个包的发送和接收时间进行报告,并报告无响应包的百分比,这在确定网络是否正确连接以及网络连接的状况(丢包率)时十分有用。

该命令的使用方法很简单,只需要在 DOS 或 Windows 的开始菜单下的"运行"子项中用 ping 命令加上所要测试的目标计算机的 IP 地址或主机名即可(目标计算机要与运行 ping 命令的计算机在同一网络或通过电话线或其他专线方式连接成一个网络),其他参数可全不加。

命令语法如下:

```
ping [-t] [-a] [-n count] [-l length] [-f] [-i ttl] [-v tos] [-r count] [-s count]
[-j computer-list] | [-k computer-list] [-w timeout] destination-list
```

各参数的含义说明如下。

- -t:ping 指定的计算机,直到中断。
- -a:将地址解析为计算机名。
- -n count:发送 count 指定的 ECHO 数据包数。默认值为 4。
- -l length:发送包含由 length 指定的数据量的 ECHO 数据包。默认为 32 字节,最大值是 65527。
- -f:在数据包中发送"不要分段"标志,数据包就不会被路由上的网关分段。
- -i ttl:将"生存时间"字段设置为 ttl 指定的值。
- -v tos:将"服务类型"字段设置为 tos 指定的值。
- -r count:在"记录路由"字段中记录传出和返回数据包的路由。count 可以指定最少 1 台、最多 9 台计算机。

- -s count：指定 count 的跃点数的时间戳。
- -j computer-list：利用 computer-list 指定的计算机列表路由数据包。连续排列的计算机可以被中间网关分隔(路由稀疏源)IP 允许的最大数量为 9。
- -k computer-list：利用 computer-list 指定的计算机列表路由数据包。连续排列的计算机不能被中间网关分隔(路由严格源)。IP 允许的最大数量为 9。
- -w timeout：指定超时间隔,单位为毫秒。
- destination-list：指定要 ping 的远程计算机。

例如,要测试一台 IP 地址为 192.168.1.21 的工作站与服务器是否已成功连入网络,就可以在服务器上运行"ping -a 192.168.1.21"。如果工作站上 TCP/IP 协议工作正常,即会以 DOS 屏幕方式显示如下所示的信息。

```
Ping wlsbtsy[192.168.1.21] with 32 bytes of data:
Reply from 192.168.1.21: bytes=32 time<10ms TTL=254
Reply from 192.168.1.21: bytes=32 time<10ms TTL=254
Reply from 192.168.1.21: bytes=32 time<10ms TTL=254
Reply from 192.168.1.21: bytes=32 time<10ms TTL=254
Ping statisti for 192.168.1.21:
Packets:Sent=4,Received=4,Lost=0 (0%loss),Approximate round trip times in milli
-seconds:
Minimum=0ms,Maximum=0ms,Average=0ms
```

从上面就可以看出目标计算机与服务器连接成功,TCP/IP 协议正常工作,因为加了"-a"这个参数,所以还可以知道 IP 为 192.168.1.21 的计算机的 NetBIOS 名为 wlsbtsy。

如果网络未连接成功,则显示如下错误信息。

```
Ping wlsbtsy[192.168.1.21] with 32 bytes of data
Request timed out.
Request timed out.
Request timed out.
Request timed out.
Ping statistics for 192.168.1.21:
Packets:Sent=4,Received=4,Lost\=4 (100%loss),Approximate round trip times in
milli-seconds:
Minimum=0ms,Maximum=0ms,Average=0ms
```

为什么不管网络是否连通,在提示信息中都会有重复 4 次一样的信息呢(如上的"Reply from 192.168.1.21: bytes=32 time<10ms TTL=254"和"Request timed out"),那是因为一般系统默认每次用 ping 测试时是发送 4 个数据包,这些提示就是告诉你所发送的 4 个数据包的发送情况。

出现以上错误提示情况时,就要仔细分析一下网络故障出现的原因和可能有问题的网络节点了,一般先不要急着检查物理线路,而要从以下几个方面来着手检查:一是看一下被测试计算机是否已安装了 TCP/IP 协议;二是检查被测试计算机的网卡是否安装正确且是否已经连通;三是看一下被测试计算机的 TCP/IP 协议是否与网卡有效地绑定(具体方法是通过选择"开始"→"设置"→"控制面板"→"网络"选项来查看);四是检查一下 Windows 服务器的网络功能是否已启动(可通过选择"开启"→"设置"→"控制面板"→"服务"选项,在出现的对话框中找到 Server,看"状态"栏下所显示的是否为"已启动")。如果通过以上 4 个步骤的检查还没有发现问题的症结,此时再查物理连接,可以借助看目标计算机所连接 HUB 或交换机端口的指示灯状态来判断目标计算机目前网络的连通情况。

2. tracert 命令

tracert 命令的作用是显示源主机与目标主机之间数据包走过的路径,可确定数据包在网络上的停止位置,即定位数据包发送路径上出现的网关或者路由器故障。与 ping 命令一样,它也是通过向目标发送不同生存时间(TTL)的 ICMP 数据包,根据接收到的回应数据包的经历信息显示来诊断到达目标的路由是否有问题。数据包所经路径上的每个路由器在转发数据包之前,将数据包上的 TTL 递减 1。当数据包的 TTL 减为 0 时,路由器把"ICMP 已超时"的消息发回源系统。

tracert 先发送 TTL 为 1 的回应数据包,并在随后的每次发送过程中将 TTL 递增 1,直到目标响应或 TTL 达到最大值,从而确定路由。通过检查中间路由器发回的"ICMP 已超时"的消息确定路由。某些路由器不经询问直接丢弃 TTL 过期的数据包,这在 tracert 应用程序中看不到。

tracert 语法如下:

```
tracert [-d][-h maximum_hops][-j computer-list][-w timeout] target_name
```

各参数的含义说明如下。

- -d：指定不将地址解析为计算机名。
- -h maximum_hops：指定搜索目标的最大跃点数。
- -j computer-list：指定沿 computer-list 的稀疏源路由。
- -w timeout：每次应答等待 timeout 指定的微秒数。
- target_name：目标计算机的名称。

tracert 命令按顺序打印返回"ICMP 已超时"消息的路径中的近端路由器接口列表。如果使用"-d"选项,则 tracert 应用程序不在每个 IP 地址上查询 DNS。

在下例中,数据包必须通过两个路由器(10.0.0.1 和 192.168.0.1)才能到达主机 172.16.0.99。主机的默认网关是 10.0.0.1,192.168.0.0 网络上的路由器的 IP 地址是 192.168.0.1。

```
C:\>tracert 172.16.0.99 -d
Tracert route to 172.16.0.99 over a maximum of 30 hops
1 2s 3s 2s 10.0.0.01
2 75 ms 83 ms 88 ms 192.168.0.1
3 73 ms 79 ms 93 ms 172.16.0.99
Trace complete
```

可以使用 tracert 命令确定数据包在网络上的停止位置。下例中,默认网关确定 172.16.10.99 主机没有有效路径,这可能是路由器配置的问题,或者是 172.16.10.0 网络不存在(错误的 IP 地址)。

```
C:\>tracert 172.16.10.99
```

```
Tracert route to 172.16.10.99 over a maximum of 30 hops
1 10.0.0.1 reports: Destination net unreachable.
Trace complete.
```

Tracert 应用程序对于解决大网络问题非常有用,此时可以采取几条路径到达同一个点。

3. debug 命令

一般来说对路由器和交换机的故障诊断,只用一个 show 命令是远远不够的。而 debug 命令往往能够帮助我们看清楚背后的故障原因。debug 命令能够告诉你路由交换设备的全部信息。譬如:一条路由是什么时候加入或者从路由表中删除的,为什么 ISDN 线路故障了,一个数据报文是否真的从路由器发出去了,或者指出收到了哪种 ICMP 错误信息。debug 命令能够提供实时(或者叫作动态)信息。动态信息对我们进行故障分析无疑更有帮助。

使用 debug 有很大的弊端。路由器的工作是转发数据包,而不是监察工作过程和产生调试信息。例如,在你的路由器中存在数据包的某些问题,所以使用 debug 调试 IP 数据包,接着你决定要查看 RIP 协议方面的一些事件。现在,你有两个单独的调试报表正在处理和发送到控制台,debug 比其他的网络传输具有更高的优先级,所以这些 debug 可能危及路由器的性能。debug all 命令或 debug IP packet detail 等命令都可以令负载过重的路由器崩溃。但是,如果路由器出了故障,用 debug 可以让你快速准确地拿出一个解决方案。这就是我们为什么要学会用 debug 去做故障排除的原因。

下面主要介绍一下如何利用 debug 来进行常规的故障诊断。

(1) debug all:表示打开全部调试开关。

由于打开调试开关会产生大量的调试信息,导致系统运行效率降低,甚至可能会引起网络系统瘫痪,因此建议不要使用 debug all 命令。

(2) debug PPP authentication:调试 PPP 验证。

如果你出于安全目的在 dialup line 上配置了 PPP authentication,就可以通过用户名和密码来匹配或者阻断数据包的通过。如果不使用 debug ppp authentication,就很难发现问题了。

下面是一个路由器上 debug ppp authentication 密码出错的输出:

```
00:32:30: BR0/0:1 CHAP: O CHALLENGE id 13 len 23 from "r2"
00:32:31: BR0/0:1 CHAP: I CHALLENGE id 2 len 23 from "r1"
00:32:31: BR0/0:1 CHAP: O RESPONSE id 2 len 23 from "r2"
00:32:31: BR0/0:1 CHAP: I FAILURE id 2 len 26 msg is "Authentication failure"
```

下面是一个路由器上 debug ppp authentication 用户出错的输出:

```
00:47:05: BR0/0:1 CHAP: O CHALLENGE id 25 len 23 from "r2"
00:47:05: BR0/0:1 CHAP: I CHALLENGE id 19 len 23 from "r1"
00:47:05: BR0/0:1 CHAP: O RESPONSE id 19 len 23 from "r2"
00:47:05: BR0/0:1 CHAP: I FAILURE id 19 len 25 msg is "MD/DES compare failed"
```

(3) Debug {topology} packet。

例如,debug IP packet 用于调试 IP 数据包。debug ip icmp 用于打开或关闭 ICMP 报

文调试信息开关。debug frame-relay packet 用于打开帧中继报文调试信息开关。

可以用以上方法对各 OSI 层进行诊断参考,可显示为:

```
Cisco Certification: Bridges, Routers, and Switches for CCIEs
```

根据 OSI 模型,无论怎样的网络拓扑,都可以用 debug 去查看第二层使用了何种方式的封装(当然你得保持接线正常)。假设用了帧中继,但是你无法接收到数据包,在确认 link 是启用的情况下,可以使用 debug frame-relay packet,然后可以尝试 ping 远端路由器的接口,就可以获得以下调试信息。

```
01:03:22: Serial0/0:Encaps failed-no map entry link 7(IP)
```

这条信息告诉你帧中继的 IP 包封装失败了。不仅如此,它同时告诉你由于没有声明 frame-relay map 而出错。修复之后,你会发现帧中继错误不再存在了。但是包仍有可能通不过,因此,你还需要对第三层进行 debug,用 debug IP packet 后会得到:

```
01:06:46: IP: s=1.1.1.2 (local), d=11.11.11.11, len 100, unroutable
```

这就说明在第三层中没有路由可以让传输流通过,然后就可以添加路由彻底解决这个问题了。

还可以根据实际情况尝试以下几种方法进行调试。

- debug atm packet
- debug serial packet
- debug ppp packet
- debug dialer packet
- debug fastethernet packet

(4) debug ip nat:打开对 NAT 的监测,查看 NAT 地址转换的包信息。

(5) Debug crypto(IPSec 和 VPN 功能)。

当然 IPSec 和 VPN 范围太大了,同时出现故障的情况会很多,无法一一列举。这里列举几个常用的 IPSec 和 VPN 的 debug 命令。

- debug crypto isakmp
- debug crypto ipsec
- debug crypto engine
- debug IP security
- debug tunnel

另外,debug ip packet 对 IPSec 的诊断也很有帮助。

(6) debug ip routing。

例如,在网络环境中存在路由问题,比如一条路由加入后很快被删除,就可以利用 debug ip routing 来测试。

输出结果可能如下:

```
01:30:56: RT: add 111.111.111.111/32 via 12.12.12.11, OSPF metric[110/65]
01:31:13: RT: del 111.111.111.111/32 via 12.12.12.11, OSPF metric[110/65]
01:31:13: RT: delete subnet route to 111.111.111.111/32
```

```
01:31:13: RT: delete network route to 111.0.0.0
01:32:56: RT: add 111.111.111.111/32 via 12.12.12.11, OSPF metric [110/65]
01:33:13: RT: del 111.111.111.111/32 via 12.12.12.11, OSPF metric [110/65]
01:33:13: RT: delete subnet route to 111.111.111.111/32
01:33:13: RT: delete network route to 111.0.0.0
```

这说明网络中存在路由环路的问题。另外可能在拨号接口或帧中继接口上的链路马上又关闭了。

（7）debug ip｛routing protocol｝。

OSPF、EIGRP、IGRP 和 BGP 等路由协议，每个协议有很多扩展选项可以用 debug。例如 debug IP OSPF adjacency 是唯一可以知道两条 OSPF 路由之间由于认证类型不匹配而没有形成交互的诊断方式。

以下是输出结果，说明认证类型不匹配。

```
01:39:46: OSPF: Rcv pkt from 12.12.12.11, Serial0/0 : Mismatch Authentication type.
Input packet specified type 0, we use type 2
```

（8）debug IP packet detail ×××（access list number）。

可以利用访问列表来查看特定的主机、协议、端口或者网络。当然它不是真正意义上的协议分析工具，但是它是 IOS 集成的一个特性，使用起来方便快捷。下面的例子是一个记录所有通过你的路由器的 Telnet 包的配置。

```
access-list 101 permit tcp any any eq telnet
debug ip packet detail 101
IP packet debugging is on (detailed) for access list 101
```

注意

① 在特权模式下用 debug，可以从 display debug 看出现在有哪些调试开关是打开的。

② 调试开关打开，对路由器性能会有相应程度的影响，所以用后请及时关闭调试信息。命令如下：

［Router］undo debug all（按 Ctrl+ D 组合键也可以）

附录 B
Cisco 路由器交换机常用配置命令汇总

1. 交换机支持的命令

（1）交换机基本状态

```
switch>                                      //用户模式
switch #                                     //特权模式
switch(config)#                              //全局配置模式
switch(config-if)#                           //接口状态
```

（2）交换机口令设置

```
switch>enable                                //进入特权模式
switch#configure terminal                    //进入全局配置模式
switch(config)#hostname hostname             //设置交换机的主机名
switch(config)#enable secret ×××             //设置特权加密口令
switch(config)#enable password ×××           //设置特权明文口令
switch(config)#line console 0                //进入控制台口
switch(config-line)#line vty 0 4             //进入虚拟终端
switch(config-line)#login                    //允许登录
switch(config-line)#password ×××             //设置登录口令
switch#exit                                  //返回命令
```

（3）交换机的端口描述

```
switch(config-if)#description description-string
```

（4）在交换机上设置端口速度

```
switch(config-if)#speed{10|100|auto}
```

（5）交换机上设置以太网的链路模式

```
switch(config-if)#duplex {auto|full|half}
```

(6) 交换机上配置静态 VLAN

```
switch#vlan database
switch(vlan)#vlan vlan-num name vlan-name              //定义 VLAN 编号和 VLAN 名
switch(vlan)#exit
switch#configure teriminal
switch(config)#interface interface mod_num/port_num
switch(config-if)#switchport modeaccess               //端口配置为 access 模式
switch(config-if)#switchport access vlan vlan-num      //配置接口的 VLAN 归属
switch(config-if)#end
```

(7) 交换机上配置 VLAN 中继

```
switch(config)#interface interface mod_num/port_num
switch(config-if)#switchport mode trunk                     //端口配置为 trunk 模式
switch(config-if)#switchport trunk encapsulation {isl|dotlq}   //封装协议
switch(config-if)#switchport trunk allowed vlan remove vlan-list  //删除中继 VLAN
switch(config-if)#switchport trunk allowed vlan add vlan-list    //增加中继 VLAN
```

(8) 交换机上配置 VTP 管理域

```
switch#vlan database                       //进入 VLAN 配置子模式
switch(vlan)#vtp domain domain-name        //设置域名
```

(9) 交换机上配置 VTP 模式

```
switch#vlan database
switch(vlan)#vtp domain domain-name
switch(vlan)#vtp {sever|cilent|transparent}     //设置 VTP 的工作模式
switch(vlan)#vtp password password              //设置 VTP 密码
```

(10) 交换机上启动 VTP 剪裁

```
switch#vlan database
switch(vlan)#vtp pruning                   //启动修剪功能
```

(11) 交换机上调整根路径成本

```
switch(config-if)#spanning-tree [vlan vlan-list] cost cost
```

(12) 交换机上调整端口 ID

```
switch(config-if)#spanning-tree[vlan vlan-list]port-priority port-priority
```

(13) 交换机设置 IP 地址

```
switch(config)#interface vlan 1                 //进入 VLAN 1
switch(config-if)#ip address ip_address mask    //设置 IP 地址
switch(config)#ip default-gateway ip_address    //设置默认网关
switch#dir flash:                               //查看闪存
```

（14）交换机虚接口地址

```
switch(config)#interface vlan vlan-num          //进入 VLAN
switch(config-if)#ip address ip_address mask    //设置 IP 地址
```

（15）交换机显示命令

```
switch#write                    //保存配置信息
switch#show vtp                 //查看 VTP 配置信息
switch#show run                 //查看当前配置信息
switch#show vlan                //查看 VLAN 配置信息
switch#show interface           //查看端口信息
switch#show int F0/0            //查看指定端口信息
switch#show vtp status          //查看 VTP 的状态信息
switch#show interface trunk     //显示 trunk 信息
```

（16）三层交换机启动路由转发

```
switch(config)#ip routing
```

2. 路由器支持的命令

（1）路由器显示命令

```
router#show run                                      //显示配置信息
router#show interface interface mod_num/port_num     //显示接口信息
router#show ip route                                 //显示路由信息
router#show flash                                    //查看 Flash 版本
router#show version                                  //查看版本及引导信息
router#reload                                        //重新启动
```

（2）路由器口令设置

```
router>enable                              //进入特权模式
router#config terminal                     //进入全局配置模式
router(config)#hostname hostname           //设置交换机的主机名
router(config)#enable secret ×××           //设置特权加密口令
router(config)#enable password ×××         //设置特权明文口令
router(config)#line console 0              //进入控制台口
router(config-line)#line vty 0 4           //进入虚拟终端
router(config-line)#login                  //要求口令验证
router(config-line)#password ×××           //设置登录口令
router(config)#end                         //返回特权模式
router#exit                                //返回命令
router#telnet hostname/IP address          //登录远程主机
router#ping hostname/IP address            //网络侦测
router#tracerout hostname/IP address       //路由跟踪
```

（3）路由器配置

```
router(config)#int S0/0                    //进入 Serial 接口
```

```
router(config-if)#no shutdown                    //激活当前接口
router(config-if)#clock rate 64000               //设置同步时钟
router(config-if)#ip addressip_address  mask     //设置 IP 地址
router(config-if)#int F0/0.1                      //进入子接口
router(config-subif)#ip address ip_address subnet-mask    //设置子接口 IP
router(config-subif)#encapsulation dot1q vlan-id  //绑定 VLAN 中继协议
```

（4）路由器文件操作

```
router#copy running-config startup-config    //复制运行配置到启动配置文件
router#copy running-config tftp              //复制运行配置到 TFTP 服务器
router#copy startup-config tftp              //复制启动配置文件到 TFTP 服务器
router#copy tftp flash                       //从 TFTP 服务器下传文件到 Flash
router#copy tftp startup-config              //从 TFTP 服务器下载启动配置文件
```

（5）静态路由

```
router(config)#ip route destination-network subnet-mask
next-hop ip-adress/interface-type mod_num/port_num        //添加静态路由
router(config)#no ip route destination-network subnet-mask   //删除静态路由
router(config)#ip route 2.0.0.0 255.0.0.0 1.1.1.2         //静态路由举例
router(config)#ip route 0.0.0.0 0.0.0.0 next-hop ip-adress/interface-type mod_
num/port_num                                              //默认路由配置
router(config)#no ip route 0.0.0.0 0.0.0.0               //删除默认路由
router(config)#ip route 0.0.0.0 0.0.0.0 1.1.1.2          //默认路由举例
```

（6）动态路由

```
router(config)#router rip                        //启动 RIP 路由协议
router(config-router)#version [1/2]              //指定 RIP 协议版本
router(config-router)#network network-address    //发布 RIP 路由
router(config)#no router rip            //删除路由器所有的 RIP 协议路由表
router(config-router)#no network network-address  //删除与路由器直接相连的网络
router(config-router)#no auto-summary            //关闭路由自动汇聚功能
router(config-router)#auto-summary               //打开路由自动汇聚功能
router(config-router)#router ospf process-id     //启动 OSPF 路由协议
router(config-router)#network network-address wildcard area area-id
                                         //声明与路由器直接相连的网络
router(config-router)#no network  network-address wildcard area area-id
                                         //删除与路由器直接相连的网络
```

（7）基本访问控制列表

```
router(config)#access-list access-list-number {permit|deny} source [source-
wildcard]        //使用 access-list 命令创建访问控制列表
```

- 标准 IP ACL 的参数 access-list-number 取值范围为 1～99。
- 默认反转掩码为 0.0.0.0。
- 默认包含拒绝所有网段。

```
router(config)#interface interface mod_num/port_num     //进入端口
router(config-if)#ip access-group access-list-number {in|out}
```
//使用 IP 地址 access-group 命令把访问控制列表应用到某接口

例如:

```
router(config)#access-list 4 permit 10.8.1.1
router(config)#access-list 4 deny 10.8.1.0 0.0.0.255
router(config)#access-list 4 permit 10.8.0.0 0.0.255.255
router(config)#access-list 4 deny 10.0.0.0 0.255.255.255
router(config)#access-list 4 permit any
router(config)#int F0/0
router(config-if)#ip access-group 4 in
```

(8) 扩展访问控制列表

```
access-list access-list-number {permit|deny} protocol source source-wildcard
[operator port]destination destination-wildcard [ operator port ][ established ]
[log]          //创建访问控制列表
```

各参数的含义说明如下。

- access-list-number(编号):100~199。
- protocol(协议):用于指示 IP 及所承载的上层协议,包括 IP、TCP(HTTP、FTP、SMTP)、UDP(DNS、SNMP、TFTP)、OSPF、ICMP、AHP、ESP 等。
- operator(操作):表示当协议类型为 TCP/UDP 时,支持端口比较,包括 Eq(等)、lt(小于)、gt(大于)和 neq(不等于)4 种情况。
- port(端口):表示比较的 TCP/UDP 端口。可以用端口号形式表示,也可以用对应的协议(或服务名称)形式表示。常用的协议(服务)与端口的对应关系为:FTP(20/21)、WWW/HTTP(80)、Telnet(23)、TFTP(69)和 DNS(53)。
- establisted:用与 TCP 入站访问控制列表,意义在于允许 TCP 报文在建立了一个确定的连接后,后继报文可以通过。
- Log:向控制台发送一条规则匹配的日志信息。

```
router(config)#access-list 101 deny icmp any 10.64.0.2 0.0.0.0 echo
router(config)#access-list 101 permit ip any any
router(config)#int S0/0
router(config-if)#ip access-group 101 in
router(config)#access-list 102 deny tcp any 10.65.0.2 0.0.0.0 eq 80
router(config)#access-list 102 permit ip any any
router(config)#interface S0/1
router(config-if)#ip access-group 102 out
```

(9) 删除访问控制列表

```
router(config)#no access-list 102
router(config-if)#no ip access-group 101 in
```

（10）网络地址转换（NAT）

① 静态地址转换。

router(config)#ip nat inside source static local-ip global-ip

举例：

ip nat inside source static 10.1.1.2 192.1.1.2

在内部地址 X 和合法地址 Y 之间建立静态转换。

ip nat inside：说明该端口是内网接口。

ip nat outside：说明该端口是外网接口。

② 动态地址转换。

router(config)#ip nat pool pool-name start-address end-address netmask subnet
-mask

举例：

router(config)#ip nat pool poolA 192.1.1.2 192.1.1.10 netmask 255.255.255.0

设置合法地址池，名为 PoolA，地址范围为 192.1.1.2～192.1.1.10，子网掩码为 255.255.255.0。

router(config)#access-listaccess-list-number permit address
wildcard-mask(其中标号为 1～99 的整数)

举例：

router(config)#access-list 1 permit 10.1.1.0 0.0.0.255

定义标准访问列表1，指出 10.1.1.0/24 的本地地址进行 NAT 转换。

router(config)#ip nat inside source list access-list-number pool pool-name

举例：

ip nat inside source list 1 pool poolA

对访问列表1中设置的本地地址，应用 PoolA 池进行动态地址转换。

③ 复用动态地址转换。

router(config)#ip nat inside source list access-list-number pool pool-
name overload

举例：

ip nat inside source list 1 pool poolA overload

设置对访问列表1中指定的本地地址，应用 PoolA 池进行复用动态地址转换。

④ 显示 NAT 表转换信息。

Router#show ip nat translations

3. IPSec VPN 的配置步骤

(1) 配置 IKE 的协商

① 启动 IKE。

```
Router(config)#crypto isakmp enable
```

② 建立 IKE 协商策略。

```
Router(config)#crypto isakmp policy priority
//priority 的取值范围为 1～10000 数值越小,优先级越高
```

③ 配置 IKE 协商策略。

```
Router(config-isakmp)#authentication pre-share    //使用预定义密钥
Router(config-isakmp)#encryption{des|3des}        //指定加密算法
Router(config-isakmp)#hash{md5|sha1}              //指定认证算法
Router(config-isakmp)#lifetime seconds            //指定 SA 的活动时间
```

④ 设置共享密钥和对端地址。

```
Router(config)#crypto isakmp key keystring address peer-address
//keystring 为指定的密钥,peer-address 为对端的 IP 地址
```

(2) 配置 IPSec 的协商

① 设置传输模式集。

```
Router(config)#crypto ipsec transform-set transform-set-name transform1
[transform2 [transform3]]        //定义了使用 AH 还是 ESP 协议,以及相应协议所用的算法
```

② 配置保护访问控制列表。

```
Router(config)#access-list access-list-number {deny|permit} protocol source
source-wildcard destination destination-wildcard
//用来定义哪些报文需要经过 IPSec 加密后发送,哪些报文直接发送
```

(3) 配置 IPSec 加密映射

① 创建 Crypto Maps。

```
Router(config)#crypto map map-name seq-num ipsec-isakmp
//Map 优先级,取值范围为 1～65535,值越小,优先级越高
```

② 配置 Crypto Maps。

```
Router(config-crypto-map)#match address access-list-number
Router(config-crypto-map)#set peer ip_address       //ip_address 为对端的 IP 地址
Router(config-crypto-map)#set transform-set name    //name 为传输模式的名称
```

(4) 应用 Crypto Maps 到端口

```
Router(config)#interface mod_num/port_num
Router(config-if)#crypto map map-name
```

参 考 文 献

[1] 杭州华三通信技术有限公司. 路由交换技术[M]. 4卷. 北京：清华大学出版社,2012.

[2] 杭州华三通信技术有限公司. 路由交换技术详解与实践[M]. 4卷. 北京：清华大学出版社,2018.

[3] 甘刚,等. 网络设备配置与管理[M]. 北京：人民邮电出版社,2011.

[4] 罗拥军,等. 网络设备配置基础[M]. 5版. 北京：中国铁道出版社,2011.

[5] 杨欣斌,等. 网络设备配置安装与调试[M]. 北京：人民邮电出版社,2009.

[6] 刘士贤,等. 网络设备配置与管理项目教程[M]. 北京：机械工业出版社,2016.

[7] 孙光明,等. 网络设备互联与配置教程[M]. 北京：清华大学出版社,2015.